세컨 네이처

SECOND NATURE
Copyright ⓒ 2009 by Michael Pollan (as in Propietor's edition)
All rights reserved

Korean translation copyright ⓒ 2009 by Taurus Books
Korean translation rights arranged with International Creative Management, INC.,
New York, N.Y. through EYA (Eric Yang Agency)

이 책의 한국어판 저작권은 EYA (Eric Yang Agency)를 통한
International Creative Management, INC. 사와의 독점계약으로
한국어 판권을 황소자리 출판사가 소유합니다.
저작권법에 의하여 한국 내에서 보호를 받는 저작물이므로 무단전재와 복제를 금합니다.

세컨 네이처
SECOND NATURE

황소자리

|언론이 쏟아낸 찬사들|

재기 넘치고 눈부시다. (…) 정원에 관해, 인간과 자연에 관해 이만큼 빛나고 흥미로운 책은 없다.
앨런 라시Allen Larcy, 〈뉴욕 타임스The New York Times〉

《세컨 네이처》를 사랑하기 위해, 당신이 반드시 정원사일 필요는 없다. 폴란은 놀라운 에세이스트이니까. 전문적이고 위트 넘치고 독창적인 인물로 의약계에 루이스 토머스가 있다면, 정원에는 마이클 폴란이 있다.
프랜시스 피츠제럴드Frances FitsGerald

그가 쓴 책은 정원사가 아닌 사람들마저 매혹시킬 정도다. 한 달에 한 번쯤 산책하거나 무언가 죽어 있는지 살피러 정원에 나올 뿐이지만 지성과 호기심으로 잔뜩 무장한 독자들이 바로 거기에 존재한다는 사실을 폴란은 알고 있는 것이다.
맬컴 존스 주니어Malcolm Jones Jr., 〈뉴스위크Newsweek〉

정원을 가꾸지 않는 내가 이런 책을 읽으며 밤 늦도록 깔깔거릴 거라고 상상조차 해본 적 없었다. 나는 완전히 폴란에게 매혹당했다.
크리스토퍼 버클리Christopher Buckley, 〈베니티 페어Vanity Fair〉

정원사로서, 이 매력적이고 깊이 있는 책에 찬사를 보낸다. 그리고 작가로서, 약간의 질투마저 느꼈음을 기꺼이 시인해야겠다.
위톨드 리브친스키Witold Rybczynski

이 우아하고 생생하며 흠잡을 데 없이 정교한 에세이들은 우리에게 환경문제에 접근하는, 흥미롭고도 새로운 시각을 제공한다. 우리가 무분별하게 자연을 개발하거나 혹은 전혀 개발하지 않고 내버려두는 두 개의 선택지 사이에서 고민할 때, 세계를 정원으로 인식하는 폴란의 아이디어는 적절한 해결책을 제시해줄 것이다.
잉가 새프런Inga Saffron, 〈필라델피아 인콰이어러Philadelphia Inquirer〉

시즌마다 쏟아져나오는 다른 정원서들과는 전혀 다르다. 이 책이 식물들을 제대로 가꾸도록 도와줄지 아닐지는 모르지만, 제대로 생각하게 해준다는 것만은 확실하다. 당신이 살면서 단 한 번도 무언가를 가꾸는 일에 흥미를 느낀 적이 없다 하더라도. 현명하고 익살스러우며 유쾌함을 선사해주는 이 책은 첫째로 일반 독자들을 위한 것이고, 정원사는 그 다음이다.
〈아메리칸 웨이American Way〉

폴란은 하이브리드(정원사이면서 철학자이고, 해학가이자 논쟁가인) 작가다. 그가 쓴 책은 사색하는 순간에도 즐거움을 주고, 정원사가 아닌 이들까지도 물리적이며 형이상학적인 정원의 세계로 유혹한다.
조슬린 맥클루그Jocelyn Mcclurg, 〈하트포드 쿠란트Hartford Courant〉

명료하면서도 즐겁다! 《세컨 네이처》는 내게 '정원서의 이상향'과도 같은 책이다. 폴란의 목표는 미국인들이 일반적으로 양자택일하려는 두 개의 선택지(땅을 무지막지하게 파괴하거나, 혹은 보존한답시고 아무도 손댈 수 없게 봉쇄해버리는 일) 바깥의 무언가를 찾아내는 것이었다. 그 장소는 바로 정원이다.
〈시카고 트리뷴Chicago Tribune〉

내가 읽은 최고의 정원서이며, 앞으로도 그럴 것이다. 폴란의 에세이는 익살스러우면서도 심도 있고, 품위 넘치면서도 기본에 충실하다. 《세컨 네이처》에는 자연과 공존하려는 폴란의 노력이 담겨 있다. 그는 자신의 성향대로 광포하게 날뛰는 자연과 미국 교외지역의 잔디밭처럼 완벽히 통제된 자연 사이에 '중간 세계'를 창조해낸다.
낸시 브래치Nancy Brachey, 〈샬럿 옵저버The Charloote Obserber〉

우리 시대에 가장 뛰어난 정원서 중 하나!
노엘 페린Noel Perrin, 〈USA 투데이〉

《세컨 네이처》를 읽는 일은 즐거운 오락과 같지만, 진지한 지혜를 주기도 한다. 마이클 폴란은 내가 가장 좋아하는 작가 마크 트웨인의 진정한 후계자다.
사이먼 샤마Simon Schama, 〈보스턴 글로브The Boston Globe〉

| 프롤로그 |

 이 책은 내가 정원에서 배운 것에 관한 이야기다. 두 개의 정원으로부터. 하나의 정원은 내 상상 속의 것이고, 다른 하나는 온전히 현실 속의 정원이다. 첫 번째 정원은 이상향을 꿈꾸게 하는 책이나 상상 속에서의 정원으로, 꽃이 늘 만발해 있으며 각다귀와 같은 해충들도 없다. 그곳에서 자연은 늘 내 요구에 순응하고 완벽하리만큼 편안함을 느끼게 해준다. 두 번째 정원은 실제 내가 지난 7년 간 애써 가꿔온, 코네티컷Connecticut 콘월Cornwall에 있는 거친 바위투성이 언덕의 5에이커짜리 땅뙈기다. 해마다 나는 이 두 개의 정원이 서로 조금씩 더 가까워져서 하나가 되어주기를 바라지만 그게 쉽지 않다. 많은 것들이 둘 사이를 갈라놓는다.

이 두 개의 정원은 나에게 많은 것을 가르쳐준다. 정원이 가르쳐주는 것은 정원 가꾸기에 관한 것만이 아니다. 내가 정원에서 가장 먼저 배운 것은 정원 가꾸는 일을 시작하기 전에 다른 많은 것들을 먼저 깨우쳐야 한다는 사실이었다. 자연 속에서 나는 과연 어디에 자리해 있는 것일까? 이를테면, 봄마다 나의 채소밭을 요절내는 우드척woodchuck을 잡아 없앨 권리가 내게 있는 것일까? 미국인의 한 명으로서 내가 태어난 땅에 대해 어떤 태도를 가져야 할까? 왜 이웃들은 내 정원의 잔디 상태를 그토록 궁금해하는 것일까? 자연적인 상태 그대로 남겨두는 것이 좋은지, 아니면 가꾸어 보살피는 것이 더 좋은지에 대해서도 스스로의 생각을 정리해볼 필요가 있었다. 사소한 일에서도 큰 의미를 찾으려 하고, 문제를 다소 복잡하게 만드는 내 성향이 문제일 수도 있겠다. 하지만 정원에서는 내 기대보다 훨씬 더 많은 것들을 찾을 수 있을 듯하다.

나 역시 보통 사람들과 같은 이유에서 정원을 가꾸기 시작했다. 텃밭에서 키운 당근을 풍성하게 수확하는 기쁨을 맛보고 싶어서, 좀더 기름진 땅을 만들고 싶은 욕심과 어린시절의 추억이 깃든 공간을 만들어보고 싶은 충동 그리고 숲이 집을 집어삼키는 것을 방지하고자 하는 현실적인 필요 등이 정원을 가꾸려는 이유라고 할 수 있었다. 아내와 내가 1983년 콘월 후사토닉Housatonic 계곡 동쪽 가장자리의 버려진 낙농장을 산 건 한동안 맨해튼Manhattan의 아파트에서 살고 있을 때였다. 하루 평균 90분 정도밖에 햇빛을 받지 못하는 아파트에 사는 우리에게 꽃이나 채소를 가꾸는 일은 환상과도 같았다. 농장의 집 쪽으로 서서히 접근해오기 시작하는 숲 역시 문제가 되었다. 숲이 집 가까이로 침투하지 못하도록 잡초 밭으로 변해버린 잔디밭의 풀을 깎든지 아니면 진짜 정원을 들이든지, 여하튼 무엇인가를 해야만 했다.

현실적으로는 숲 때문에 정원을 가꾸게 된 것이지만 거기에는 내 어린시절 기억 속에서 되살려낸 정원에서의 즐거움도 작용했다. 1960년대 초 롱아일랜드에서 자라던 시절, 나는 부모님의 교외 집터 구석구석에 소꿉정원을 만들었다. 토요일이면 집으로부터 몇 마일 떨어진 외할아버지의 큰 농장으로 달려가 오랫동안 놀기도 했다. 제1장의 이야기는 그때의 회상을 적은 것이다. 내 땅이 생기자 자연스럽게 나는 정원을 가꾸며 주말을 보냈다. 그때 나름대로 정원 가꾸는 요령을 터득했다는 생각이 들기도 한다.

아내 주디스Judith는 나와 생각이 달랐다. 이제는 다소 누그러졌지만 처음에 그녀는 억지로 등 떠밀린 어린애마냥 정원에서 일하는 것을 무척이나 싫어했다. 그 대신 그녀는 제멋대로 쓰러져 있는 들판의 풀숲이나 가지치기가 필요할 만큼 웃자란 사과나무 따위를 보면서 그 수수한 아름다움을 발견해내고는 했다. 그녀는 풍경화를 그리기 시작했고 나는 풍경을 만들어나갔다.

• • •

하지만 나는 곧 준비가 부족했음을 깨달았다. 뉴잉글랜드 시골의 환경은 내가 어린시절에 접했던 교외의 잘 가꾸어진 땅과는 달랐다.

버려진 땅에 나무들이 자라고 있었기 때문에 내 계획대로 공간을 만드는 일이 수월하지 않았다. 대형 포식 동물들이 사는가 하면 잡초가 맹위를 떨쳤고 도감에 나와 있을 법한 모든 곤충들이 득실거렸다. 6월까지, 또 9월부터 서리가 내리는가 하면 온갖 종류의 표석들이 여기저기에 수도 없이 많이 세워져 있었다. 그러나 이보다 더 골치 아픈 것이 있었다. 정원을 가꾸기에 앞서 자연에 대하여 지니고 있어야 할 나름대로의 생각을 내가 제대로 정리하지 못했다는 점이었다.

야외생활을 즐기는 대부분의 미국인처럼 나 역시 소로 Henry David Thoreau의 제자였다. 그러나 그가 나에게 물려준 자연을 바라보는 방식이나 그가 영감을 불어넣어 자연에 대해 글을 쓰도록 하는 전통 모두가 내게는 잘 맞지 않는 것 같았다. 나는 우드척과 어떻게 맞서야 하는지, 잔디를 꼭 깎아야만 하는지, 잡초는 얼마만큼 내버려둘 수 있는 것인지를 고민하면서 자연 속으로 깊숙하게 빠져들어갔다. 자연에 대한 나의 느낌은 강렬했지만 소로의 생각처럼 낭만적이거나 무조건적으로 자연을 숭배하는 것과는 달랐다. 어느 해 여름 나는 우연하게 '잡초'에 대한 에머슨 Ralph Waldo Emerson의 생각을 접했다. 우리가 잡초라고 말하는 것은 우리 스스로가 그 풀을 잘못 인식하고 있다는 증거에 불과하다는 에머슨의 의견에 나는 동조할 수 없었다. 마침 정원의 잡초들이 일년생 화초를 옥죄고 있던 시기였다. 작가들은 우리가 자연과 어떻게 함께 해야 하는지, 자연에 대해서 어떤 인식을 가져야 하는지 따위에 대해서는 썼지만 자연 속에서 우리가 어떻게 행동해야 하는지에 대해서는 아무도 말해주지 않았다. 정원사는 자연주의자와는 달리 자연 속에서 무엇인가 행동하지 않으면 안 되었다.

혼란을 겪고 있는 정원사들에게 조언해주는 실용 안내서들은 수없이 많다. 하지만 철학적인 지침을 주는 데는 소홀하다는 느낌이 들었다. 우드척의 소굴을 폭파해버리기 전에 나는 나름대로 이론적인 무장을 하고 싶었다. 하지만 자연에 대해 글을 썼던 그 누구도 정원처럼 사람이 만들어낸 풍경과 그것을 만들어가는 과정에 대해서는 전혀 언급하지 않았다. 정원을 가꾸는 일이 산을 정복하는 것처럼 극적이거나 근사하게 보이지는 않지만, 우리가 무엇인가를 분명하게 결여하고 있다는 사실은 분명했다. 정원 가꾸기야말로 우리가 가장 직접적이고도 친밀하게 자연을 경험을 할 수 있는 값진 일인데 말이다.

인간과 자연의 관계를 생각할 때면 우리는 으레 인적이 닿지 않는 '야생의 공간'을 떠올린다. 소로야말로 정원 가꾸기에 대해 무엇인가를 이야기했던 명망 있는 마지막 문필가였다. 그는 월든Walden에서 콩을 심어 가꾸었으며 그곳의 지명으로부터 제목을 빌려온 책에서 한 장을 정원 가꾸기에 할애하고 있다. 이에 대해서는 내가 잡초와 관련한 장에서 상세하게 쓰게 될 것이지만 월든의 콩밭은 소로에게 많은 문제를 안겨주었다. 야생의 자연에 대해 낭만적인 관념을 가졌던 소로는 콩을 괴롭히는 잡초에 대해 고민하지 않을 수 없었다. 잡초를 야생의 모습 그대로만 받아들일 수 없었던 소로는 자신의 차별적 인식에 대해 죄의식을 느꼈다. 또한 그는 자신이 우드척이나 새보다 수확물을 더 많이 차지하는 일에도 회의적이었다. 인간적 필요와 자연의 천부적 특권 사이에서 극심한 혼란을 느낀 소로는 결국 콩밭을 포기하고 말았다. 정원 가꾸기에 어려움을 겪었던 그는 정원을 좋아하느니 아무짝에도 쓸모없는 늪지를 더 좋아하겠다고 선언해버렸다. 그 이후 정원에 관한 저술은 미국에서 몽땅 사라지고 말았다.

이는 정말이지 안타까운 일이다. 미국인들은 '자연nature'과 '이를 가꾸는 일culture'이 상충된다는 뿌리 깊은 인식을 가지고 있다. 자연에 손을 대면 누군가는 득을 보고 다른 누군가는 손해를 본다는 생각을 하는 것이다. 만약 둘 중 하나를 선택하라고 한다면 우리는 (적어도 책에서만큼은) 자연을 선택한다. 그러나 나는 이러한 선택이야말로 그릇된 것이며 소로와 그의 후예들을 정원으로부터 쫓아내는 결과를 초래했다고 믿는다. 분명 야생으로부터 배울 수 있는 것은 많다. 자연에 대한 변함없는 우리의 글쓰기 전통이 이를 증명해준다. 하지만 자연과의 관계에 있어 야생의 세계에서 배울 수 없는 많은 것들을 정원에서 배울 수 있다. 그중 한 가지는 지금 우리가 그 어느 때보다 절실하게 필요로 하는 것이다. 바로 자연을 해치지 않고 활용하는 방법. 우리가 자연과 이를 가꾸는 일이 서로 대립된다고 생각하는 한 해답을 찾아낼 수는 없다. 하지만 이들 둘 사이의 중간 지대를 찾아낼 수는 있지 않을까? 어떻게 하면 자연을 훼손하지 않으면서 우리의 필요와 욕구를 충족시켜나갈 수 있을까? 이 질문의 해답이 숨어 있는 장소는 숲이 아닌 정원일 것이다. 이것이 바로 이 책의 화두다.

● ● ●

논문은 아니지만 이 책은 많은 논란거리를 제시한다. 나와 이 골치 아픈 땅뙈기 사이에서, 또한 자연을 바라보는 미국의 전통적인 관점과 나의 관점 사이에서 많은 토론이 전개된다. 나는 많은 시간을 소로와 논쟁하며 보냈지만 합치된 결론에는 이르지 못했다. 이 책은 진실을 이야기하기보다는 그것을 발견해나가는 실습 과정을 보여준다고 할 수 있다. 이 책이 배움에 관한 이야기이듯 나는 교사이기보다는 학생의 위치에서 이 책을 썼다. 이야기를 마칠 때쯤이면 처음보다 더 많은 것을 알게 되는 학생. 논제에 따라 논리를 펼쳐나가기보다 계절과 또 다른 계절이 지나가는 과정에서 깨우치게 되는 경험을 담았다. 이 책을 엮어나가면서 내가 밑바탕에 깔고 있는 기본적인 인식은 (제10장에서 상세하게 기술하고 있지만) 바로 '정원에 관한 개념the idea of a garden'이라고 할 수 있다. 현실적이면서 동시에 은유적인, 자연과 문화가 서로 함께 어우러져 서로에게 보탬을 주는 공간으로서의 정원. 과거에 야생의 자연이 그랬던 것처럼 오늘날에는 바로 이 정원이라는 개념이 우리에게 더 유용하고, 어쩌면 독자들에게 무척이나 낙천적인 생각을 일깨워줄지도 모른다. 실제로 나는 환경 문제와 관련된 우려에 공감한다. 그렇다고 해서 그에 대한 비관적인 인식만 가지고 있는 것은 아니다. 오히려 나는 정원으로부터 어떤 희망의 여지를 발견해낸다.

　이 책을 쓸 자격이 내게 있는지 스스로 반문해보기도 한다. 정원 가꾸기나 자연에 대해서 나는 전문가가 아니기 때문이다. 유일하게 내세울 거라곤 내가 이 일을 시작하면서 가졌던 초심을 굳게 유지하고 있다는 사실뿐이다. 정원 가꾸기는 진지하게 해볼 만한 충분한 가치가 있으며, 열심히 하다보면 거기에서 좋은 이야깃거리와 유용한 아이디어를 찾아낼 수 있으리라는 믿음 말이다. 아마 누구라도 정원을 가꾸게 되면 나처럼 책을 쓰지 않고는 못 배길 것이다. 많은 정원사들이 증언하듯이 정원은 종종 그곳에서 겪는 경험을 노트에 기록하거나, 정원을 가꾸고 있는 다른 친구에게 편지를 써보내고 싶은 욕구를 불러일으킨다. 글쓰기와 정원 가꾸기 모두 세상에 보탬을 주는 일로서, 이 둘은 아주 큰 공통점을 가지고 있다. 내가 살고 있는 마을에는 종이 위나 상상 속에서만 정원 가꾸기를 할 수 있는, 길고 때때로 아주 풍성한 계절이 해마다 찾아온다. 이 책은 내 정원에서 그와 같은 몇 해를 보내면서 쓴 것이다.

• • •

이 일을 하면서 많은 사람들의 도움과 격려를 받았다. 그중에서도 아내 주디스의 도움이 없었다면 이 책은 쓸 수 없었을 것이다. 아내는 처음에는 정원 가꾸는 일을 내키지 않아했지만 결국 이 일에 열중하기 시작했다. 정원 일뿐 아니라 글을 쓰는 데 있어서도 아내는 서로 분리될 수 없는 파트너로서 모든 일을 함께 해주었다. 아내의 눈과 귀 그리고 지성의 도움 없이는 아무것도 할 수 없었을 것이다.

정원에 대해서는 아무 관심도 없던 사람이지만 모든 과정에서 귀중한 비판과 충고를 아끼지 않은 마크 에드먼슨Mark Edmunson의 호의와 통찰력에 특별한 감사를 표한다. 동료인 〈하퍼스 매거진*Harper's*

Magazine〉의 마크 대너Mark Danner로부터도 매우 중요한 도움을 받았다. 또한 이 과제에 대한 믿음을 가지고 성원을 아끼지 않았던 어맨다 어번Amanda Urban, 앤 고도프Anne Godoff 그리고 칼 나바레Carl Navarre에게도 감사를 드린다.

  직접 감사의 마음을 전할 길은 없지만, 결정적인 도움을 준 여러 사람들이 있다. 이 책은 정원뿐 아니라 도서관에서의 경험에도 기반해 있다. 웬델 베리Wendell Berry, 프레더릭 터너Frederick Turner, 엘리너 페레니Eleanor Perenyi, 리처드 로티Richard Rorty, 윌리엄 크로넌William Cronon, J.B. 잭슨J.B. Jackson의 저작들을 만나지 못했다면 아마도 일을 진전시키기 어려웠을 것이다. 이들은 서로 다르지만 모두가 자연과 문화라는 미개척 영역의 선구자로서 나도 모르는 사이 정원이라는 세상 속으로 나를 훌륭하게 안내해주었다.

차례

프롤로그 7

제1장 두 개의 정원 19

봄

제2장 자연은 정원을 싫어해 58
제3장 왜 잔디를 깎는가? 81
제4장 두엄의 형이상학 99

여름

제5장 장미 정원에서 116
제6장 우리가 바로 잡초다 147
제7장 원예의 재능 175

가을

제8장 가을걷이   202
제9장 한 그루 나무 심기   222
제10장 미완의 정원: 또 다른 정원의 개념   260

겨울

제11장 사색의 겨울정원   300
제12장 정원 여행   335

역자후기   377
찾아보기   381

제1장
두 개의 정원

　나의 첫 번째 정원은 어른들은 모르는 곳에 있었다. 4분의 1에이커 크기의 그 정원은 뒤란에 있어 어른들의 눈에 잘 띄지 않았다. 롱아일랜드의 파밍데일Farmingdale에 있던 우리 집 뒤쪽에는 라일락과 개나리를 심어서 만든 거친 덤불 울타리가 있었다. 이웃집의 나무판자로 된 담장을 가리기 위한 것이었는데, 옆집 나무 담장과 우리 집 덤불 울타리 사이, 아무것도 심지 않은 길쭉한 공터가 내 정원이었다. 나는 여동생, 친구들과 함께 거기에서 놀았다. 그 덤불 울타리와 담장은 같은 높이로 죽 이어져 있었기 때문에 어른들이 그곳에 그런 공간이 있으리라고 짐작하기는 어려웠다. 하지만 네 살배기 어린 나에게 개나리 덤불이 둥근 천장을 만들어주는 그 공간은 마치 성당만큼이나 크게 느껴졌다. 라일락 덤불과 담장 사이에는 하나의 세상만큼이나 넓은 또 다른 공간이 있었다. 어른들의 감시로부터 벗어나고 싶을 때면 나는 개나리 덤불을 비집고 기어들어가 두 그루의 라일락 덤불 사이에 있는 나만의 아늑하고도 호젓한 녹색 공간을 찾고는 했다.

지금 돌이켜보면 그곳 역시 하나의 정원이었다는 생각이 든다. 야외에 있는 나만의 독립적이고도 특별한 공간. 그리고 실제로 나는 거기에 무언가를 심어서 길렀다. 내 기억에 남아 있는 당시의 그림은 희미하지만, 영화 필름을 보는 것처럼 기억의 실타래가 풀려져 나온다. 아마도 9월이었을 것이다. 여동생을 피해 도망친 것이었는지, 아니면 혼자서 그냥 빈둥거리고 있었는지는 확실하게 기억나지 않는다. 그때 나는 뒤란의 덤불 뒤에 있었는데 문득 넓은 잎새와 넝쿨 사이에 줄무늬가 있는 축구공 같은 것이 눈에 들어왔다. 그것은 수박이었다. 마치 보물을 발견한 것 같은 기분이 들었다. 횡재를 한 기분이라고나 할까. 나는 내가 심었던 씨앗과 열매의 의미 있는 연관성을 떠올려보았다. 몇 달 전 내가 수박을 먹고 뱉어냈던 씨앗이 싹을 틔운 것이라고 해도 상관없는 일이었다. 어쨌든 내가 이 수박을 키워낸 것이었다. 순간 나는 이 수박이 익기를 기다릴지, 아니면 이 대단한 사실을 알리기 위해 그것을 곧바로 따서 가져갈 것인지 고민하기 시작했다. 엄마에게 그것을 보여주고 싶었다. 나는 줄기에 달려 있는 수박을 따내서는 두 팔에 안고 큰 소리로 외치며 집으로 달려갔다. 수박은 1톤쯤 되는 것처럼 무겁게 느껴졌고 가까스로 뒷문에 다다른 순간 나는 균형을 잃어버리고 말았다. 나는 수박을 떨어뜨렸고 수박은 시멘트 바닥 위에서 분홍빛 파편을 만들며 박살이 났다.

수박 향기가 퍼져나가던 느낌은 아직도 생생하지만 나의 기억은 여기에서 멈춰서고 만다. 분명하지는 않지만 나는 마치 힘겹게 거머쥔 승리를 빼앗기기라도 한 듯, 와락 울음을 터뜨렸던 것 같다. 정원 곳곳에 어려 있는 어린시절 추억들이 갖가지 색다른 느낌과 모습으로 다시금 샘솟는다. 나는 그날 이후 수없이 많은 시간을 그 정원에서 보냈다. 그리고 그때 발견했던 수박과 자랑스러웠던 기분을 살려낼 수 있기를 지금도 희망한다.

● ● ●

일을 마치고 돌아온 아버지에게 보여드리기 위해 내가 깨진 수박 파편 하나를 남겨두었는지는 기억나지 않는다. 그렇게 했다 하더라도 아버지에게는 별다른 감명을 드리지 못했을 것이다. 우리 집의 우표 딱지만큼 작은 마당만 봐도 알 수 있듯 아버지는 정원 가꾸기에 관심이 없으셨다. 잔디밭은 누더기 같았고 항상 풀이 웃자라 있었다. 울타리 덤불은 제멋대로 자라서 울퉁불퉁했고 여름이면 알풍뎅이들이 아무런 제지 없이 장미 넝쿨에 달려들었다. 아버지는 브롱크스Bronx 출신 변호사로, 전쟁이 끝난 뒤 교외로 이사했다. 1950년대에는 전문직 종사자들이 롱아일랜드 지역의 마당 딸린 집을 사서 이사하는 것이 유행처럼 번졌다. 아버지가 교외로 집을 옮긴 것은 신선한 공기를 좋아해서가 아니었다. 아버지는 집 뒤란에 있는 테라스에 나와 살렘 담배와 하이볼highball(위스키에 소다 따위를 섞은 음료.—옮긴이) 잔을 들고 서 계시고는 했다. 단 한 번도 아버지가 뜰에 나가 잔디를 깎거나 잡초를 뽑는 모습을 본 기억이 없다. 아버지는 전원 생활을 즐기는 사람이 아니었다.

나는 아버지를 단추 달린 셔츠와 반바지 차림에 끈을 매는 신발을 신고 집 안을 서성이는, 철저한 '실내형 아빠'로 기억하고 있다. 아버지가 반바지만 입었던 게 원래부터 긴바지를 싫어했기 때문인지, 아니면 야외로 나가는 일을 피하려고 했던 것인지는 잘 모르겠다. 어쨌든 어머니는 남편이 속옷 같은 반바지 차림으로 정원에 나가 있는 꼴을 보지 않으려면 아무 일도 하지 않도록 내버려둘 수밖에 없었다. 정원은 점점 망가지기 시작했다. 급기야 우리는 별난 이웃이라고 비방받는 단계에까지 이르렀다.

외할아버지는 우리 집으로부터 몇 마일 떨어진 바빌론Babylon에 사셨다. 외할아버지의 정원은 언제나 아름답게 가꿔져 있었다. 만약 우리 정원을 보셨다면 기절초풍하고도 남았다. 외할아버지는 가부장적인 위엄을 가진 분이어서 아버지와는 잘 맞지 않았다. 아흔여섯까지 장수하신 외할아버지는 1차 세계대전 직전에 러시아에서 롱아일랜드로 이민을 오셨다. 아무것도 가진 게 없었던 그는 말마차로 채소를 팔다 나중에는 직접 농사를 지었으며, 부동산으로 큰 재산을 모았다. 외할아버지는 경제적으로 풍족하지 못한 아버지와 결혼한 어머니가 어려움을 겪지 않도록 온갖 노력을 기울이셨다. 다른 한편으로는 아버지의 부족한 점을 찾아내서 달갑지 않은 참견을 했다. 인생 문제부터 사업, 정원 조경에 이르기까지 아버지가 원하지도 않는 조언을 숱하게 해댔던 것이다.

사람들은 보통 꽃을 보내주지만, 외할아버지는 정원을 통째로 선물했다. 트럭에 이탈리아계 인부들을 싣고와서는 자신이 구상한 대로 뜰 한쪽에 두세 개 두럭의 밭을 만들거나 한쪽 모퉁이로부터 다른 쪽 뒤편의 담장이 있는 곳까지 제법 큰 장미 화단을 만들거나 했다. 외할아버지는 우리 집의 밭을 만들고 장미 묘목을 보내주는 것만으로는 만족하지 못했다(할아버지는 그 뜰의 흙 자체를 미더워하지 않았다). 자신이 보내준 우량 식물들이 빈약한 땅에서 자라나는 것을 용납할 수 없었던 것이다. 그래서 그는 길이 마흔 자, 폭 세 자, 깊이 한 자 정도로 뜰을 손수 파내고는 자신의 농장에서 옮겨온 흙을 채워넣었다. 그렇게 해야만 자신의 농장에서 옮겨온 장미가 불필요한 스트레스를 받지 않을 뿐 아니라, 아버지가 방치해둔 척박한 토양이 그나마 땅심을 발휘하리라는 믿음에서였다. 외할아버지는 우리 집 뜰의 흙을 매번 조금씩 바꾸어 송두리째 갈아치울 요량이었던 것 같다.

요즈음 제대로 된 정원사들은 기르는 식물 못지않게 그것이 뿌리내리는 토양에 많은 관심을 기울인다. 하지만 이미 그 시절에도 흙에 대한 할아버지의 집착은 참으로 대단했다. 친가 가족들 중에서 가장 먼저 집을 마련했던 아버지에게 장인어른의 이런 간섭은 자신의 독립적인 지위를 위협하는 것으로 비쳐진 것 같았다. 그럴 만한 또 다른 이유도 있었다. 아버지는 집을 마련하면서 1만 1,000달러 상당의 주택 구입비 중 계약금 4,000달러를 장인으로부터 보조받았던 것이다. 보조라는 것이 으레 그렇듯이, 제공된 호의는 수혜자로 하여금 그것으로부터 완전히 자유로울 수 없게 만든다. 외할아버지는 조경은 물론 담장 상태를 살펴본다든지 하는 식으로 마치 자신이 우리 집의 소유자인 듯 간섭을 해댔다. 할아버지는 지주, 아버지는 임차인처럼 느껴질 정도였다. 이런 상황이 지속되는 한 두 사람의 관계는 결코 좋아질 수 없었다.

하지만 할아버지의 흙에 대한 관심이 땅에 대한 깊은 사랑으로부터 비롯되었다는 사실은 의심의 여지가 없었다. 그것은 '자연 애호가 nature-lover'의 관점에서 보는 '대지the land'에 대한 사랑과는 달랐다. '대지'는 개인이 소유할 수 없는 추상적인 땅이었다. 그러나 할아버지는 사유재산의 신비로운 원천이 되는 분명한 실체로서의 땅을 사랑했다. 세상에 무슨 일이 일어나든, 정부가 어떤 식으로 간섭을 하든 땅의 가치는 올라가게 되어 있으므로 소유해둘 필요가 있다는 신념이 확고했다. 뭐니 뭐니해도 땅에서는 농작물을 키워 내다팔 수 있었고, 금세기 대부분의 기간 동안 적어도 롱아일랜드 지역에서만큼은 땅을 되팔면 이익을 남길 수 있었다. 그는 자주 이런 말을 했다. "돈은 얼마든지 찍어낼 수 있고 주식이나 증권도 마찬가지지만, 땅만큼은 찍어낼 수가 없지."

할아버지가 보기에 구세계의 농부와 부동산 개발업자들은 같은 길을 나란히 걸어온 사람들이었다. 그는 두 가지 신분을 동시에 가지고 있었으며, 서로 간에 상충될 만한 건 아무것도 없었다. 둘 다 땅뙈기로부터 잠재적인 부의 가능성을 보았기 때문이다. 한 사람은 그 땅을 감자밭으로, 다른 사람은 택지로 여겼을 뿐 근본적으로 아무런 차이가 없었다. 할아버지 입장에서는 아침에 그 땅을 가꾸다가 오후에 그것을 다른 용도로 파뒤집는다고 해도 하등 문제될 것이 없었다. 소로는 콩밭을 경작하면서 그 땅으로 하여금 "콩을 말하도록" 하겠다고 이야기했다. 외할아버지도 어떤 때는 그 땅에서 '채소를 말하도록' 했지만, 또 다른 때에는 그 땅에 쇼핑센터를 짓게 할 수도 있었다.

할아버지는 10대 시절에 대부분이 농지였던 서포크Suffolk 지방에서 농산물 도매업을 시작했다. 그는 농가로부터 과일과 채소를 사들여 식당에 팔았고 전쟁이 일어나자 롱아일랜드 지역에 들어선 군부대에 농산물을 납품했다. 그는 대공황기에도 계속 돈을 벌었으며 공황의 여파로 가격이 크게 떨어진 농지를 사들였다. 제2차 세계대전이 끝난 뒤, 교외지역 개발붐이 일었다. 그에겐 큰 기회였다. 서포크 지역은 일반적으로 도시로 출퇴근을 하기에는 먼 거리로 인식되었지만 할아버지는 머지않아 그곳으로까지 도시민들의 거주지가 확장되리라는 확신을 가지고 있었다. 할아버지의 믿음은 확고했다. 〈뉴스데이Newsday〉라는 신문에 실린 할아버지의 사망기사에는 그가 '미스터 서포크Mr. Suffolk'라고 불렸을 만큼 지역 땅에 대한 굳은 신념을 가졌다고 적혀 있었다.

할아버지는 교외 영역이 점차 확대되어 나가는 변경의 끄트머리 부근에 계속 투자했다. 그리고 농지가 대규모 택지와 상가 부지로 전환되는 모습을 지켜보았다. 그는 뉴욕 시민들이 점점 더 동쪽으로 그들의 영역을 키워나가는 역동적인 맥박을 감지할 수 있었다. 근사해 보이는 교외의 풍경은 도시적 삶의 관점에서 보면 두렵기도 하고 경박스럽다는 느낌을 주는 면도 없지 않았다. 그러나 거기에는 나름대로 중산층의 이상향을 건설한다는 고상한 동기가 있었다. 독립을 지향하는 제퍼슨적인 갈망과 자녀들에게 이상적인 삶의 공간을 만들어주고자 하는 것이 바로 그것이었다. 한편으로는 땅에 발을 붙이고, 다른 한편으로는 도시적인 삶을 살 수 있는 교외 생활이야말로 가장 바람직한 삶의 방식으로 여겨졌다. 할아버지는 모든 사람들이 이와 같은 모습으로 살아가게 되리라는 신앙과도 같은 믿음으로 노스 포크North Fork 지역의 수백 에이커에 달하는 감자밭을 사들였다. 그는 자신의 이상향이 실현되는 건 시간문제라고 생각했다. 할아버지는 감자에 대해 아무런 유감도 없었지만, 언젠가는 교외 개발이 롱아일랜드 지역 최고의 산물이 되리라는 것을 누군들 부인할 수 있었겠는가? 그곳에 들어서게 될 모든 주택들이 뜰 안에 감자를 재배할 수 있도록 공간을 남겨둔다면 개발이 된다고 해서 하등 문제될 게 없었다.

할아버지는 바빌론 남쪽 해안가에 자리잡은 5에이커 면적의 토지에 자신의 이상향을 만들었다. 할아버지는 마음만 먹으면 도시 지역 어느 곳에서든 살 수 있는 재력가였고, 한동안 웨스트버리Westbury의 대저택에서 살기도 했다. 하지만 그는 롱아일랜드의 새로운 개발지에서 살고 싶어했다. 그래서 자녀들이 장성하고 나자 할머니와 함께 교외지역의 넓은 대지 위에 지어진 근사한 집으로 옮겨갔다. 그 지역의 집들은 도로에서 적당히 거리를 두고 자리잡았다. 집 앞쪽의 잔디 정원은 덤불로 된 담이 없었기 때문에 마치 공원처럼 보였다. 모든 집의 앞쪽에는 고용된 정원사들만이 출입할 수 있는, 적어도 1에이커가 넘는 잔디 정원이 있었다. 할아버지는 이렇게 아무 쓸모도 없이 내버려두는 잔디 정원을 탐탁지 않게 여겼지만, 그것은 주민들이 함께 내다볼 수 있는 일종의 공용 공간이었다. 그 공간을 활용하고 싶은 마음이 굴뚝 같았지만, 할아버지는 사회적 약속과도 같은 그 인습을 부인하지는 않았다.

내 10대 시절, 할아버지 댁을 방문하는 일은 즐겁기만 했다. 자동차가 페닌슐라Peninsula 거리를 돌아오르기 시작할 즈음이면 기대가 부풀어 올랐다. '큰 공동 잔디밭Great Common Lawn' 이 시작되는 길에 이르면 이따금씩 점점이 박혀 있는 상록수를 제외하고는 완벽하게 푸르른 광경이 펼쳐졌다. 우리 차는 굴곡 있는 검정색 아스팔트 길을 따라 달렸다. 나는 주로 엄마와 함께 할아버지 집을 찾았는데, 빨리 할아버지 댁에 달려가고 싶었음에도 불구하고 우리는 그곳에 이르면 언제나 속력을 늦췄다. 혹 그곳에 사는 유명인의 모습이 보이지 않을까 하는 기대 때문이었다. 그곳에는 '캥거루 대장Captain Kangaroo' 역으로 아이들의 인기를 독차지하던 밥 키샨Bob Keeshan(CBS 텔레비전에서 1955년부터 1984년까지 방영한 어린이 프로그램 '캥거루 대장' 에 나오는 주인공으로, 할아버지와 손자들 간에 좋은 관계를 만들어주는 역할을 한다.—옮긴이)이 살고 있었다. 한번은 제복이 아닌 평범한 복장으로 정원 일을 하는 캥거루 대장을 보기도 했다.

가지런한 잔디밭 위로 줄달음쳐가던 아이들의 모습이 떠오른다. 오랜 여행 끝에 마차에서 뛰어내린 아이들이 뒷마당 잔디밭 위를 부챗살 모양으로 흩어져 뛰쳐나갔다. 갓 깎은 잔디밭은 언제나 깔끔하고 탄력 있었다. 손바닥으로 살며시 쓰다듬고 싶고 얼굴을 살포시 대 보고 싶기도 했다. 할머니는 오후 내내 잔디밭에서 뛰어노는 누이들을 집 안으로 불러들이였다. 집 안은 할머니가 만들어내는 공간이었다. 할아버지는 비오는 날이면 차고 옆에 들인 작은 골방에서 지내고는 하셨다. 텔레비전 한 대가 놓인 이 공간을 제외하고 집 안은 할머니의 체취로 가득했다. 작은 도자기 입상立像으로 가득한 유리 장식장, 큰 골이 진 분홍빛 커튼, 크리스탈 향수병과 은제 머리빗이 놓인 화장대, 귀고리가 들어 있는 자개 보석함, 장식된 표구 속에 들어 있는 어머니와 이모들의 초상화……. 누이들은 베르사유 궁전 같은 할머니의 공간에 흠뻑 빠져들었다.

할아버지의 영역은 바깥에 있었다. 할아버지와 그의 정원사 앤디가 함께 만드는 공간은 나에게 천국과도 같았다. 찻길이 끝나는 곳에서부터 시작되는 잔디밭은 집 뒤뜰까지 널찍하게 이어져 있었다. 잔디밭 한쪽에는 돌이 깔린 테라스와 암석원이 있었고, 다른 쪽에는 관목과 작은 나무들이 심어진, 조금 더 야생적인 공간이 자리했다. 정원에 난 돌길을 따라가면 키 작은 장미들이 자라는 장미원이, 그 아래쪽으로 내려가면 흰 모래밭이 나타났다. 그 광경은 눈부시게 아름다웠다. 잔디밭 한가운데에는 전망대가 있었다. 전망대에 오르는 일은 거의 없었지만 전망대 주위에는 크라이슬러Chrysler, 아이젠하워Eisenhower, 피스Peace 따위의 이름을 가진 장미들이 초승달 모양의 화단에서 자라고 있었다. 6월이 되면 장미들은 전망대에 오른 사람들을 위해 마치 교향곡이라도 연주하듯이 화려한 꽃들을 피워냈다.

잔디밭과 해안 모래밭 사이에는 20~30피트 폭의 두터운 관목 숲이 있었다. 아이들이 어른들의 시야로부터 벗어날 수 있는 야생 공간이었다. 거기에는 철쭉류의 관목과 과실수가 자랐고 그중에는 할아버지가 씨를 심어 키웠다는 복숭아나무도 한 그루 있었다. 복숭아나무는 아주 두드러진 모습이었는데, 여름이면 몇 바구니씩 복숭아를 땄다. 나무는 키가 그리 크지 않아 어린 우리도 솜털이 뽀시시한 노란빛 복숭아를 손수 딸 수 있었다. 할아버지처럼 복숭아나무를 키워보고 싶은 생각에 우리는 먹어치운 복숭아 씨앗을 정성들여 흙 속에 파묻고는 했다. 그 복숭아나무는 내가 키워낸 수박처럼 씨앗 심기 실험을 통해 만들어낸 것인지도 몰랐다.

잘 익은 과일을 수확하는 것만이 할아버지의 정원에서 맛볼 수 있는 즐거움은 아니었다. 우리는 때때로 또 다른 즐거움을 찾아냈다. 철쭉과 난쟁이나무들을 지나쳐 아래쪽으로 내려가면 숲의 빈터에 콘크리트로 만들어진 동상 하나가 서 있었다. 오줌을 갈기는 소년이 한 손으로 고추를 잡고 있는 모습이었다. 우리는 그 동상을 지켜보면서 웃음을 터뜨렸다. 하지만 그 모습을 혼자서 볼 때면 묘한 기분이 들었다. 정원에 어떤 형태로든 깃들게 마련인 사랑의 여신 에로스가 할아버지의 정원에서는 이 소년상에게서 느껴졌다.

잔디밭 길을 따라가다 보면 열 살짜리 아이 키 높이로 다듬어진 덤불숲이 나타난다. 덤불숲 끝에는 페인트를 칠해둔 콘크리트 바닥이 있다. 원반 밀어치기와 말편자 던지기 놀이를 하는 곳이었다. 맨발로 그곳에 서면 여름에도 시원했지만 나는 그곳에는 오래 머물지 않았다. 덤불 너머에 내가 가장 좋아하는 '채소 정원vegetable garden'이 있었기 때문이다. 그곳은 할아버지가 가장 자랑스럽게 생각하는 공간이었다.

채소야말로 할아버지가 성공을 만들어나가기 시작한 출발점이었다. 그는 나이가 들수록 채소 가꾸기에 혼신의 힘을 기울였다. 결국 그는 정원을 장식하고 가꾸는 일은 앤디에게 맡기고 채소를 기르는 데 많은 시간을 보냈다. 봄이 되면 그는 잔디밭을 채소밭으로 갈아엎었다. 할아버지가 나이 든 뒤 20년 동안 조금씩 넓혀나간 채소밭은 반에이커나 되었다. 수확한 채소를 트럭에 실어 내다팔 수 있을 정도의 면적이었다. 그 나이에 그만한 밭을 경작할 수 있다는 게 잘 믿기지 않았다. 나는 70대의 할아버지가 자랑스럽게 작업복을 차려입고 밭에서 계신 사진을 가지고 있다. 그 사진 속에서는 스물다섯 포기가 넘는 토마토와 열두 개가 넘는 호박 구덩이를 찾아낼 수 있다. 사진에는 나타나지 않지만 옥수수나 강낭콩, 완두콩, 오이, 캔털루프 멜론cantaloupe(유럽에서 나는 멜론으로 보통 수박보다는 크기가 작고 더 동그랗게 생겼으며, 거죽이 꺼칠꺼칠하고 무사마귀가 나 있음. 보통 사향멜론muskmelon을 지칭함.—옮긴이), 고추, 양파처럼 시장에 내다팔 수 있는 온갖 것들이 그 밭에서 자랐다.

채소밭은 벽돌로 만들어진 무릎 높이의 수로를 경계로 나뉘어 있었다. 그곳은 서리가 빨리 내리지 않아서 경작기간이 다른 곳보다 길었다. 할아버지는 각각의 포기가 서로 닿지 않을 만큼 널찍하게 간격을 두어 작물을 심었다. 그곳보다 깔끔한 채소밭이 또 있을까? 할아버지는 괭이를 들고 매일 아침 밭고랑의 풀을 뽑았다. 잡초가 밭이랑 사이를 비집고 올라올 만한 어떠한 틈도 허용하지 않았다. 할아버지는 르 노트르Le Nôtre(1613~1700. 프랑스의 조경건축가로 1645년부터 1700년까지 루이16세의 궁정 정원사로 일했다. 그는 베르사유 궁전의 정원을 설계했다.—옮긴이)가 튈르리 궁전Tuileries('기와 공장'이라는 뜻. 앙리 2세의 비인 카트린드 메디시스가 건축가 필리데르 들로름에 명하여 1564년 조성된 궁전으로 1664년 르 노트르가 이 궁전의 정원을 전형적인 기하학 형태의 프랑스식 정원으로 개조하였다. 궁전은 1871년 파리 코뮌 때 소실되었다.—옮긴이)에 밤나무를 심은 것만큼이나 정확하게 콩이나 토마토를 심었다. 담장을 따라 만들어진 밭이랑은 마치 측량사가 거리를 정해준 듯 간격이 고르고 정확했다. 그 밭은 잘 조성된 교외 주택단지의 미니어처 모형처럼 보였다. 밭이랑은 도로, 각각의 채소 포기들은 한 채 한 채의 집과 같았다. 이렇게 서로 대립될 것 같았던 할아버지의 밭과 택지, 농부와 부동산 개발업자라는 정체성은 자연스럽게 조화를 이뤘다.

할아버지는 어째서 그토록 큰 채소밭을 경작했을까? 맹렬한 속도로 요리하고 통조림과 피클을 만들어도 할머니는 그 많은 생산량을 소화해낼 수 없었다. 마침내 그녀는 이에 맞서기 시작했다. 더이상 오이 피클도, 토마토 통조림도 만들지 않았다. 그렇지만 할아버지는 개의치 않고 계속해서 밭을 늘려갔다.

이런 과잉생산 위기가 할아버지에게는 더없이 좋은 기회였다. 마르크스가 제시한 두 개의 어휘를 빌려 이야기하자면, 자본주의자였던 할아버지는 생산물의 사용가치보다는 그것의 교환가치에 더 큰 관심을 가지고 있었다. 그렇다고 그가 채소를 생산하는 것 자체에서 즐거움을 느끼지 않았다는 의미는 아니다. 토마토를 가꾸는 일은 그에게 무엇보다 큰 즐거움이었다. 그는 비프스테이크 토마토beefsteak tomato(토마토 종 중에서 가장 큰 것으로 무게가 0.5킬로그램에 달하기도 한다.—옮긴이)를 두터운 분홍빛 조각으로 자른 뒤 포크와 나이프로 더 잘게 썰어 먹기를 좋아했다. 그 모습을 보면 토마토 이름이 왜 비프스테이크인지 쉽게 이해할 수 있었다. "꿀맛 같네." 할아버지는 마치 주문을 외우듯 중얼거리고는 했다. 그가 가꾼 버뮤다 양파, 옥수수, 피망에 대해서도 마찬가지였다. 영어식 칭찬 표현에 서툴렀던 할아버지가 내뱉는 '꿀맛 같네' 란 한 마디는 채소에게 보내는 최고의 찬사였다.

비프스테이크 토마토를 먹는 것도 그랬지만, 그것을 시장 가격으로 계산해보는 것은 한층 더 즐거운 일이었다. 할아버지는 늘 농산물 가격을 꿰뚫고 있었다. 아흔에 들어서도 가끔씩 발트바움 수퍼마켓 농산물 코너에 들러 자신만의 가격표를 되새겼다. 토마토의 크기나 색깔보다는 가격을 매겨보는 데 더 마음을 썼던 그는 종종 "1파운드에 39센트!" 하며 큰 소리로 외쳤다. 그는 내가 토마토 한 포기에 지주를 세워주는 시간 정도면 채소밭 전체의 시장 가격을 모두 산출해낼 수 있었다. 자연과 소통하며 땅을 가꾸면서도 결코 시장으로부터 멀리 떨어지 않았던 것이다.

할아버지는 스스로 소비하는 것보다 훨씬 많은 양의 채소를 시장에 내다팔았다. 나중에는 아예 대형 체인점에 납품할 비프스테이크 토마토, 꽃상추, 블루레이크 완두콩, 마켓모어 오이 따위를 본격적으로 재배하기 시작했다. 농산물의 풍미보다 운송과 보관의 적합성 여부가 그에겐 더 중요했다. 그것을 팔아 돈을 벌겠다는 욕심 때문은 아니었다. 실제로는 좌판이라도 벌여 채소를 팔고 싶은 심정이었겠지만, 85세의 부동산 거물에겐 어울리지 않는 일이었다. 그는 자신이 생산한 농산물을 처리할 판매망을 확보하고 있어야 했다. 그는 여름 내내 채소를 수확해서 트럭에 실어 보냈다. 때로는 직접 차 뒷좌석에 채소를 가득 싣고 이웃과 은행, 증권거래소를 돌아다니며 한 바구니씩 나누어주었다. 할아버지는 아무 대가도 없이 무언가를 주는 위인이 절대 아니었다. 꿀맛 같은 비프스테이크 토마토를 받으면 사람들은 적어도 빚을 진 듯한 느낌을 받을 테고, 그럼 일을 자신에게 유리한 쪽으로 처리해주리라고 믿었다. 그것은 사실이었다. 그로 인하여 사람들은 할아버지에 대한 경계심을 풀었고, 실제로는 욕심쟁이였지만 순박한 시골 영감처럼 보이도록 만들어주었다.

아주 나중에 가서야 나도 스스로 재배한 농산물을 다른 사람들에게 나누어주는 기쁨이 어떤 것인지 알게 되었다. 하지만 내가 정원에서 처음으로 느낀 즐거움은 수확하는 일이었다. 할아버지 댁을 방문해서도 수확할 것이 남아 있을 때가 좋았다. 나는 할아버지가 바구니를 건네주기도 전에 밭으로 달려나갔다. 할아버지와 함께 있으면 나에게 이런저런 잔소리를 해댔기 때문에 나는 엄마가 할아버지에게 인사를 끝내기도 전에 혼자서 밭으로 갔다. 잘 자란 채소들이 나에게는 신기하기만 했다. 수확하지 않은 채소밭은 가능성으로 가득했다. 암록색이 사라지며 붉은 빛깔로 익어가는 토마토를 보면 기분이 좋아졌다.

하트 모양 잎새 아래쪽에 길쭉한 꼬투리를 키우고 있는 강낭콩을 봤을 땐 숨이 멎을 것만 같았다. 햇살에 따스해진 캔털루프 멜론을 둥글게 감싸 껴안아보는 일, 땅 속에서 솟아오르는 노란 잡초 싹을 뽑아버리는 일은 참으로 즐거웠다. 지금까지도 그런 감흥은 별로 무뎌지지 않는다.

그 당시의 내 즐거움은 먹는 일과는 아무런 관계가 없었다. 나 역시 다른 아이들과 매한가지로 채소라면 딱 질색이었다. 그때 나는 케첩을 제외한 어떤 형태의 토마토 요리도 좋아하지 않았다. 그럼에도 불구하고 채소에서는 고상한 기품이 느껴졌다. 할아버지로부터 농산물에 대한 경외심을 물려받은 게 아닐까 싶다. 나에게 토마토나 오이는 아무런 쓸모도 없었지만, 내 나름대로 어른들이 평가하는 그들의 가치를 알고 있었던 것 같다.

여름의 채소밭은 매혹적인 풍경을 만들어냈다. 놀랍게도 거기에는 생각지 못했던 색깔과 뜻하지 않았던 모양들이 숨겨져 있었다. 할아버지는 바로 그런 것들이야말로 보배라고 가르쳤다. 어린시절 나는 캔디랜드Candyland라는 놀이를 가장 좋아했다. 막대사탕 모양의 나무들, 밀크초콜릿 같은 습지, 과자처럼 생긴 관목 숲 따위가 온통 캔디로 만들어진 놀이판 위에 놓인 말을 주사위를 던져 전진시키는 놀이였다. 캔디랜드는 아이들의 소원을 들어주는 모형의 자연세계였다. 그리고 할아버지의 여름 채소밭은 캔디랜드가 실재하는 천국이나 다름없었다.

● ● ●

 이런 모습이 바로 할아버지의 정원이었다. 내가 그 정원을 보며 캔디랜드를 떠올렸다면, 할아버지는 모노폴리 게임Monopoly Game(주사위를 굴려서 부동산 취득, 매매, 임대 등의 방법으로 재산을 축적해나가는 놀이.—옮긴이)을 떠올렸을지 모른다. 어쨌든 할아버지와 나 모두의 눈에 그 정원은 아이의 소원을 들어주기도 하고 보통 사람들의 필요도 충족시켜주는, 여러 가지 의미가 내재된 풍경으로 비쳤다. 어린시절 나는 숲보다는 정원 가까이에 있었다. 숲에서는 찾아낼 수 없는 사람 냄새가 정원에서는 진하게 풍겼다. 어린시절이란 자연으로부터 문화 속으로 인도되어가는 과정에 다름 아니다. 정원은 바로 그런 과정을 훌륭히 수행하게 해줄 요소들을 많이 가지고 있다. 야생의 자연은 나에게 할아버지의 정원처럼 많은 것들을 주지 못했다. 그 정원에는 꽃의 모습과 함께 여인의 체취를 느끼게 하는 꽃내음, 씨앗과 열매의 전체적인 개념을 명쾌하게 만들어준 복숭아나무, 먹을거리에 대해서는 물론 돈을 버는 일에 대해서도 이야기해주는 채소들 그리고 사람들의 삶을 기쁘게 받아들이는 여름의 잔디밭이 있었다.

 정원이라고 말하기 민망하기는 하지만 부모님의 정원에 대해서도 할 말이 적지 않다. 나는 먼 훗날에 이르러서야 부모님의 정원에서 의미를 읽어낼 수 있었다. 풍경은 사회적 또는 정치적 관점에 따라 그 의미가 완전히 달라질 수 있지만 어린 내가 그런 시야를 가졌을 리 없었다. 깎지 않고 내버려둔 아버지의 잔디밭은 이웃이나 장인어른에게 보내는 분명한 메시지였다. 나는 앞뜰을 사이에 두고 아버지와 어머니의 의견이 잘 맞지 않았다는 사실과 그것에 대해 내가 혼란스러워했다는 사실을 어렴풋하게나마 기억하고 있다. 아이라면 누구나 본능적으로 규칙성을 느낄 수 있다. 그런데 우리의 앞뜰은 다른 모든 사람들의 앞뜰과는 달랐고, 그 사실이 나에게는 이상하게 느껴졌다. 정원을 가꾸는 데 있어서 아버지가 왜 이웃의 다른 아빠들과 다른지 이해할 수 없었다.

어느 여름, 아버지는 잔디밭을 그냥 내버려두었고 잔디는 자라서 꽃을 피우고 씨앗을 맺었다. 잔디가 깃발처럼 산들바람에 나부꼈다. 아름다웠지만, 그런 맥락에서만 보아넘길 일이 아니었다. 롱아일랜드 지역의 잘 정리된 주택가 한가운데에 목장보다도 더 거친 공간이 떡하니 모습을 드러내고 있었기 때문이다. 그것은 이웃들에게 보내는 노골적인 조롱이었다.

잘 가꾸어진 집앞 잔디밭은 미국 교외지역의 가장 특징적인 모습이었다. 아버지는 이를 무시함으로써 교외의 생활방식에 대한 애증을 표현했다. 교외지역에서 앞뜰의 잔디는 적어도 시각적인 면에서는 집단적인 풍경의 일부라고 할 수 있다. 공유지는 아니지만 그렇다고 온전한 개인 소유라고도 할 수 없었다. 루이스 멈포드Lewis Mumford가 "사적인 삶을 살아가기 위한 집단적인 노력"이라고 언젠가 정의했던 것처럼, 잔디밭은 실험적인 교외생활을 홍보하는 이미지 전시장에 다름 아니었다. 그러나 개인적인 측면에서 볼 때, 가족적인 생활과 사유재산의 꿈을 실현시켜주는 것이 교외생활 최고의 가치다. 이런 것들이 아버지의 도덕적 우주관 속에 자리잡고 있었다. 하지만 교외는 같은 마음을 가진 수많은 사람들과 조화를 이루며 살아가야 하는 곳이고, 자기 소유의 집이었음에도 불구하고 아버지의 재량권은 절반밖에 미치지 못했다. 이 점을 미처 깨닫기 전에 덥석 주택구매 계약서에 서명을 해버린 아버지는 톡톡히 대가를 치렀다.

앞뜰의 잔디는 마을의 얼굴이나 다름없었으며 뒷마당만이 사적인 공간으로 주어졌다. 뒷뜰에서는 하고 싶은 어떤 일도 할 수 있었지만 앞뜰에서는 지역사회의 바람과 그 이미지를 감안해야 했다. 담장이나 덤불로 앞뜰을 둘러싸는 일은 지역사회로부터의 격리를 의미했으며, 반사회적인 행동으로 여겨졌다. '같은 마음가짐like-mindedness'을 가지고 있다는 사실을 가장 확실하게 드러내는 것이 바로 잔디밭이었다. 잔디밭은 이웃과 자연스럽게 연결되었고, 지역사회와의 연대감을 표시하는 수단이었다. 교외의 풍경을 설계하는 전통적인 방식은 같은 크기로 나뉜 개인 공간을 하나로 묶어서 하나의 전체적인 모습(민주적인 풍경)을 만들어내는 것이었다. 자신의 공간을 이와 같은 풍경의 일부로 귀속시키는 것은 시민적 의무였다. 사람들은 매년 11월에 학부모교사협의회에 참가하듯 매주 토요일에는 앞뜰 잔디밭을 깎았다.

민주적인 교외의 풍경에서 잔디를 깎지 않는 일은 민주선거에서 투표권을 행사하지 않는 것보다 훨씬 심각한 일이었다. 단 한 집만 잔디를 깎지 않아도 전체적인 풍경이 망가지고, 이상적인 마을 풍경에 문제가 생기기 때문이다. 하지만 아버지는 아랑곳하지 않았다. 땅을 소유한 사람은 그였고, 자신이 하고 싶은 대로 하지 못할 하등의 이유가 없었던 것이다. 이웃에 빚을 진 것도 없었다. 모두 가톨릭을 믿는 동네에서 우리만 유대교를 믿었기 때문에 싸늘한 눈초리를 받기는 했다. 그렇다고 눈치를 보며 이웃사람들을 따라 할 필요는 없지 않은가? 우리 잔디밭이 이단적이라고 생각하는 것은 그들의 생각일 뿐이었다. 장인어른이 마음에 걸리기는 했지만 그것은 다른 문제였다.

잔디를 방치했던 그 여름, 처음으로 다수의 뜨거운 숨결이 느껴졌다. 그 누구도 대놓고 말하지 않았지만 "잔디를 깎으시오." 하는 무언의 목소리가 들려왔다. 몇몇 사람들은 그저 이상하다고만 생각했을지 모르겠다. 집주인이 어디엔가 급히 가 있거나, 아니면 가까운 누군가가 죽어서 잠시 잔디를 깎지 못하려니 하고. 그러나 다른 사람들은 노골적으로 못마땅한 심기를 표출했다. 그들은 우리 집에 가까워지면 차 속도를 늦췄다가 이내 맹렬하게 속력을 내서 달려가고는 했다.

그러한 메시지는 다른 방법을 통해서도 전해졌다. 아버지의 유일한 동네 친구이자 바로 옆에 살고 있던 조지 해켓George Hackett 씨가 아버지에게 지역사회의 총의를 전달하는 역할을 부여받았다. 조지는 이 문제에 대해 마을 사람들과 꼭 같은 생각을 가졌던 것도 아니고, 그러한 역할을 하고 싶지도 않았지만 달리 그 일을 맡을 사람이 없었다. 조지는 체구도 작고 소심한 사람이어서 거간꾼 역할을 하는 데는 적합하지 않았다. 하지만 여러 사람들의 설득으로 인해 그는 마지못해 그 임무를 떠안았다. 지역 주민의 메시지를 전달하기 위해 그가 우리 집을 찾은 것은 어느 여름날 이른 저녁이었다. 그는 어머니가 내온 차를 마시며, 곰처럼 앉아 있는 아버지에게 마을 사람들이 전하고자 하는 말들을 간신히 들려주었던 것 같다.

이에 대해 아버지가 뭐라고 대답했는지는 잘 기억나지 않는다. 하지만 아버지는 곧 차고로 가서 그해 처음으로 녹슨 토로 사社(주로 잔디 깎는 기계를 생산하는 회사로 1914년에 설립되었다.―옮긴이)의 예초기에 시동을 걸었다. 아버지는 기적적으로 시동이 걸린 기계를 몰아 잔디를 깎기 시작했다. 헌데 예초기는 일직선으로 움직이지 않았다. 오른쪽에서 왼쪽으로, 왼쪽에서 다시 오른쪽으로. 그는 S자 모양의 곡선을 그리며 웃자란 잔디를 깎아나갔다. 그는 다시 M자를 만든 뒤 마지막으로는 P를 만들었다. 세 글자는 아버지의 이니셜이었는데 그 글자를 새겨놓고는 시동을 꺼버렸다. 그러고는 예초기를 차고에 처박은 뒤 다시는 시동을 걸지 않았다.

● ● ●

그 사건이 있고 나서 우리는 곧 파밍데일을 떠났다. 그때가 1961년이었는데, 아버지는 좀더 부유한 사람들이 살고 있는 북부 해안지역의 우드버리Woodbury로 옮겨갈 수 있을 만큼 돈을 잘 벌었던 것 같다. 우리는 게이츠Gates라고 불리는 개발단지에서 제일 첫 번째로 집을 샀다. 그 개발단지는 오래 전에 조성된 곳으로 개발업자는 상류층의 귀족적 분위기가 느껴지도록 육중한 철 대문을 그대로 남겨두었다.

그때만 해도 개발업자들은 자신이 개발하는 지역의 거리 이름을 명명할 수 있는 특권을 가지고 있었다. 보통 주제를 정해서 이름을 지었는데, 대부분은 나무나 꽃 이름이었다. 하지만 게이츠 지역 개발업자는 처음부터 다른 그림을 그리고 있었다. 좀더 근사하고 진취적인 이름을 원했던 것이다. 알래스카가 막 미국의 50번째 주로 편입된 시기, 개척자 또는 제국의 건설자를 자청했던 그 지역 개발자는 알래스카 지명을 가져왔다. 우리 집은 주노 불바드Juneau Boulevard와 페어뱅크스 드라이브Fairbanks Drive 모퉁이에 있었다. 스트리트라는 명칭은 도시적인 것이어서 교외 분위기와는 어울리지 않았다. 변두리 느낌이 나는 지명에 스트리트라는 말 대신 불바드Boulevard, 드라이브Drive 또는 코트Court라는 말을 붙임으로써, 누구도 거부할 수 없는 이름이 만들어졌다.

  그 개발지 안에서는 택지를 사면 세 가지 형태의 주택 중 한 가지를 선택해야 했다. 개발업자들은 목장형(1920년대부터 미국의 교외지역에서 유행한 주택 양식으로 서부개척시대의 낮고 긴 건물 형태에 건축물 내·외부를 검소하고 단순하게 치장함.―옮긴이), 식민지형(미국 식민시대 초기부터 유행한 건축 양식으로 주로 2층으로 되어 있으며 기둥이 있는 중앙 현관, 많은 창문과 굴뚝 그리고 여러 용도의 공간을 기능적으로 구분하여 배치하는 주택 양식.―옮긴이), 난평면형(주택 일부의 기층이 다른 쪽 층의 기층과 천장의 중간에 놓이는 주택으로 주로 경사진 지역에서 이용되는 건축 양식.―옮긴이) 중에서 골라 집을 지어주었다. 우리는 나무가 우거진 택지를 매입했다. 파밍데일보다 훨씬 넓고 아래쪽으로 경사진 땅이었다. 사생활이 보장되는 지세였지만, 지대가 낮아서 지하실에는 물이 찰 염려가 있었다. 집의 형태는 당연히 목장형이었다. 우리는 언제나 목장형 집에서 살았는데 거기에는 두 가지 이유가 있었다. 우선 목장형 주택이 가장 현대적이었기 때문이다. 부모님은 스스로 현대적인 사람이라고 생각했다. 두 번째 이유는 안전이었다. 어머니는 아이들을 키우면서 절대로 계단이 있는 집에서 살아서는 안 된다고 생각했다. 뒷마당은 롱아일랜드의 철도가 들어올 수 있을 만큼 넓었다.

계약을 한 뒤 아버지는 여동생과 나를 주말마다 우드버리로 데려가 집이 지어지는 모습을 보여주곤 했다. 우리는 나무들이 베어지고 측량이 이루어지는 모습을 지켜보았다. 부모님은 참나무 숲을 마음에 들어했는데 남겨두고 싶은 나무에는 리본을 매서 표시를 해주었다. 집 입구 쪽에는 큰 둥치의 참나무 두 그루를 남겨놓았다. 우리는 불도저가 숲을 밀어내면서 집터가 만들어지는 광경을 지켜보며 마치 개척자가 된 듯한 기분을 느끼기도 했다. 중장비가 해내는 일은 무척이나 인상적이었다. 숲이 변해서 마당이 되고 작은 언덕이 사라져버렸다. 나는 처음으로 땅이 변화되는 모습을 지켜보았다. 기초공사를 하는 날, 아버지는 우리에게 동전 몇 닢을 주고는 그것을 콘크리트 속에 집어넣어 행운을 빌도록 했다.

파밍데일에서 게이츠까지는 불과 20분 정도밖에 걸리지 않았지만 그곳은 전혀 딴 세상이었다. 파밍데일은 처음으로 교외지역에 집을 마련하면서 중산층으로 진입하는 전기기술자, 엔지니어, 항공 분야 종사자들이 많이 사는 지역이었다. 거주민의 대부분은 블루칼라의 기술직 종사자들이었다. 아직 뚜렷하지 못한 자신들의 정체성 때문에 그들은 우리의 잔디와 유대교에 대해 필요 이상으로 민감하게 반응하는 것인지도 몰랐다. 이와 달리 게이츠 지역에 이사를 오는 사람들은

1950~1960년대에 제법 돈을 번 부류였다. 그들은 대부분 변호사, 의사, 작은 기업체를 운영하는 사업가들이었다. 그들은 좀더 자신감 있는 계층의 사람들로, 보다 상승적이고 복합적인 기대를 충족시킬 수 있는 주택을 원했다. 이미 1960년대 초부터 교외라는 생활공간은 그 나름의 평판을 얻기 시작했으며 게이츠 같은 지역은 무언가 독특한 것을 원하는 사람들이 살고 싶어하는 곳이었다. 거리는 널찍했고 다른 교외 개발지처럼 획일적으로 구획되지 않았다. 각각의 택지는 제 나름의 형태를 가지고 있었으며 보도가 생략되기도 하고 길은 집에서 갑자기 끊어지기도 했다. 길은 전원풍으로, 유서 깊은 느낌이 들게끔 보기 좋게 굴곡져 있었다.

그래서 파밍데일에 비해 풍경은 다소 거칠어 보였다. 앞뜰의 잔디를 깎지 않아서 그런 건 아니었다. 철저한 제약 속에서도 집집마다 개성 있게 집을 가꾸고 있었다. 마치 영국식 시골 농장이나 남부의 대농장을 떠올리게 하는 귀족적인 분위기였다. 널찍한 순환도로는 길을 따라 이어진 관목 숲과 함께 굽어지며 어느 집의 대문에 이르게 된다. 해마다 새롭게 도색하는 검은 아스팔트 도로가 녹색의 푸르름 속에서 돋보였다. 그 길을 달리노라면 마치 대저택으로 가는 듯한 느낌이 들었다. 차가 현관에 멈추어서면 누군가 기다리고 있다가 차문을 열어줄 것만 같은 기분이었다. 하지만 구불거리는 도로는 그들의 가보인 캐딜락이나 링컨 등 번쩍거리는 자동차를 보여주기 위한 것이었다. 순환도로를 가다보면 집 앞마당에 세워놓은 근사한 자동차들에 눈을 돌리지 않을 수 없었다.

우리 집에서 몇 집 건너에 있는 로젠블룸 씨 댁으로 가는 길은 두 갈래였다. 처녀지와도 같이 잔디밭 양쪽으로 난 두 개의 도로는 높다란 흰색의 식민지풍 집으로 연결되어 있었다. 둘 중 하나는 가족들이 사용하는 길이었고 다른 하나는 손님을 '공식적인 현관'으로 인도하는 길이었다. 그리스 복고풍 건물인 이 집은 네 개의 큼직한 도리아식 기둥을 가졌고 중간에는 커다란 샹들리에가 달려 있었다. 나는 그 집을 볼 때마다 타라Tara(마거릿 미첼의 소설 《바람과 함께 사라지다》에 나오는 조지아의 '타라 농장'을 의미하는 것으로 보임.—옮긴이)를 떠올리곤는 했다. 로젠블룸 씨가 도대체 그 집에서 무엇을 하고 있는지 평소에는 알 수가 없었다. 하지만 손님이 잘못된 길로 진입할 때면 어디에선가 나타나 어쩔 줄 몰라하던 그의 모습이 떠오른다.

아버지가 게이츠 지역에서도 파밍데일에서 했던 것과 똑같이 잔디와 정원을 관리하리라는 것은 분명했다. 그나마 다행스러운 건 경제적인 여유가 생겼기 때문에 제법 괜찮은 정원사를 고용하거나 전문 관리 회사와 계약을 체결할 수 있었다는 점이다. 아버지가 조경에 결코 무관심하지 않았다는 점도 중요하다. 사실 아버지는 나무에 대해서 나름대로 관심을 가지고 있었다. 단지 그는 잔디밭을 좋아하지 않는 대신 조금 거리를 두고 바라볼 수 있는 정원을 선호했을 뿐이다. 이를테면 창가에 서서 내다보는 것처럼 말이다.

돈은 정원 관리에 있어 새로운 접근을 가능하게 했다. 땅을 파고 식물을 만지는 따위의 육체적 노동을 하지 않고서도 그가 좋아하는 방식으로 정원을 가꿀 수 있었다. 감독을 하고, 정원 용품을 사들이고,

기술적인 문제를 검토하고, 전문가와 상담하여 계약을 체결하는 따위가 그랬다. 아버지는 나름대로 정원 가꾸기의 영역을 확대함으로써 만족을 키워나갔다. 파밍데일 뒷마당 중간에 서 있던, 마치 녹색 분수를 뿜어올리는 듯한 자작나무가 그 대표적인 예라고 할 수 있다. 희귀한 품종으로 어머니가 가장 좋아하는 그 나무를 우드버리의 새 집으로 옮겨심자는 어머니의 말에 아버지는 파밍데일 집을 매도하자마자 할아버지의 정원사인 월터 쉬켈하우스 씨에게 부탁해서 그 나무를 우드버리로 옮겨심었다. 워낙 모습이 두드러진 탓에 나무를 캐낸 자리가 너무도 뚜렷하게 드러났다. 새 주인이 모를 리 없었다. 그래서 아버지와 월터 씨는 그 자리에 수양버들을 심었다. 아버지는 한 술 더 떠서 그 나무둥치의 수피를 흰색 페인트로 칠하게 하고, 수형을 자작나무와 비슷한 모습으로 전지해주도록 했다. 이 일은 파밍데일 집앞 잔디밭에 자신의 이름을 새겨넣은 사건 이후 아버지가 정원에서 했던 가장 그럴싸한 일로, 그 수양버들은 토피어리topiary와 눈속임의 진정한 합작품이었다.

부모님은 정원을 설계해서 꾸미고 관리해줄 직업 정원사를 물색했다. 그는 롱아일랜드 지역에서는 좀 별난 정원사였다. 아버지의 의도를 알아차린 정원사는 굴곡진 리본 모양으로 아주 좁은 단 하나의 잔디밭만을 만들고, 크게 손질이 필요 없는 정원을 설계했다. 좁은 잔디밭 길은 예측하기 어렵게 연결된 몇 개의 독특한 공간으로 설계되었다. 큼직한 관목의 섬 아래 수호초가 심어진 정원, 보도가 있는 전망대, 큰 나무가 우거진 숲, 그리고 수입산 흰색 조약돌을 깐 일본식 정원으로. 모두 현대식이었고 일반적인 교외지역의 조경 방식과는 동떨어졌지만 집주인 나름의 취향을 살리는 것이었다. 앞뜰을 전체적으로 보면 잔디보다는 지피식물을 심은 면적이 더 넓었다. 도로 가까이에는 지피식물보다 철쭉, 진달래 같은 관목을 많이 심었다. 거칠고 불규칙한 모양의 덤불담은 집을 숨겨주었다. 도로변의 둔덕은 철도 침목을 이용하여 계단식으로 만들었다. 당시에는 조경할 때 침목을 사용하는 일이 제법 유행이었다. 그러나 철도 침목을 시장에서는 살 수가 없었기 때문에 아버지는 철도회사 직원을 통해 트럭으로 사들였다.

하지만 대부분의 공간은 나무숲이 그대로 남아 있는 상태였다. 이사 올 때 예초기는 파밍데일에 남겨두고 아예 가져오지 않았다. 우리 집은 롱아일랜드 지역에서 예초기가 없는 유일한 집이었다.

아버지가 정원에 물을 주는 방식은 잔디를 깎는 것과 비슷했다. 그는 최신식 스프링클러를 주문했다. 차고에 마련된 지휘본부에서 구석구석 정원 상태를 모니터하며 한 번에 한 구역씩 물을 줄 수 있었다. 토양 상태에 따라 정교하게 작동되는 시간 조절장치가 있어서 풀과 화초들은 최적상태로 물을 공급받을 수 있었다. 하지만 비용이 만만치 않은 스프링클러 기술자를 수시로 모셔오지 않으면 안 되었다. 필요 이상으로 많이 설치된 스프링클러는 다 합하면 100개도 넘었다. 여섯 자 정도 간격으로 황갈색 버섯처럼 땅 위로 불쑥불쑥 솟아올라 있었는데 작동이 시원치 않았다. 한밤중에, 심지어 폭우가 쏟아지는 동안에도 스프링클러는 갑자기 칙칙 소리를 내며 돌아가고는 했다. 마치 외계의 누군가가 지시하기라도 한 듯이. 어떤 것은 나이아가라

폭포수마냥 맹렬하게 물을 뿜어내기도 했지만 대부분은 쫄쫄 흘러나오는 수준이었다. 아버지는 스프링클러 장치를 손보기 위해 차고에서 반바지 차림으로 몇 시간씩 보냈지만, 심술궂은 그 시설을 복구하는 일은 항상 까다롭기 그지 없었다.

어린 내가 보기에도 아버지의 원격조종 방식 조경은 많은 것이 부족했다. 조경사가 관목을 심고 잔디 뗏장을 깔아서 정원을 조성하고 나면, 주인은 그것을 지켜보는 일 외에는 아무것도 할 게 없었다. 교외지역의 정원은 일반적으로 아이들의 필요에 알맞게 설계되는 게 보통이었다. 놀이공간으로써 잔디밭보다 더 좋은 곳은 없다. 아버지의 정원은 아름답기는 했지만, 잔디밭이 좁고 나무들이 우거져 아이들이 놀기에는 좋지 않았다. 아버지의 정원은 집 안에서 관상용으로 바라보면 그림 같은 풍경을 연출했다. 하지만 수호초 같은 지피식물 위에서 뛰어놀 수는 없는 일이었다.

그러나 아버지의 조경에서 무엇보다도 부족한 것은 바로 '정원' 자체였다. 얼핏 정원다워 보이기는 했다. 하지만 그때까지 나는 정원이라고 하면 꽃이나 채소들을 심어가꾸는 작은 공간을 뜻한다고 생각했다. 그 외의 다른 것들은 '뜰 yard' 이었다. 뜰은 그저 단순한 장소에 불과했다. 반면 정원은 무언가 독특한 곳이었다. 내 생각에 정원이 각별한 것은 생산적이기 때문이었다. 나는 손에 흙을 묻히면서 무언가를 할 수 있는 할아버지식 정원이 좋았다. 나는 살고 있던 마을이 개발되면서 집 주위의 모든 것이 뒤바뀌는 모습을 오랜 시간 지켜보았다. 매일같이 숲이 잔디밭으로 변하고, 들판 중간에 길이 만들어지고, 여기저기에 연못이 생겨났다. 언덕이 흔적도 없이 사라져버리고 땅 전체가 뒤엎어지며 풍경은 한시도 쉬지 않고 변했다. 그 사이에 우리 집만 화석처럼 변하지 않고 남겨져 있었다. 우리가 할 수 있는 일은 차고로 가서 스프링클러 장치를 조종하는 게 전부였다. 나는 땅을 일구고 식물을 가꾸고 싶었다.

우리 집 정원은 매주 금요일 전문적인 정원사가 방문해 보살폈다. 그러나 정원에는 그의 손길이 닿지 않는 곳이 여러 군데 있었다. 우선 뒤뜰에는 잔디가 뿌리를 내리지 못했다. 집과 뒤쪽 숲 사이의 좁다란 공간에는 그늘이 들었기 때문에 어떤 종류의 씨앗도 싹을 틔우기 힘들었다. 이렇게 해서 정원사가 포기한 공간에 내가 손을 대기 시작했지만 거기에 다른 것을 심어도 사정은 마찬가지였다. 나는 다른 방법을 찾아냈다.

뜰에는 항상 물이 부족했다. 나는 집에서 호스로 물을 끌어다 돌로 둑을 쌓고 도랑을 만들었다. 물길을 따라가며 곳곳에 물웅덩이를 만들기도 하고 높이가 한 뼘쯤 되는 작은 폭포도 만들었다. 나는 도랑의 물이 나무들을 찾아 흘러가는 광경을 오후 내내 지켜보고는 했다. 나는 그때 물처럼 생각하는 것을 배웠고 그것을 나중에 정원을 가꾸면서 써먹었다. 여러 가지 돌을 쌓아 어떤 물소리가 나고 어떤 물결이 만들어지는지도 실험해보았다. 많은 물을 허비했음에 틀림없었다. 사실 내가 만든 물길은 보잘것없는 진흙 무더기에 불과했다. 하지만 나에겐 굉장히 멋진 작은 수상정원처럼 느껴졌다.

수상정원에 싫증이 나면 그것을 파내고 공동묘지를 만들기도 했다. 기르던 애완동물들이 죽으면 그들을 묻어줄 공간이 필요했다. 고양이는 물론 개, 카나리아와 병아리, 거북이와 오리새끼, 게르빌루스 쥐와 햄스터 따위가 있었다. 이들 중 어느 하나가 죽으면 나는 누이들과 함께 그럴싸한 장례식을 치러주고는 했다. 애완동물이 모두 건강하더라도 집 주위 어디선가 객사당한 동물들을 묻어주어야 할 일이 생겼다. 신발 상자 같은 것으로 관을 만들어서 그들을 묻고는 그 위에 손수 만든 십자가를 세워주었다. 십자가는 기독교식이라는 것을 알고 있었지만 유대교식으로 다윗의 별을 조각하기에는 기술이 부족했다. 어린시절의 나는 애완동물을 이교도적인 것으로 생각하는 경향이 있었다. 유대교도로 자라난 나는 여호와 이외의 다른 모든 것들을 기독교적인 것으로 여겼다.

이런 여러 가지 일들을 벌일 때 동무가 되어준 건 지미 브랑카토였다. 이상하게도 운이 없는 이 소년은 우리 집 아래쪽에 살았다. 부모님들은 문제가 많았는데, 헴스테드Hemstead에서 세차장을 하는 아버지 브랑카토 씨는 폭력배처럼 보였다. 한때는 감옥에 있었다는 소문이 돌기도 했다. 어머니는 머리를 요상한 금색으로 물들여서 마치 권총강도의 정부처럼 보였다. 소리 지르고 싸움하는 데는 챔피언이었다. 그녀는 자기 아이들에겐 커다란 문제가(지미의 경우엔 감옥에 갇히는 일이었고, 여동생의 경우엔 사생아를 낳는 일이었다) 반드시 일어나리라고 확신했다. 실제로 그녀의 딸 하나는 결혼도 하기 전에 덜컥 임신을 하고 말았다. 또 지미는 심각한 송사에 휘말렸다.

하지만 이런 일들은 한참 뒤에 일어났고, 내가 지금 하려는 얘기는 그가 아홉이나 열 살이 되었을 즈음의 일이다. 지미와 나는 주로 우리 집에서 시간을 보냈다. 지미는 우리 어머니를 좋아했는데, 아마도 어머니가 지미를 선입견 없이 잘 대해주었기 때문인 것 같다. 나는 지미의 부모님 근처에 가는 것이 무서웠다. 하지만 나는 지미의 대담하고 겁 없는 성격이 좋았다. 그는 나의 똘똘한 면을 좋아했다. 우리 둘은 아주 훌륭한 팀이 되었다.

우리는 함께 정원에서 일하는 걸 좋아했다. 언제나 앞장섰던 건 나였다. 내가 계획을 짜서 오늘은 어디를 일구어 무엇을 심을 것인지 결정했다. 확신이 서지 않을 때는 할아버지를 생각했다. 첫 번째로 만든 정원을 우리는 '농장'이라고 불렀다. 도로변에 둑을 만들기 위하여 철도침목으로 쌓아올린 네다섯 개의 계단은 화단으로 아주 훌륭했다. 우리는 첫 번째 단에는 딸기, 두 번째 단에는 수박, 세 번째 단에는 오이, 가지, 고추 따위의 채소들을 심었다. 딸기는 우리가 가장 좋아하는 것이었다. 토마토처럼 빨갛게 빛나는 열매를 맺었고 다시 심지 않아도 해마다 새싹이 돋아올랐다. 열매를 먹을 수도 있었다. 우리의 목표는 열매를 팔 수 있을 만큼 많이 생산하는 것이었다. 한꺼번에 예닐곱 개씩 딸기가 익자 우리는 그것을 종이컵에 담아서 어머니에게 팔았다. 주노 거리에 노점을 만들어서 딸기를 팔아볼까 생각하기도 했다. 지미는 언제나 끈기 있게 일을 했다. 내가 저녁시간이 되어 집에 불려 들어간 뒤에도 지미는 혼자 일을 했다. 지미 어머니가 부엌 창문으로 머리를 내밀고 소리를 지를 때까지.

지미는 정원 일을 재미있어 했지만 그곳이 모험심까지 충족되는 공간은 아니었다. 아마도 그는 채소밭에서는 자신의 뜻을 펼칠 수 없다는 사실을 예감하고 있었던 것 같다. 그는 정원 일에 대해 폭넓은 생각을 가지고 있었다. 다른 사람이 가꾼 농작물을 그들이 없는 사이에 수확하는 것도 정원 일에 속한다고 여겼다. 마을과 인접한 호박 농장으로 나는 몇 차례 지미를 따라갔다. 함께 훔친 호박을 수레에 가득 실어왔다. 나는 농장에서 일을 도와주는 지미에게 보답하기 위해서 그를 따라나서지 않을 수 없었다.

10월의 호박밭은 참으로 아름다웠다. 드넓은 벌판에 오렌지빛 둥근 호박덩이와 푸른 넝쿨이 어울려 있었다. 그곳에서는 숭고함마저 느껴졌다. 하지만 우리의 경험은 위험이 따르는 일이었다. 불법 침입은 큰 범죄라는 사실을 나는 이미 알고 있었다. '들어오지 마시오'라는 표지판 곁을 수레를 끌고 지나칠 때면 두려움으로 숨이 멎을 것만 같았다. 교외지역의 사유지가 신성불가침의 영역이라는 것은 어린아이도 충분히 알 수 있었다. 농부들은 소금으로 만든 총알이 들어 있는 장총을 휴대했다. 누군가 자신의 영역을 침입하면 농부들은 즉각 발포했다. 소금 탄환은 극심한 고통을 준다고들 말했다. 하기야 철갑탄을 쏜대도 누가 무어라 할 수 있는 일이 아니었다. 우리는 운 좋게 한 번도 붙잡히지 않았다. 오래지 않아 그 지역마저 주택단지로 개발되자 꽤나 서운한 느낌이 들었다.

우리는 훔친 호박을 지미의 집으로 가져갔다. 우리 집으로 가져가서 어머니에게 들키기라도 하면 벼락이 떨어질 것은 불 보듯 뻔했다. 훔친 호박을 서로 나누고 나면 지미는 자신의 호박을 깨뜨렸다. 이해하기 어려운 일이었다. 분명한 건 지미가 호박을 소유하기 위해서 훔치지 않았다는 사실이었다. 호박을 깨뜨리는 광경을 지켜보노라면 그가 무언가에 단단히 집착하고 있음을 알 수 있었다.

알면 알수록 그가 쉴새없이 문제를 만들어내는 괴이한 성격의 소유자임이 드러났다. 어느 해, 우리가 여름휴가를 간 사이 지미는 성냥을 가지고 놀다 우리 집 뒤쪽의 숲을 홀랑 태워버리기도 했다. 지나가는 차에 다른 아이들이 눈덩이를 던지면 아무 일도 일어나지 않았지만, 지미가 눈덩이를 던지면 유리창이 깨지고 붙잡혀 곤욕을 치렀다. 지미는 결코 나쁜 아이가 아니었다. 단지 식물이 해를 향해 줄기를 뻗어 나가듯 천성적으로 재앙을 좇아가는 굴성 같은 걸 가진 듯했다.

몇 해 지나자 우리는 각자의 길을 가기 시작했다. 지미는 내가 가르쳐준 정원 일과 자신의 독특한 성향을 조화시키는 방식을 찾아냈던 것 같다. 1970년, 그가 중학교 3학년에 다닐 때의 일이었다. 그는 자신의 농장을 만들어 돈을 벌겠다고 결심하고 대마초를 재배하기 시작했다. 모든 각도에서 계획을 검토하고 무엇보다 탄로나지 않게 주의를 기울였다. 그는 그 지역의 장원 저택이라고 할 수 있는 곳 인근의 밭을 일구었다. 버려진 땅이나 마찬가지였다. 게이츠 지역을 개발한 건설업자가 지역 주민을 위해 기부하기로 했던 땅이었다. 하지만 오랫동안 주인 없는 땅으로 방치되었던 관계로 온갖 쓰레기더미에 둘러싸여 있었다. 쓰레기가 쌓이지 않은 곳은 가시딸기 넝쿨이나 옻나무 등이 빽빽하게 들어차 있었기 때문에 그곳을 개간하는 것은 보통 일이 아니었다. 어두워진 뒤에는 말할 것도 없었고 사람들은 낮에도 그곳에 접근하지 않았다. 매일 밤 자정이 지나면 지미는 집을 빠져나와 자전거를 타고 그곳으로 달려갔다. 쉽게 발각되지 않은 덕에 지미는 대마초 재배를 성공적으로 진행시킬 수 있었다.

수확이 얼마 남지 않았을 때였다. 이웃에 살던 한 아이가 그의 밭 근처에서 자전거를 타고 있었다. 지금은 대마초의 잎새 모양이 단풍잎만큼이나 사람들에게 친숙해졌지만 그때만 해도 잎 모양이 어떻게 생겼는지를 아는 사람은 흔치 않았다. 하지만 공교롭게도 그 아이는 얼마 전 특별교육 시간에 대마초를 어떻게 식별하는지 배웠던 것이다. 그곳에서 대마초를 발견한 아이는 곧장 경찰서로 달려가 신고했다.

지방 경찰로부터 이미 주목받고 있었던 지미는 유력한 용의자로 떠올랐다. 내가 들은 이야기에 따르면 경찰들이 지미와 그의 어머니를 조사했지만, 그는 심문을 잘 빠져나갔다. 아무 증거도 없었기 때문이다. 하지만 지미 어머니는 그 일로 아들에 대해 강한 의구심을 갖게 됐다. 그녀는 지미의 방을 조사해보기로 결심했다.

칠거지악 중에서 정원사들이 가장 피하기 어려운 것이 바로 자만심 아닐까. 지미 역시 자신의 정원을 자랑스럽게 생각했다. 정원에 누군가를 초대하고 싶은 욕구를 억누르는 대신 대마초가 최고의 상태일 때 그 아름다움을 사진에 담아두기로 했던 것이다. 결정적인 증거 사진을 찾아낸 지미 어머니는 고민 끝에 경찰에 신고하는 것이 아들의 장래에 더 나으리라는 결론을 내렸다. 그에게 별다른 처벌은 내려지지 않았지만, 곧바로 그는 군사학교에 징집되었다. 그 이후의 종적은 나도 알 수 없었다.

나의 정원 가꾸기가 법의 테두리를 벗어나는 일은 없었다. 지미가 대마초를 키우고 있을 때 나는 아버지를 졸라서 집 주위의 좀더 넓은 지역에다 밭을 마련했다. 그리고 그것이 내가 게이츠 지역에서 가꾸었던 마지막 정원이었다. 아무리 정원 가꾸기에 빠져 있던 아이라 하더라도 고등학생이 되면 자연스럽게 관심이 사라질 수밖에 없다. 나 역시 그랬다. 하지만 운전면허를 따기 바로 전 해 여름에는 가장 의욕적으로 정원을 가꾸었다. 나는 아버지를 설득해서 배양토를 사와 기름진 흙을 만들었고 10평방미터쯤의 면적에 여러 가지 작물들을 촘촘하게 심었다. 토마토, 고추, 가지, 딸기, 옥수수, 호박, 수박과 캔털루프 멜론, 강낭콩, 완두콩……. 하지만 상추만은 심지 않았다. 열매다운 열매를 맺지 않는 작물은 내 호기심을 자극하지 못했다. 대체 왜 사람들은 상추를 심지 않고는 못 배기는 것일까?

시간이 지나고 유럽의 집약적인 영농기법에 대해 알게 되었을 때, 내가 그때 시도한 경작 방식이 바로 그런 것이었음을 깨달았다. 나는 이탄 이끼와 분뇨로 땅을 기름지게 만들고 땅을 깊게 간 뒤에 촘촘히 씨를 뿌렸다. 밭 두럭을 좁고 길게 만들었기 때문에, 나는 이랑을 만들지 않고 15센티미터 이내의 간격으로 씨를 뿌렸다. 이른바 자유조형 방식이었다. 8월이 되자 뜻밖에도 나는 작은 채마밭으로부터 많은 결실을 거둘 수 있었다. 부모님도 내가 거두어들인 토마토와 고추 따위를 식탁에 올리며 놀라워했다. 내가 그것을 자랑스럽게 보이고 싶었던 사람은 할아버지였지만, 정작 그때 나와 할아버지의 관계는 아주 소원해져 있었다. 나는 장발에 턱수염까지 길렀으니까. 열다섯 살에 접어들었던 그때, 나는 할아버지가 싫어하는 짓만 골라서 했던 것이다. 어린시절에는 즐겁기만 했던 바빌론의 할아버지 댁에 가는 일이 이제는 고역이었다. 내가 도착한 순간부터 할아버지는 턱수염에 대해 잔소리를 늘어놨고, 헐렁한 바지와 가죽 목걸이 그리고 그가 경멸했던 히피의 냄새가 나는 모든 것들을 못마땅해했다. 나는 어른들에게 힐난받는 10대 히피가 그나마 자신을 이해시킬 수 있는 공간이 있다면 그것은 채소밭이 아닐까 생각하기도 했다. 나는 드디어 할아버지와 할머니에게 자랑스럽게 보일 수 있는 근사한 밭을 가꿔낸 것이다. 할아버지는 우리 집에 자주 오지 않으셨지만, 그해 여름 가까스로 나는 밭을 보여드릴 수 있었다.

하지만 할아버지에겐 내가 만든 밭 따위는 보이지 않았다. 그가 본 것은 잡초와 무질서하게 자라고 있는 채소들뿐이었다. "이걸 밭이라고 할 수 있니?" 할아버지는 고함을 질렀다. "사이가 너무 비좁아서 숨이 막혀 죽기 일보직전이구나. 도대체 밭이랑은 어디로 간 거야? 이랑이 있어야 하는데. 이건 채소밭이 아니야! 넌 잡초 밭을 가꾸고 있구나!" 그에겐 크고 붉은 비프스테이크 토마토, 탐스러운 피망 고추, 축구공 크기의 수박덩이는 보이지 않고, 잡초만 눈에 들어왔던 것이다. 할아버지는 내 밭에서 1970년대 미국에서 문제가 될 만한 모든 것들을 찾아냈다. 질서의 붕괴, 권위에 대한 불신, 게으름, 봇물처럼 터져나오는 꼴불견을. 그는 멍청이처럼 행동했다. 하지만 그는 나의 할아버지였고 늙은 사람들에게는 별로 좋지 않는 시절을 보내고 있었다. 그는 무릎을 굽히고 잡초들을 뽑아내기 시작했다. 나는 모욕을 당한 느낌이었다.

• • •

그러고 보면 지미나 나나 거의 비슷한 시기에 정원에서 쫓겨난 셈이다. 어쩌면 잘된 일이었다. 내가 알기로 지미는 지금 험볼트에서 20에이커의 가장 좋은 땅을 경작하고 있다. 내 경우에는 할아버지의 질책 때문이라기보다는, 운전면허증이 나를 정원 밖으로 몰아냈던 것 같다. 정원가꾸기가 가정에 가까워지기 위해 어떤 공간을 보살피는 일인데 비해, 10대가 된다는 것은 밖으로 뛰쳐나가는 성향이 점점 커진다는 것을 의미했다. 서로 충돌할 수밖에 없는 것이었다. 나는 적어도 그 이후 10년 동안 식물에 대해 생각하거나 풍경을 인식해본 기억이 나지 않는다. 결국 나는 다시 정원으로 되돌아왔지만, 성장 과정은 보통 이러한 흐름을 거치는 것 같다. 정원을 가꾼다는 건 과거 풍경에 대한 기억을 되찾기 위한 노력이라고도 할 수 있다. 내가 다시 정원으로 돌아갈 때까지 할아버지가 살아계셨던 건 천만다행이었다. 내가 집을 소유하게 되었을 때는 이미 할아버지 연세가 아흔을 넘어 있었으며, 우리 집을 방문할 기력이 없는 상태였다. 하지만 나는 가급적 단정하고 질서 있는 정원 모습을 사진에 담아 할아버지에게 보여드리고는 했다. 할아버지는 그 사진들을 자세하게 살펴 잡초가 없는 것을 확인하고서야 고개를 끄떡이셨다. 그때까지도 할아버지는 집 뒤쪽 작은 밭에 토마토를 심어가꾸고 있었다. 나는 종종 할아버지가 풀을 뽑고 수확하는 일 따위를 도와드렸는데, 온가족이 토마토를 먹고도 남을 만큼 수확할 수 있었다. 할아버지는 그 이후에도 내 정원 얘기를 듣고 싶어했다. 나는 그림을 그려가며 조심스레 정원 모습을 설명해 드리곤 했다. 내 설명 속의 정원은 다분히 상상에 가까웠다. 그 속에는 바빌론에 있는 할아버지의 사실적인 정원과 내가 상상하는 정원을 포함하여 모든 정원사들이 꿈꾸는 정원이 들어 있었다. 그건 과거 어디엔가 있었거나 미래에 있을 정원이 아닌, 누군가가 지금 만들어나가고 있는 정원이었다. 우리가 함께 여행을 떠나 찾아가고 싶은, 그 어딘가에 존재하는 정원. 할아버지를 볼 수 있었던 거의 마지막쯤의 어느 날인가, 할아버지는 나에게 자신의 곡괭이를 물려주면서 잡초를 뽑는 데는 그 곡괭이가 최고라는 말을 잊지 않으셨다. 할아버지는 그때 내 나이의 꼭 세 배인 아흔 여섯이셨고, 걸음걸이가 불편했음에도 불구하고 나를 밖으로 데리고 나가 곡괭이 사용법을 가르쳐주셨다.

봄

제2장
자연은 정원을 싫어해

내가 마침내 정원으로 되돌아왔을 때, 나는 도시에 살고 있었고 도시 사람들이 그저 쉽게 생각는 것처럼 자연을 아주 안이하게만 받아들였다. 예를 들자면 정원에서의 문제에 대해 나는 꽤나 진보적이었다. 살충제를 뿌려 정원 해충들을 초토화시키거나 우드척에게 엽총을 쏘거나 채소밭 주위에 전기철조망을 설치하는 따위의 조치는 지나칠 뿐 아니라 무책임한 짓이라고 생각했다. 또한 나는 자연의 생태는 취약한 것이라고 여겼다. 땅을 가꾸면서 인간의 우세한 힘을 이용해 다른 것들의 저항을 무력화시키는 짓은 부주의하고 정당치 못한 것으로, 이것은 이른바 환경 제국주의적인 사고나 다름없다고 생각했다. 야생의 자연이야말로 시골이 지니고 있는 매력 아닌가. 사슴, 여우, 산돼지, 우드척이 '당신은 언제부터 거기에 있었느냐'고 반문할 거라는 생각이 들기도 했다. 이 동물들은 정원사가 그곳에 오기 훨씬 전부터 그 장소에 살았기 때문이다. 누가 누구의 영역에 무단으로 침입한 것일까? 이들과 좀더 조화로운 관계를 모색하며 정원을 가꾼다고 해서 무엇이 문제가 될 것인가?

헌데 정원을 가꾸면서 가장 먼저 터득하게 되는 깨우침은 자연에 대해 일반적으로 가지고 있는 감상적 마음자세를 빨리 떨쳐버려야 한다는 것이다. 특히 동물에 대한 값싼 감상을. 4월이 되면 첫 번째 도전이 시작된다. 초탄草炭(습지 또는 늪지에서 자라는 이끼가 오랜 시간 동안 두꺼운 층을 형성하여 만들어낸 덩어리로 퇴비의 원료나 사질토의 보습효과를 키워주는 재료 등으로 사용됨. 초탄을 만드는 이끼는 150~300종류에 이름.—옮긴이)과 분뇨 같은 유기질 비료를 충분히 집어넣고 힘들게 밭을 갈아 가지런한 이랑을 만든 뒤 상추, 브로콜리, 양배추 따위의 모종을 심자마자 시련이 찾아온다. 다음날 아침, 우드척이라는 녀석이 공들여 심어놓은 채소 모종들을 싹둑싹둑 잘라먹었음을 발견하게 되는 것이다.

제일 먼저 억울한 감정이 솟구쳐오른다. 얼마만한 시간과 노력과 비용을 지불한 것인데 싹 절단을 내버리다니. 그 감정은 이내 분노로 바뀐다. 지금 숲에는 여린 새순들이 지천인데 녀석은 왜 하필 이 밭에서 식사를 했을까? 싹이 잘려나간 모종을 보면 마치 가위로 잘라낸듯 아주 깨끗하다. 우드척의 소행이 분명하다. 사슴이나 염소라면 예민하고 경계심이 많아서 이곳에서 찔끔 저곳에서 찔끔 뜯어먹다가 낙엽 떨어지는 소리에도 화들짝 놀라 하던 식사를 끝내기도 전에 도망친다. 하지만 게걸스러운 식성을 가진 우드척은 다르다. 마치 그 밭이 자신을 위해 차려놓은 밥상인 양, 자신은 도둑이 아닌 이웃사촌이라고 여기며 당당히 식사를 즐겼을 것이다. 녀석은 그 어느 누구도 자신의 식사를 방해하지 않으리라 생각하면서, 다음날 다시 와야지 하는 마음으로 돌아갔을 것이다.

정원사는 분노를 삭이며 우드척이 먹어치운 모종을 다시 한 번 심기로 마음먹는다. 녀석의 건방진 수작 때문에 농사를 포기할 수는 없잖은가. 기껏해야 골무 크기의 작은 뇌를 가진 설치류 따위가 한두 번은 몰라도 큰 두뇌를 가진 상대와 끝까지 싸워 이길 수 있을까? 자연의 모든 역사가 그동안 정원사 편을 들어주지 않았던가. 이런 시합조차 이기지 못한다면 지구상에서 인간이라는 종족이 할 수 있는 일이 무엇이란 말인가?

이것이 4월 어느날 이른 아침, 내가 정성스레 심어두었던 채소 모종이 공격받았던 그 상황이었다. 나는 어떤 피해가 발생했는지, 내가 대적해야 할 상대가 어떤 녀석인지를 가늠해본 후 우드척의 본거지를 공략하는 것이야말로 최선의 방책이라고 판단했다. 녀석의 소굴을 찾아내는 것이 급선무였다.

채소밭은 평평한 잔디밭이 끝나는 곳에 있었다. 정원 북쪽으로는 경사진 언덕이 이어졌다. 비탈에는 살갈퀴, 나무딸기의 가시넝쿨과 러시아 올리브 관목 따위가 무성하게 우거져 있었다. 우드척이 보금자리를 틀기에 안성맞춤인 환경이었다. 근시에 걸음이 느린 우드척은 자신이 좋아하는 먹을거리가 있는 곳과 가급적 가까운 데다 은신처를 만든다. 벌채용 칼을 휘둘러 덤불을 걷어내자 바로 소굴이 나왔다. 입을 벌린 구멍 옆에는 금세 파낸 흙이 쌓여 있었다. 봄을 맞으며 그곳에다 새로운 보금자리를 만든 것이다.

녀석의 행동을 바꾸기 위한 방안이 필요했다. 나는 주먹 크기만한 돌멩이 예닐곱 개를 주워다 굴 속에 쑤셔넣었다. 그러고는 흙을 파다 집어넣고 힘껏 밟아서 깊숙한 곳까지 단단하게 막히도록 했다. 그 정도면 녀석에게 충분한 암시가 되었을 것이다. 우드척에 대해 아무것도 몰랐던 문외한은 의기양양했다.

그러나 바로 다음날 그 구멍은 입을 활짝 벌리고 있었다. 구멍을 틀어막았던 돌과 흙은 모두 밖으로 쏟아져나왔다. 두 말할 것도 없이 새로 심었던 상추 모종은 우드척의 먹이가 된 뒤였다. 힘겹게 구멍을 뚫고 나오느라 우드척은 더욱 시장했을 것이다.

● ● ●

독자들은 왜 내가 담장을 치지 않았는지 궁금해할지도 모른다. 나 역시 우드척의 공격을 받고 난 뒤 몇 차례 그런 질문을 받았지만, 딱 부러진 대답을 할 수 없었다. 경제성이나 능력의 문제를 들며 대답할 수도 있었다. 하지만 내가 담장치기를 꺼리는 것은 그보다는 훨씬 더 본능적인 이유에 있었다. 담장 자체가 내 생각 속의 정원과 거리가 멀었다. 정원은 주위의 모습과 조화를 이루어야 했다. 정원을 위해 보호물을 세우는 것은 우스꽝스럽다는 생각, 담장은 부자연스러운 존재라는 생각을 떨쳐버릴 수 없었다. 심지어 그것은 자연으로부터의 격리를 의미한다고 확신했다.

　담장이란 구세계에나 존재하는 거라는 미국의 전통적 사고에 젖어 있었던 것이다. 담장은 미국의 풍경 밖에 있는 것이었다. 이런 관념은 풍경과 관련이 있는 미국의 19세기 저술에서도 반복적으로 나타난다. 저자들은 깨진 유리조각이 박혀 있는 영국인의 벽돌담에 대해 하나같이 노골적인 거부감을 표시했다. 미국 교외 개발의 초창기에 커다란 영향을 끼쳤던 조경설계가 프랭크 스콧Frank J. Scott은 담장을 없애기 위해 끊임없이 노력했다. 그는 담장을 영국으로부터 물려받은 봉건적 잔재라고 여겼다. 1870년 그는 "자연의 자유로운 기품을 우리 자신이나 이웃만의 시야에 묶어두는 것"은 이기적이고도 비민주적이라고 썼다. 오늘날 우리가 자동차를 몰고나가 잔디밭이 멀리까지 이어지는 탁 트인 교외를 달리다보면, 그런 시각이 미국의 풍경에 얼마나 강력한 영향을 미쳤는지 알게 될 것이다. 미국을 방문했던 비타 새크빌 웨스트Vita Sackville-West(1982~1962. 영국의 시인, 정원 디자이너. 버지니아 울프의 동성 연인으로 널리 알려져 있다.—옮긴이)는 "밖으로부터 집 안이 들여다보이는 데 대해 별반 신경쓰지 않는 걸 보면, 미국인들은 우리보다 훨씬 더 형제애적인 마음을 가지고 있음에 틀림없다. 그들은 사적으로 담을 쌓는 데 대한 인식을 가지고 있지 않다."고 진단하기도 했다.

　내가 자라난 교외지역에서 길 쪽으로 벽돌이나 덤불 담을 만드는 것은 곧 그 집 주인이 반사회적이라는 걸 의미했다. 무언가 숨길 게 있거나 핼러윈 축제일의 이웃 방문을 거부한다는 의미로도 해석되었다. 수상쩍은 몇몇 집을 제외한 대부분의 집들은 담장 없이 잔디밭으로 쭉 이어져 있어 마치 공원 같은 풍경을 만들었다. 하지만 나는 '형제애적인 마음가짐'에 대해서는 잘 모른다. 활짝 열린 공간이라는 환상에 희생되어 담장 없는 앞뜰에서 즐겁게 시간을 보내는 일이 나에게는 쑥스러웠다. 가족들이 좁은 뒤뜰에 모여 시간을 보내는 모습을 보노라면, 비민주적이라는 비난을 받더라도 벽돌이나 덤불 담을 만드는 게 더 나은 일이 아닌가 하는 생각이 들었다.

담장을 치는 것이 비미국적이라는 인식은 교외지역이 개발되기 전부터 일반적이었다. 유럽인들은 담을 두른 정원을 만들었지만 미국인들은 애초부터 '담이 쳐진 정원hortus conclusus'에 대한 거부감을 지니고 있었다. 담장 안쪽 공간을 정원이라고 한다면 바깥쪽 세상은 무어라 해야 할까? 청교도들에게 모든 미국의 풍경은 약속의 땅, 신성한 공간이었고 거기에 선을 긋는 것은 자신들의 지순한 관념에 의문을 제기하는 행위나 마찬가지였다. 매사추세츠Massachusetts 초기 식민시대의 시인이었던 앤 브래드스트릿Anne Bradstreet은 전통적인 영국식 정원을 노래하면서 담장을 허물어, 미국을 담장 없는 거대한 공간으로 확장시켰다. 청교도들은 영국에서처럼 담장이 둘러진 작은 공간을 차지하기 위해 대서양을 건넌 게 아니었다.

초월적인 선험론자들 역시 미국의 풍경을 '신이 내린 두 번째 책 God's second book'으로 간주했다. 그들은 그 풍경으로부터 도덕적인 계시를 받도록 가르쳤다. 이와 같은 관념의 흔적이 이제껏 남아 우리는 자연에 대해서 여전히 매우 고상한 도덕적 의미를 부여하며 글을 쓴다. 19세기의 이러한 풍토 때문에 많은 작가들이 자연을 경건시했고, 지금 우리 역시 과장된 19세기식 숭모의 전통에 영향받고 있다. 되뇌어 말하지는 않지만 우리 대부분은 아직도 자연은 신성한 것이며, 이를 훼손하는 것은 불경스러운 짓이라는 인식을 가지고 있다. 그래서 자연 세계로부터 정원을 고립시켜버리고 만다. 하지만 이것은 잘못된 생각이다.

자연을 도덕적이며 영적인 공간으로 받아들이면, 그것을 가꾸어 정원으로 만드는 행위에 문제가 있다는 인식에 도달하게 된다. 신이 내린 자연을 사람 뜻대로 개조해도 되는가? 성경의 가르침처럼 생존을 위해 땅을 경작하는 것은 하등 문제될 게 없다. 하지만 심미적인 아름다움을 위해 자연에 손을 대는 것은 위험하다는 인식이 현대의 미국인들에게 널리 퍼져 있다. 앨런 레이시Allan Lacy는 미국의 정원에 관한 문헌을 정리하면서, 1894년 이전에는 [정원의] 빛깔이나 향기에 대해 언급하는 글을 발견할 수 없었다고 적었다(이 장에서 나는 그의 책 《미국의 정원사The American Gardner》로부터 많은 내용을 인용했다). 우리는 도덕적, 영적, 치유적인 목적은 물론 경제적인 편익 따위의 여러 가지 이유로 정원을 가꾸어왔다. 심미적인 즐거움 때문만은 아니었다. 오늘날 우리 역시 즐거움을 위해 정원을 가꾸면서도 인공적 요소는 애써 피하려고 한다. 가급적 자연적인 색채를 지향하는 우리의 정원에 담장이 들어설 자리는 없다.

미국적 풍경에 대한 이런 견해들을 접하기 오래 전부터, 나는 자신도 모르게 그 선상에서 정원을 가꿔오고 있었다. 내가 돌보는 다년초 정원은 집앞의 좁다란 잔디밭을 따라 이어지다가 작은 풀밭을 지난 뒤 숲으로 연결된다. 내가 디자인한 정원은 시작과 끝의 경계가 뚜렷하지 않고 집에서 멀어질수록 더 크고 거친 풀이 자란다. 참제비고깔, 초롱꽃, 레이디스 맨틀lady's mantle(북아메리카, 유럽, 북서 아시아 등에서 자라는 허브.—옮긴이)과 같은 귀족적인 꽃들은 원추리, 단정치 못한 달맞이꽃 무리, 무례하리만큼 키가 껑충한 루드베키아Rudbeckia의 무더기로 이어진다. 그리고 맨 마지막으로 아무데서나 잘 자라는 천덕꾸러기, 자줏빛 꽃을 피우는 까치수염이 나타난다. 집에서 바라보면 어디에서 정원이 끝나고 어디에서 자연 풍경이 시작되는지 구분하기가 어렵다. 만약 내가 담장을 친다면 어떤 경계를 따라야 할까?

• • •

하지만 담장은 우드척이나 사슴, 목초와 같은 들풀의 침입을 막아 낼 수 있었다. 자연에 대한 순진하고도 낭만적인 내 생각 덕을 보고 있는 녀석들 때문에, 애초에 기대했던 조화로운 정원은 포기하지 않으면 안 될 것 같았다. 사슴은 원추리와 참제비고깔의 새순을 맛나게 먹어치운다. 우드척은 까치수염으로 자신의 은신처 출입구를 감쪽같이 숨긴다. 초원의 풀밭은 순식간에 숙근 내한성 다년초들로 무성해진다. 꽃밭이 초원 쪽으로 뻗어나가는 것이 아니라 초원이 집쪽으로 별다른 제지를 받지 않고 쳐들어온다. 내가 개입하지 않으면, 여름이 지나기 전에 숲과 정원의 경계는 무너져버리고 말 것이다.

이처럼 다면적인 공격을 받게 되면서, 내 안이하고도 자유주의적인 태도에는 곧 변화가 일어났다. 나는 오래지 않아 자연 현상을 그저 온화한 시각으로만 바라보는 자연주의자의 감상적인 시각으로부터 어쩔 수 없이 멀어진 정원의 현실을 이해할 수 있게 되었다. 우드척에 대한 내 태도 변화만 보아도 그랬다. 물론 우드척이 이 세상으로부터 완전하게 추방되길 원하진 않았다. 생태학적인 다양성을 고려하더라도 그렇게 되기를 바랄 수는 없는 일이었다. 하지만 그들이 몰살당했다는 소식을 듣고 내가 슬픔에 잠길 것이라고는 확신하기 어려웠다.

나는 우드척을 몰아내기 위해 궁리했다. 윌리엄 웨스트모어 장군이 베트남전 동안 골몰했던 것만큼이나 머리를 짜고 또 짜내 아주 정교한 작전을 준비했다. 나는 서구 문명이 그간 축적해온 모든 지혜를 동원하고자 했다. 연구 끝에 우드척이라는 녀석들이 개인적인 위생에 매우 철저하다는 사실을 알아냈다. 소굴 속에 용변 보는 방을 따로 둘 정도였다. 그들은 뱃가죽 털을 무척 깨끗하게 간수했다. 녀석의 아킬레스건을 찾아냈다고 확신한 나는 굴 속에 특별히 마련한 것들을 집어넣었다. 으깬 달걀 몇 개, 당밀 1파인트(약 0.5리터.—옮긴이)와 휘발유 반 통을 함께 집어넣은 뒤 죽은 쥐 한 마리를 구멍 속으로 밀어넣었다. 그리고 마지막으로 방부용 석탄산 1쿼트(약 1리터.—옮긴이)로 그 구멍을 틀어막았다. 석탄산은 접착성이 강해서 그것이 뱃가죽에 달라붙으면 스팀세탁을 해야 될 만큼 끈적거린다.

그러나 작전은 전혀 먹혀들지 않았다. 녀석은 필시 자기 종족이 지닌 펠릭스 웅거Felix Unger(미국 작가 토니 랜달Tony Randall이 쓴 〈괴짜 커플The Odd Couple〉이라는 연극, 영화, 텔레비전 시리즈에 나오는 독특한 성격의 인물로 아파트를 깨끗하게 청소해야 직성이 풀리는 결벽주의자로 묘사된다.―옮긴이)의 유전자가 결여된 것 같았다. 나는 이제까지의 두뇌 플레이로는 한계가 있다는 걸 깨달았다. 정원을 공격하는 동물들이 정원사에게 얼마나 큰 분노를 불러일으키는지도 알 것 같았다. 단순히 녀석들이 내 먹을거리를 약탈하기 때문에 생겨나는 감정만은 아니었다. 그것은 이제 이해관계를 떠나 승부의 문제가 되어버렸다.

그렇다고 그들에게 총을 들이대고 싶은 생각은 없었다. 총기를 두려워해 총 한 자루 없지만 나는 총 못지 않은 섬뜩한 무언가를 생각해냈다. 도로 위에서 차에 치여 죽은 우드척 시체를 발견했던 것이다. 나는 그것을 옮겨와 굴 속에다 구겨넣었다. 테러 행위나 다를 게 없었다. 그러나 녀석은 조금도 개의치 않았다. 의미를 파악하지 못한 건지, 아니면 아예 무시해버린 건지는 알 수 없었다. 이틀 뒤 녀석은 바로 옆에 다른 굴을 내고 채소를 약탈해갔다.

이 지경이 되자 나는 녀석의 소굴을 불태워 없애야겠다고 결심하기에 이르렀다. 뉴스에서 여객기 안에 발생한 불을 끄는 장면을 본 적이 있다. 연방항공국에서 인화성이 낮은 새로운 물질을 실험하면서 객실에서의 방화를 재연하는 모습이었다. 내 머릿속에 번쩍 아이디어가 떠올랐다.

나는 1갤런(약 4리터.―옮긴이) 정도의 휘발유를 굴 속으로 부어넣었다. 기름이 구멍 곳곳 깊숙하게 스며들었을 때 나는 성냥을 그었다.

그런데 불길은 엉뚱한 쪽으로 튀어나왔다. 불길은 산소가 부족한 구멍 속으로 들어가는 대신 내 얼굴 쪽으로 검붉게 솟구쳤다. 구멍을 빠져나온 불똥은 올리브나무 관목 위로 번졌다. 나는 서둘러 흙을 뿌려 정원으로 번지는 불길을 막아야 했다.

결국 빈대를 잡기 위해 초가삼간을 태우는 꼴이 되고 말았다.

● ● ●

미국의 정원에서 담장이 설 자리를 잃어버린 마당에 불벼락이 가당키나 한가? 나무로 불길이 번져 일이 커지자, 놀란 나는 정원의 골칫거리를 베트남전 방식으로 처리하지 않기로 했다. 정원 나뭇잎들을 죄다 태워버리거나 지하수를 오염시켜버릴 수는 없는 일이었다. 하지만 우드척에 대한 분노는 나로 하여금 때때로 우리가 자연에 대해 크게 노여워할 수밖에 없는 상황도 이해하게 해주었다. 비타협적인 자연의 방식은 가끔씩 우리를 미치게 만든다. 목적을 이루기 위해 우리는 독약을 뿌릴 만큼 집요해지기도 한다. 하지만 배추벌레나 진딧물을 고성능 농약으로 단번에 제거하고 나면, 과연 내가 잘하고 있는지 판단이 어려워질 것 같았다. 화공법으로부터 내가 얻은 교훈은 녀석을 이기려드는 것보다 봉쇄하는 편이 더 낫다는 점이었다.

나와 우드척과의 전쟁이 마치 만화처럼 희화화되어서는 안 되었다. 작은 생명체에게 맥없이 당하는 거구를 보며 낄낄거리는 만화를 그리게 할 수는 없는 일이었다.

어느 봄날 오후, 집 근처 숲으로 오래 산책을 하는 동안 나는 깨달았다. 숲 주위 공간 대부분은 농사를 짓다가 버려둔 땅이었다. 20세기로 접어드는 시점에 버려진 이 땅에서 숲은 다시 제자리를 찾았다. 주변에 남아 있는 돌담의 흔적이나 아직 완전하게 사라지지 않은 인공의 모습들이 없다면 아마 그곳은 애초부터 참나무 숲이었던 것처럼 보였으리라. 아무런 방해도 받지 않고 마음껏 자라 큼직한 수관樹冠을 가진 나무들과 5월이면 돋보이는 꽃을 피우는 늙은 사과나무, 눈이 내리면 밭이랑의 골이 나타날 듯한 밭자락의 모습이 아직도 어렴풋이 남아 있었다. 그런데 오래된 숲길을 따라가다 나는 주변보다 훨씬 질서정연한 공간에 다다르게 되었다. 길 양쪽으로 돌담이 서 있고 나무 사이에 사각 벽이 남아 있었다. 사각 벽은 작은 주택의 기초를 이루는 것이었다. 나는 19세기에 버려진 더들리타운Dudleytown(18세기 중반 초창기 이민자들이 정착했던 코네티컷의 한 산간지역으로, 그 지역 농경 여건이 악화되면서 사람들이 모두 떠난 20세기 초 이후 완전히 방치되어 '유령의 숲'이라는 이름으로 알려졌다.—옮긴이)에 와 있었던 것이다. 소문으로는 들었지만 정확한 위치는 모르던 곳이었다. 숲이 무성했지만 테라스가 있던 자리는 곳곳에 흔적이 남아 있었다. 참나무, 히커리, 물푸레나무, 플라타너스 따위의 나무들이 마치 담요처럼 그곳을 뒤덮고 있었다. 나무들은 뜰과 밭은 물론 지하실이 있던 자리에서도 자랐다. 부엌, 침실 그리고 여러 사람들이 모여 떠들썩했을 벽난로가 있는 거실도 나무에 점령당한 지 오래였다.

나무들이 배치된 모습이나 지대의 높이를 가늠해보면 당시 마을의 형태를 그려낼 수 있을 것 같았다. 가운데 길을 따라 집들이 늘어섰고 돌담이 집과 집 사이를 구분해주었다. 간간이 키 큰 나무들에 치여 겨우 숨을 부지하고 있는 늙은 사과나무도 보였다. 암록색 도금양나무의 무리를 따라서는 여기저기 라일락 덤불과 원추리 무더기가 눈에 띄었다. 현관 앞뜰 자리만큼은 아직 나무들이 침투하지 못해 밭이나 목초지였던 듯한 너른 공간으로 연결되어 있었다. 서로 경계를 짓고 소가 길을 벗어나지 못하도록 막기도 했을 돌담들이 이리저리 숲속으로 뻗어 있었다.

음산한 기운이 느껴졌다. 그것은 버려진 집터의 으스스함이나 유적지의 유서 깊음과는 다른 것이었다. 더들리타운에서 무서운 느낌이 들었던 건 엄청난 속도와 힘으로 그곳의 모습을 변화시키는 숲의 저돌성 때문이었다. 채 몇십 년도 지나지 않아 그곳에 남아 있던 사람의 흔적은 모조리 지워지고 말 것 같았다.

정원사인 나에게 더들리타운은 환영幻影이 되어 나타났다. 더들리타운은 내 정원에서 식사를 즐기는 우드척이 그저 심심풀이로 나를 괴롭히는 게 아니라는 사실을 깨닫게 해주었다. 녀석은 점점 침범해 들어오는 숲, 그러니까 더욱 크고 음흉한 위협의 일부분이었던 것이다. 동물들뿐 아니라 곤충, 잡초, 심지어 진균류와 박테리아까지도 내 정원을 쓸어내기 위해 힘을 합쳐 공격했다. 그들은 잔디, 뜰 안길, 전망대 그리고 집까지 쳐들어오려 했다. 내가 중증의 편집증에 걸린 것은 아닐까? 아마 그럴지도 모른다. 하지만 정원에서의 경험은 자연이 우리의 출현을 반기지 않는다는 사실을 깨닫게 해주었다. 자연은 곳곳에 수많은 요원을 파견해 우리가 정원에서 하는 일들을 원래 위치로 되돌려놓으려 한다. 마치 더들리타운처럼.

숲만이 '정상적'인 것이고 들판이나 목초지, 잔디밭, 포장도로, 정원과 같은 것은 모두 자연을 교란시키는 요소에 불과했다. 숲 이외의 다른 것들은 자연이 오래 머물게 내버려두지 않는 생태학적 진공과 같은 것이라고 할 수 있었다. 특별하게 눈에 띄는 정원이 있다면 그만큼 더 '진공' 의 상태가 크다는 것을 의미한다. 아주 기름지고 잘 가꾸어진 정원. 바람을 타고 날아온 씨앗이 뿌리내리기에 그보다 더 부드럽고 달콤하고 좋은 곳이 있을까? 처음에 버려진 정원을 점령하는 것은 돼지풀, 비름, 봉선화, 여뀌 등 일년생 잡초들이다. 미역취, 미국자리공, 박주가리, 메꽃 따위의 다년생 잡초들은 다른 방법으로 좋은 땅을 찾아 침투해 들어온다. 땅 속으로 뿌리를 뻗어내는 거리가 때로는 약 50피트(약 15미터)에 이르기도 한다. 다른 것들은 별달리 정원을 찾을 필요조차 없다. 단 1입방피트의 흙 속에만도 수천 개의 풀씨들이 때를 기다리고 있다. 적당한 햇빛과 습기만 주어진다면 언제고 싹을 틔울 만반의 준비를 하고 있는 것이다.

정원 식물들은 꼼짝없이 당할 수밖에 없다. 잘 가꾸어놓은 토양이 환경의 진공 상태를 만들듯, 우리가 정원에서 기르고자 하는 식물 대부분이 그러하다. 재배된 과일이나 채소가 다른 야생 식물들과 다른 점은 밀도 높은 탄수화물, 단백질, 지방을 함유하고 있다는 사실이다. 그것은 거친 이웃 아이들 사이에서 자라는 부잣집 아이처럼 동물들을 끌어들인다. 우드척, 사슴, 너구리들이 정원의 영양가 높은 식물들을 마다할 이유가 없잖은가. 그들은 스스로를 진보적 분배주의자라고 여길 것이다. 그들은 내가 소유하고 있는 단백질을 재분배받고 싶어한다. 하지만 그들의 행태가 설사 당신의 평등주의적 가치관에 부합된다 하더라도 그것이 사회주의적 분배론자의 가치와는 다르다는 사실을 염두에 두어야 한다.

내 정원을 숲으로 복원시키는 데 척추동물들의 힘만으로는 부족했는지, 자연은 각자의 독특한 기호와 전술과 위장기법으로 무장한 온갖 종류의 곤충들을 보냈다. 그들은 4월부터 모습을 드러내기 시작해 서리가 내릴 때까지 물러나지 않는다. 처음으로 나타나는 녀석들은 땅 속의 여린 뿌리줄기를 잘라먹는 거세미들이다. 그 다음에는 이파리 뒷면에 회녹색 무리를 이루어 달라붙는 진딧물이다. 그들은 어린 식물들이 누렇게 말라죽을 때까지 달콤한 수액을 빨아먹는다. 그 다음에는 살점으로 만들어진 탄환, 징그러운 모양의 유충들이 나타난다. 녀석들은 한낮에는 그늘에 숨어 있다가 석양 무렵이 되면 서서히 활동을 시작한다. 낙하산 침투대원인 양배추 자벌레는 아무 해도 끼칠 것 같지 않은 흰 나비들의 알에서 깨어나온다. 맨 마지막으로 나타나는 건 다양한 종류의 풍뎅이들이다. 콜로라도 감자풍뎅이부터 가뢰과科 딱정벌레, 벼룩풍뎅이, 콩잎풍뎅이, 오이풍뎅이, 알풍뎅이, 멕시코 콩풍뎅이 등이 한여름부터 대규모 공중 침투를 시도한다.

갑각류 무리 역시 척추동물과 마찬가지로 정원 채소의 넘쳐나는 영양소에 이끌려 정원으로 모여든다. 자연적인 관점에서 보면 가장 허약한 부류라고 할 수 있는 정원 식물들은 그들의 생존에 도움을 주기보다는 우리의 필요에 맞는 특성을 발휘시키는 방향으로 재배된다. 겹꽃을 피게 한다거나, 가급적 늦게 상추가 꽃대를 올리게 한다거나. 질병에 강한 품종을 만드는 것은 나중 일이다. 인간은 그들에게 무슨을 가르쳐서 강하게 키우기보다는 아름다움 혹은 실용성을 극대화하도록 감싸준다. 다윈의 적자생존을 위한 그들의 투쟁을 막아버리는 것이다.

이런 마당에 정원에서의 조화로운 상생만을 고집할 수는 없는 일이다. 정원과 자연 풍경의 공존에 대해서도 자신하기가 쉽지 않다. 숲은 워낙 활기차다. 가만 내버려두면 숲은 아마도 동물과 벌레 그리고 잡초 등의 전위대를 앞세워 한 해가 가기도 전에 정원을 거친 풀밭으로 만들어놓을 것이다. 10년이면 숲이 우리 집 현관 입구까지 쳐들어오고, 미생물에 의한 부패가 집 안 전체에서 시작될 것이다. 50년이면 더들리타운과 같은 곳이 되어 플라타너스가 지하실 바닥을 뚫고 솟아오르겠지.

● ● ●

이 골칫거리들을 몰아낼 방법은 없을까? 어떻게 하면 내 정원을 폐기물처리장으로 만들지 않고 잘 가꿔나갈 수 있을까? 이 질문은 나로 하여금 좀더 근본적인 문제를 생각하게 만들었다. 군림할 것인가, 아니면 주어진 상황을 받아들일 것인가? 개발론자와 자연주의자 중 하나의 태도를 선택해야 하는 일이다. 하지만 나는 그 어느 쪽도 분명하게 선택하기 어렵다.

교외 또는 시골생활을 하는 관점에서 군림한다는 것은 바로 잔디를 의미한다. 집과 자연 풍경 사이 완충 지대에 왕포아풀이 자라는 목초 잔디밭을 만들고 매주 기계로 풀을 베어주는 것이다. 미국인들은 잔디에 무척이나 애착을 느낀다. 녹색으로 자라나는 잔디는 자연의 한 모습이 아닐 수 없다. 하지만 그의 생태를 보면, 사실상 주차장 못지 않게 철저히 사람에 종속되어 있는 공간이다. 잔디밭은 자연으로부터 강제로 격리되어, 새끼손가락 높이 이상으로는 키를 키우지 못하게 관리받는다. 잔디밭은 독재정권에 억눌린 자연이라고 할 수 있다.

그 다른 쪽은 현실을 받아들이는 것이다. 자연주의자들의 인자한 관점은 점잖고 그럴싸해 보인다. 그러나 그들이 그런 관점을 취할 수 있는 건 시골의 자연 속에 살지 않기 때문이다. 우리가 도시에 살거나 완전히 숲속으로 들어가 천막을 치고 산다면 모를까, 현실을 수긍하는 인자한 시각은 전혀 현실적이지 않다. 내가 살고 있는 공간이 더들리타운으로 변해버려도 좋다는 뜻이니까.

나는 서로 다른 두 개의 시각 사이에서 균형을 잡을 수 있는 하나의 꾀를 생각해냈다. 바로 정원이다. 더들리타운과 주차장의 중간쯤 영역, 자연과 인간이 공존할 수 있는 공간을 만드는 것이다. 하지만 그렇게 되기까지 타협하는 과정도, 그것을 안정적으로 유지하는 일도 만만치 않으리라. 사람이 끊임없이 간섭해서 그 상태를 유지하기 위한 노력을 기울이지 않으면 균형은 곧 무너져버릴 것이다. 이제 정원사와 우리 모두에게 질문이 던져졌다. 정원을 가꿔나가기 위해서 자연에 어느 정도 개입하는 것이 적절할까?

나의 부족한 경험으로는 이 까다로운 질문에 답하기 어려워 보인다. 인정사정없이 개발할 것인지, 아니면 아무도 손대지 못하도록 감싸서 보존할 것인지 선택하는 단순한 문제가 아니다. 첫 번째 접근은 말할 가치조차 없다. 그럴듯하게 들리지만 두 번째 접근 역시 앞으로 초래될 잘못된 결과가 뻔히 보인다. 정원을 가꿔보면 이 두 극단의 접근 방식은 믿을 만하지 않다는 것을 곧 알게 된다. 그렇다고 방관만 하고 있을 수는 없다. 우리 인간이야말로 자신의 환경을 원하는 방향으로 변화시킬 수 있는 몇 안 되는 생명체 중 하나다. 시인이며 비평가이기도 한 프레더릭 터너Frederick Turner는 〈하퍼스 매거진Harper's Magazine〉에 쓴 글에서, 자연과 문화를 서로 상반된 것으로 바라보는 우리의 타성적인 인식으로부터 탈피하고자 시도했다. 그는 우리가 왜 스스로를 자연의 한 부분으로 인식하지 않는지 묻는다. 그는 셰익스피어의 〈겨울 이야기The Winter's Tale〉에 나오는 폴릭세네스의 말을 인용한다. 교배된 잡종 꽃을 '비자연적인' 것이라며 거절하는 페르디타Perdita에게 폴릭세네스는 이렇게 대답한다. "이 꽃은 하나의 인공적인 것/ 자연이 고쳐져 변화된 것일지라도/ 그 또한 자연이 아닌가."라고.

 인공적인 것은 언제나 자연에 대한 부정이라는 생각으로부터 탈피해야 정원사들이 자유로워질 수 있다. 새로운 관점의 심미적인 시야가 열리고 정원의 골칫거리를 퇴치할 좀더 유망한 전략도 마련할 수 있게 된다. 먼저 미국인들이 터부시하는 담장을 재고해볼 수 있다. 담장은 미국인들이 자연에 대해 가진 민주주의, 광활함, 신성함과 같은 인식을 훼손시키는 대상인지도 모른다. 그러나 담장이 없으면 정원도 존재하기 어렵다는 점을 인식해야 한다. 인류의 역사 속에서 사람들은 끊임없이 정원을 만들어왔고, 그 대부분은 담을 쌓거나 담장을 둘렀다. '정원garden'이라는 말은 '둘러쌈enclosure'을 의미하는 고대 독

일어에 어원을 두고 있다. 옥스퍼드 영어사전에 따르면 정원의 정의는 '둘러싸인 한 구역의 땅'이라는 말로 시작된다. [미국의] 웹스터스 사전에 둘러싼다는 의미가 빠져 있는 것과 비교된다. 1914년에 조지 워싱턴 케이블George Washington Cable은 "가드gard, 야드yard, 가스garth, 가든garden 따위의 말들이 모두 둘러싸였다는 의미로 사용되었으며, 그 영역 밖의 어느 누구로부터도 그 소유자의 사적인 자유를 침해받지 않는다는 의미를 내포하고 있다. (…) 우리의 공중 시민의식은 담장을 치지 않는 쪽에 무게를 두고 있지만, 미국인들에게 정원은 이제 정원이 아닌 것으로 되어버리고 말았다."라고 썼다. 오랜 정원의 역사 속에서 서로 다른 여러 문화가 출몰했지만, 정원에 담장을 친다는 것은 퍽이나 보편화된 개념이라고 정리할 수 있을 것 같다. 비버가 댐을 만들듯이 우리가 담장을 만든다고 해서 문제 될 게 있을까?

● ● ●

이제 내가 담장을 세울 때가 온 것이다. 나는 녹 방지를 위해 비소로 방부처리된 기둥을 세 자 깊이로 묻고, 아연으로 도금한 다섯 자 높이의 철망을 쳤다. 땅 밑으로 굴을 파서 침투해 들어오는 녀석들을 방지하기 위해 한 자 깊이로 철망을 땅 속에 묻었다. 좀 떨어진 거리에서도 철망이 보였지만 모양이 그리 나쁘지는 않았다. 담장 문을 열고 정원으로 들어가면, 내가 선택받은 공간에 들어와 있는 느낌이 들었다.

그러나 보다 중요한 사실은 담장의 도움으로 우드척의 괴롭힘을 피할 수 있으며, 양배추가 소프트볼 크기로 자라는 데 아무런 방해를 받지 않았다는 점이다. 우드척이 자신의 소굴을 포기한 것 같지는 않았다. 나는 이른 아침이면 정원 주위를 둘러보며 녀석의 동태를 살폈다. 지금도 나는 주의를 게을리하지 않는다.

담장 높이가 다섯 자밖에 되지 않아 강낭콩을 탐내는 사슴이 훌쩍 뛰어넘을 수도 있었지만 크게 걱정할 일은 아니었다. 나는 담장 한 뼘 위로 철선을 연결하고, 3초 간격으로 100볼트의 전기를 흘려보내는 장치를 추가했다. 그리고 철선에 땅콩버터를 발라서 녀석들을 유인했다. 빨리 전기 충격을 경험해서 녀석들이 담장 근처에 얼씬도 못하도록 만들고 싶었다. 기둥 하나에 태양집열판을 설치해 전기를 공급했다. 하늘을 향해 불쑥 솟아 있는 집열판의 모습 마치 첨단 기술이 피워낸 큰 꽃과도 같았다. 상대의 힘을 이용해 상대방을 쓰러뜨리는 유도 기술처럼, 태양열 전기 장치는 자연의 힘을 이용해 자연의 공격을 막아내는 멋진 방법이었다.

곤충들을 대적하는 데 있어서도 직선적인 방법만이 꼭 좋은 것은 아니다. 여기서도 역시 '자연 스스로itself is nature'의 치유 방식을 찾을 수 있다. 정원의 해충들을 퇴치하는 핵심은 그들에 대해 연구하는 것이다. 습성, 기호, 취약점 따위를 파악해야 한다. 살충제를 써서 해충을 제거하는 건 무뢰한이나 하는 짓이다. 말라티온과 같은 강력한 화학제는 모든 유기체의 신경계를 무차별적으로 무력화시킨다. 대부분의 벌레들은 초토화되지만, 덩치가 큰 생명체에게는 아무런 효과를 보지 못할 수도 있다. 사람들이 실험과 연구를 거듭한 끝에 만들어낸 지식이기는 하되, 무당벌레가 진딧물에 대해서 가지고 있는 지식만큼 정교하고 정확하진 않다는 말이다. 무당벌레는 물론 총명하지 않다. 그럼에도 한 가지 기술만은 너무나 잘 구사한다. 아무것도 해치지 않으면서 무당벌레는 매일 40~50마리의 진딧물을 잡아먹는다. 이 기술은 무려 35억 년의 장구한 세월 동안 계속된 진화의 결과로, 무당벌레 유전자 속에 그대로 축적되어 있다. 자연이 쌓아둔 지식은 우리가 그간 개발해낸 것보다 엄청나게 집약적이다. 우리는 자연의 지혜를 활용할 뿐이다.

무당벌레를 이용하여 진딧물을 퇴치하려면 무당벌레를 구해와야 하는데, 그것은 우편 주문으로 가능하다. '생물학적 방제biological controls'를 전문으로 하는 회사로부터 무당벌레 4,500마리를 약 5달러에 주문할 수 있다. 무당벌레는 냉장고에 보관할 수 있도록 끈이 달린 봉지에 담겨 배달된다. 이 회사는 사마귀 알도 판매한다. 이른 봄 사마귀 알을 나뭇가지에 뿌려놓고 날이 따뜻해지길 기다리면 사마귀 요정들이 알을 깨고 나와 사냥을 시작한다. 그들은 참을성 있게 조용히 기다리는 것만큼이나 기민하게 먹잇감을 낚아챈다. 사마귀는 주위를 날아다니는 모든 곤충들을 잡아챌 수 있다.

생물학적 방제 수단에 곤충만 있는 건 아니다. 박테리아도 활용된다. '밀키 스포어milky spore'라는 이름을 가진 박테리아는 한꺼번에 세 가지 문제를 해결해준다. 굼벵이, 알풍뎅이, 두더지. 굼벵이는 알풍뎅이의 유충으로 흰 빛을 띤다. 겨울과 봄을 땅 속에서 나며 풀뿌리를 잘라먹고 산다. 잔디가 듬성듬성 죽는 건 이 벌레 때문이다. 녀석들도 고약하지만, 두더지는 굼벵이를 먹기 위해 굴을 파고 돌아다니며 잔디밭을 온통 헤집어놓는다. 7월이 되면 굼벵이들은 알풍뎅이로 부화하여 정원의 많은 식물들에게 피해를 준다. 수십 년 전 알 수 없는 경위로 이 땅에 들어온 알풍뎅이는 불과 며칠 사이에 튼실한 줄기만 남겨놓고 장미를 몽땅 먹어치운다. 밀키 스포어는 어떤 곤충을 어떻게 공략해야 하는지를 잘 알고 있는 기생성 박테리아다. 밀키 스포어는 먼저 유충 단계의 알풍뎅이를 먹잇감으로 한다. 가루 또는 알갱이 형태로 된 밀키 스포어 포자를 늦은 봄 잔디밭에 뿌려준다. 포자가 굼벵이에 기생하기 시작하면 굼벵이는 이내 죽어버린다. 굼벵이를 먹고 살던 두더지는 사라져버린 먹잇감을 찾아 다른 곳으로 옮겨간다. 두말할 나위 없이 유충이 사라지면 알풍뎅이도 나타나지 않는다. 카탈로그의 설명에 따르면 밀키 스포어의 효과는 약 15년 간 지속된다.

생물학적 방제로 모든 해충 문제를 해결할 수는 없지만 이런 접근 방식은 우리에게 희망을 준다. 자연이 가진 지식을 탐구하여 그것을 배우고, 인간의 지식과 기술이 자연과 대립하는 것이라는 생각을 고쳐먹는다면 충분히 해결책을 찾을 수 있다. 헌데 밀키 스포어를 활용하는 사람들의 자연에 대한 개입을 어떻게 규정해야 할까? 기술적인 것이라고 해야 할까, 아니면 자연적인 것이라고 해야 할까? 어떻게 규정되든 사실 정원에는 아무런 차이도 없다.

내가 해충 문제를 완전하게 해결했는지는 시간이 지나봐야 알 수 있을 것이다. 하지만 나는 담장이 쳐진 정원을 거닐고, 토마토 밭에서 망을 보는 사마귀와 가지 밭에서 진딧물 수색작업을 벌이는 무당벌레를 지켜보면서 안도감을 느낀다. 더들리타운이 언덕 너머 지척에 있지만, 내가 생각을 가다듬고 좀더 땀을 흘린다면 정원으로 쳐들어오는 무뢰한들을 물리칠 수 있을 것이다. 아직은 배워야 할 것도 많고 가다보면 뒷걸음질쳐야 할 때도 없지 않을 것이다. 분명한 건 정원 가꾸기가 한 번의 시도로 모든 일을 다 마칠 수 있는 성질의 것이 아니라는 사실이다. 나는 나와 숲 사이에 선 하나를 그려보았다. 곧 무너져버리고 말 마지노선을 그렸는지도 모르는 일이지만 그리 되도록 그냥 내버려두지는 않을 것이다. 이런 생각은 기술만능적인 사고에 근거한 것도, 자연을 너그럽게만 바라보는 데서 온 것도 아니다. 그것은 건전하고 문명화된 인간으로 행동하고 있는 나, 그러니까 주변 환경을 변화시키는 자연과 미학적·도덕적 의문들을 품게 하는 문화가 함께 창조해낸 나 자신의 생각에 근거한 것이다. 그리고 여기에서 내가 가꾸려는 것은 자연과 문화 사이에 존재하는 중간 영역이다. 자연적인 동시에 그것에 대항하면서 그곳에 함께 자리하는 그런 공간. 내가 만들고 있는 건 바로 '정원 garden'이다.

제3장
왜 잔디를 깎는가?

섬처럼 외따로 떨어진 잔디밭은 없다. 적어도 미국에서는 그렇다. 우리 집 현관 앞에서 시작된 나의 변변치 못한 잔디밭은 언덕 아래로 이어지며 길을 건넌 뒤 이웃집 뜰로 연결된다. 나무 무더기와 돌담을 뛰어넘은 푸른 잔디밭은 담장을 치지 않은 집들의 앞뜰을 달려 후사토닉 계곡으로 이어진다. 거기에서 잔디밭은 다시 남쪽으로 행진해 대도시 뉴욕의 교외지역으로 접어든다. 깔끔하게 단장된 잔디밭은 이제 쭉 뻗은 교외의 도로를 따라 막힘없이 달려간다. 여기에서 서쪽으로 방향을 바꾼 푸른 잔디의 물결은 뉴욕의 경계를 넘어 더욱 도도하게 물결친다. 다시 라치몬트Larchmont의 단풍나무 숲 아래로 한가롭게 이어지는 잔디밭은 수많은 골프장의 페어웨이를 마음껏 줄달음친 뒤, 허드슨Hudson 강 연안에 이르기까지 스카스데일Scarsdale 지역의 옆은 하늘색 호수들을 감싸안으며 내달린다. 마치 우표처럼 정연한 에메랄드빛 앞뜰을 소유한 뉴저지New Jersey 지역의 수많은 주택을 따라 끊이지 않고 이어지는 잔디는, 이제 두 개의 커다란 녹색 물줄기를 만든다. 큰 줄기 하나는 남쪽으로 갈라져 버지니아Virginia와 켄터키Kentucky의 굽이치는 언덕들을 시원스레 흘러내리다 플로리다Florida의 메마른 모래질 토양에 이르러서야 모습을 감춘다. 또 다른 줄기는 서쪽으로 폭을 넓히며 중서부의 광활한 대평원을 내달리다가 서부의 황량한 대지와 마주친다. 하지만 태평양 연안을 향하는 잔디의 행진은 척박한 토양과 냉혹한 기후조차 방해하지 못한다. 잔디는 로키산맥을 넘어서서 사람들이 만들어놓은 농수로 덕분에 가까스로 서부의 광대한 사막을 향해 나아간다. 이 세상 어디에도 미국처럼 잔디가 대우받는 곳은 없다. 100년 남짓한 시간 동안 미국인들은 여건이나 비용에 개의치 않고 대륙 전체에 녹색 외투를 입혔다. 테네시Tennessee 주 플리전트 힐Pleasant Hill에 있는 잔디연구소The Lawn Institute에 따르면 미국 내 잔디밭은 약 5만 평방마일에 이르는 것으로 나타난다. 잔디의 효용성에 대해 홍보하는 이 연구소는 미국인들이 매년 약 300억 달러를 잔디 관리에 쓰는 것으로 추정한다. 전국을 연결하는 고속도로망이나 패스트푸드 체인, 텔레비전처럼 잔디는 미국 풍경에 통일성을 부여한다. 클리블랜드Cleveland나 투손Tucson의 교외지역, 유진Eugene 또는 탬파Tampa의 거리 모습이 서로 비슷하게 느껴지는 건 바로 잔디 때문이다. 이미 작고한 정원 역사학자 앤 레이튼Ann Leighton은 미국이 세계 정원 설계에 크게 기여한 점을 지적했다.

그는 미국인들이 "거리를 따라 줄지어 있는 그 많은 집의 앞뜰 잔디밭을 하나로 묶어서 누구나 함께 즐길 수 있는 푸른 공간의 영역을 크게 확장시키는" 전통을 수립했다고 말했다. 프랑스인들이 기하학적인 정원을 만들고, 영국인들이 그림 같은 풍경의 공원을 만들었다면, 미국인들은 우리가 살고 있는 집을 따라 잘 다듬어진 자유로운 공간을 만들어냈다고 할 수 있다.

이런 강력한 흐름에 대항하는 건 쉬운 일이 아니다. 미국인들은 전통적으로 정원에 담장이나 덤불을 두르지 않았다. 어느 한 집이라도 원칙을 깨는 것은 금기시되었다. 교외의 지역사회에서는 사람들이 게으르다거나 다른 일에 반대하는 따위의 일들은 용인해주지만 잔디를 가꾸는 일만큼은 결코 소홀히 해서는 안 되는 중요한 책무로 간주했다. 그렇다고 해서 파밍데일의 이웃 중에 아버지 같은 사람이 전혀 없었던 것은 아니다. 몇 년에 한 번씩은 잔디 때문에 논쟁이 벌어진다. 얼마 전에는 메릴랜드Maryland의 포토맥Potomac 지역에 44만 달러짜리 주택을 사서 이사 온 부부가 잔디를 제대로 관리하지 않아 이웃들로부터 따돌림을 당하기도 했다. 어느날 부부의 우편함에 "잔디 좀 깎으시오. 당신의 잔디밭이 이웃 모두를 모욕하고 있소이다."라고 휘갈겨 쓴 메모가 들어 있었다. 제대로 깎지 않은 잔디밭은 마을 전체의 평화를 깨뜨리기 충분했다. 그것은 교외 생활의 이상향에 상처를 내는 일이었고, 낙원에서 용인될 수 없는 행위였다.

소설 《위대한 개츠비The Great Gatsby》에서도 이와 비슷한 장면이 나온다. 개츠비의 바로 이웃에 사는 닉 캐러웨이Nick Carraway는 그곳 웨스트에그West Egg 지역 사람들과는 달리 자신의 잔디밭을 잘 가꾸지 않는다. 이를 보다 못한 개츠비는 정원사를 보내 잔디를 깎아준다. 개츠비가 닉에게 한 것보다는 재미없지만 포토맥 지역에 살고 있는 사람들도 잔디를 깎지 않는 이웃에게 경고를 보낸다. 잔디 깎는 기계를 빌려준 것이다. 때때로 사람들은 잔디를 제대로 깎지 않는 이웃을 시당국에 고발하기도 한다. 고발당한 사람들은 12인치 이상 자란 잔디를 깎지 않는 것은 '공중보건에 위협을 주는 것'이라는 지방 조례에 따라 법정에 불려나가 재판을 받았다. 규정의 실효성이 의심되지만 수백 개에 달하는 미국의 지방자치단체가 이와 같은 조례를 가지고 있다. 그러나 이 규정이 선언적인 것만은 아니라는 사례가 있다. 소로를 추종하는 뉴욕 교외 버팔로Buffalo 지역의 한 사람은 몇 년 동안 법정투쟁을 벌였다. 그는 앞뜰의 잔디를 깎지 않은 채 야생화들이 자연스럽게 자라는 풀밭을 고집했다. 이를 못마땅하게 여긴 이웃들이 잔디를 깎아버리자, 그는 자신의 권리를 침해당했다며 소송을 제기했다. 그는 "잔디를 깎지 않는 것은 내가 게으른 탓이 아니다. 내가 원하는 것은 신의 뜻대로 풀이 자라는 뜰이다."라는 입간판을 세워 자신의 견해를 피력하기도 했다. 하지만 그 사건을 맡은 지방 판사는 그가 잔디를 깎지 않을 경우 하루에 50달러씩 벌금을 부과한다는 판결을 내렸다. 그럼에도 소로 신봉자는 자신의 신념을 굽히지 않고 판결을 무시했다. 결국 그는 무려 2만 5,000달러 이상의 벌금을 물지 않으면 안 되었다.

●●●

 나로서는 그와 같은 강경노선을 취할 만큼은 아니었다. 나는 토로사의 기계를 사서 잔디를 깎기 시작했다. 매주 토요일마다 네 시간씩 잔디를 깎았다. 처음에는 선禪 수행을 한다는 마음가짐으로 일을 했다. 마음속에 있는 모든 잡념을 몰아내고 오로지 잔디 깎는 일에만 몰두했다. 잔디 깎는 일을 통해 내 정원의 모든 것들과 친숙해지기를 바랐다. 덕분에 나는 곧 정원 구석구석의 아주 자세한 모습까지 파악할 수 있었다. 그루터기와 돌멩이가 어디에 있는지, 두더지들이 어떤 경로로 굴을 파는지, 어디에 개미집이 있는지 따위를 알 수 있었다. 빗물이 모여들어 습기가 많은 곳에는 토끼풀이 번성하고, 땅이 건조한 곳에는 바랭이 종류의 풀들이 잘 자란다는 사실도 알게 되었다. 몇 주 지나지 않아 나는 정원의 모습을 마치 내 손바닥 들여다보듯 자세하고 정확하게 머릿속에 그려낼 수 있었다.
 잔디를 깎고 나면 갓 잘려진 잔디가 뿜어내는 향긋한 내음, 단정하고 깔끔한 모양새가 나를 기쁘게 했다. 우리 집은 숲에 둘러싸여 있었으므로 잔디를 깎는 일은 실제적·상징적인 의미에서 숲으로부터 집을 지켜내는 행위라고 할 수 있었다. 자연에 대한 불신을 쌓아온 우리는 자연을 지배하고자 하는 본능적인 충동을 지니고 있으며, 그것이 잔디를 깎는 행위로 나타난다. 예초기가 자연에 들이대는 문명의 칼이라고 한다면, 잔디밭은 그 칼에 의해 야생성이 깎여나간 안락한 공간이라고 할 수 있다. 잔디는 사람이 살아가는 데 알맞게 다듬어진 자연의 일부인 것이다.

우리의 유전자 속에는 잔디에 이끌리는 무언가가 있는 것 같다. 사회생물학자들도 그런 생각을 가지고 있다. 본능적으로 우리의 마음이 풀밭에 이끌리는 현상을 그들은 '사바나 증후군Savanna Syndrome'이라고 설명했다. 인류 문명 초기 수천 년 동안 우리가 아프리카 사바나 초원에서 경험했던 기억이 유전자 속에 각인되어, 그것을 닮은 풍경에 쉽게 이끌리게 된다는 것이다. 점점이 나무가 박힌 초록의 평원은 풀을 뜯는 가축들이 포식자로부터 안전하게 보호받을 수 있다는 편안한 느낌을 갖게 해준다. 이런 원초적인 느낌이야말로 유럽과 북아메리카 지역에서 우리가 새롭게 만들어온 풍경이 왜 동아프리카 지역의 이미지를 그대로 살려내고 있는지를 잘 설명해준다. 소스타인 베블런 Thorstein Veblen 역시 우리가 잔디를 좋아하는 전원적인 뿌리가 이른바 환원유전의 형태로 우리에게 되살아나기 때문이라고 주장한다. 그는 《유한계급 이론The Theory of the Leisure Class》이라는 책에서 "짧게 깎인 잔디가 사람들의 눈을 즐겁게 만드는 것은 사람들이 초원이나 방목지를 바라보면서 느꼈던 원초적인 감각을 물려받았기 때문"이라고 썼다.

이러한 이론들이 풀밭에 호감을 갖는 우리의 성향을 어느 정도는 설명해주지만 충분하진 않다. 이 이론들은 개츠비가 닉의 잔디밭을 깎아주지 않으면 안 되었던 상황이나, 아버지가 파밍데일에서 잔디로 인해 당했던 사건을 설명해주지는 못한다. 미국에서는 왜 담장을 쌓지 않고, 사람들이 왜 그렇게 착실하게 잔디를 보살피는지 이해하려면 다른 설명이 필요하다.

이를 이해하기 위해서는 잔디에 관한 미국의 역사를 살펴볼 필요가 있다. 남북전쟁 이후 교외지역이 개발되면서 잔디밭이 생겨나기 시작했다. 최초로 미국 교외지역의 잔디밭을 만들어낸 사람은 프레더릭 로 옴스테드Frederick Law Olmsted(1822~1903, 미국 조경 건축의 아버지라고 불리는 조경설계사로 뉴욕의 센트럴파크, 미국 최초의 국립공원 등 수많은 공원과 정원을 설계함.—옮긴이)였다. 1868년 그는 시카고 외곽 리버사이드Riverside 지역의 개발 책임자가 되었다. 미국 최초의 교외지역 개발 사업이라고 할 수 있었다. 옴스테드는 도로로부터 약 30피트 뒤쪽으로 주택을 배치하고 담장을 만들지 않도록 설계했다. 그는 마치 "사립 정신병원이 쭉 이어져 있는 것만 같은" "쓸모없이 높다란 담"을 가진 영국식 주택에 반기를 들었다. 그의 설계에 따라 리버사이드에서는 각자의 집 앞뜰에 잔디밭을 만들어 한두 그루 나무를 심고, 담장을 만들지 않았다. 그는 뜰을 서로 끊이지 않게 연결함으로써 마을 사람들에게 공원과 같은 공간을 선사했다. 옴스테드는 19세기 중반 앤드류 잭슨 다우닝Andrew Jackson Downing, 캘버트 보Calvert Vaux, 프랭크 스콧Frank J. Scott과 함께 미국의 풍경을 개선하기 위해 획기적인 조경 설계를 시도한 세대였다. 조경의 역사는 곧 자연을 망가뜨리는 역사였다는 일반적인 인식을 가진 오늘날의 우리에게, 조경이 자연을 미화시킨다는 말은 의아하게 들린다. 하지만 그 사람들은 그런 생각을 가지고 있었던 것 같다. 당시 미국을 방문했던 영국인 윌리엄 코벳 William Cobbett에게는 미국식 주택이 보여주는 "썰렁한 정원"이 무척 색다르게 느껴졌던 듯싶다. 그는 미국 농민들이 허름한 집 한 채를 제외하고는 마치 모래사장처럼 황량한 공간에 살고 있다고 적었다. 거기에는 영국식 관목도 꽃도 없지만, 혹 있다 하더라도 그곳에서는 잘 자라지 못할 것 같은 느낌이 들었다고 했다. 그가 보기에 밭은 서둘러 대충 만들어놓은 것 같았고, 나무들은 몽땅 잘려나갔고, 밭의 경계를 표시해주는 담장은 있는 둥 마는 둥 임시변통의 허술한 모습으로 보였다. 잘려나간 나무의 그루터기들이 여기저기 눈에 띄기도 했다. 개간했던 농지의 땅심이 떨어지면 그것을 내버려두고, 곧 또 다른 곳의 땅뙈기를 개간해야 했다. 코벳뿐 아니라 미국을 방문했던 19세기의 다른 여러 방문객들이 지적한 것처럼 그 당시 미국에서 '관상용 정원 가꾸기ornamental gardening'를 하는 경우는 거의 없었다. 당시의 전형적인 뜰은 남부지역 사람들이 '하얀색 잡동사니'라고 부르던 것과 같은 형태였다. 뜰엔 몇 마리의 닭, 버려진 농기계들, 진흙땅과 잡초 그리고 어수선한 상태의 채소밭이 있을 뿐이었다.

농가의 보통 모습은 이와 같았지만, 남북전쟁이 끝나면서 교외를 찾아나섰던 중산층 사람들은 무언가 좀더 가치 있는 것을 필요로 했다. 1870년 프랭크 스콧은 옴스테드와 다우닝의 새로운 조경설계 개념을 이들 중산층의 '교외주택 조경'에 적용시키면서 이와 관련한 첫 번째 책을 저술했다. 그가 쓴 《교외의 집터를 아름답게 꾸미는 법*The Art of Beautifying Suburban Home Grounds*》이라는 책은 미국 교외의 새로운 풍경을 만드는 데 다른 어느 것보다 큰 영향을 끼쳤다. 새로운 생각을 가졌던 그 시대 다른 사람들처럼 스콧 역시 나름대로 확신을 가지고 있었다. 그는 "교외의 택지를 개발하면서 아름다움의 요소로서 무엇보다도 더 중요하게 고려해야 할 포인트는 부드럽고 산뜻하게 깎인 잔디다."라고 썼다.

잔디밭이 옴스테드나 스콧과 같은 미국인에 의해 처음으로 만들어진 것은 아니다. 그것은 16세기 영국의 튜더왕조시대 때부터 널리 퍼지기 시작했다. 그러나 영국에서의 잔디밭은 오직 대저택의 정원에서만 가꿔졌다. 이런 잔디밭을 미국인들이 민주화시킨 것이다. 대저택의 광활한 잔디밭을 작게 나누어서 여러 사람들이 돌볼 수 있도록. 미국에서는 1830년 양탄자 제조업자였던 에드윈 버딩Edwin Budding이 처음으로 예초기의 특허를 낸 이후부터 잔디밭을 가꾸는 사람들이 많아지기 시작했다. 영국인들은 잔디밭 그 자체를 궁극적인 목적으로 하지는 않는다. 그들은 경기를 벌이거나 꽃밭과 나무의 배경을 만들기 위해 잔디밭을 가꾼다. 하지만 스콧은 잔디밭을 중심으로 다른 모든 조경 요소들을 조화켰다. 꽃들이 허용되기도 하지만 어디까지나 잔디밭 주변을 장식하는 데 그친다. "잔디밭이 당신 집의 빌로드 망토가 되도록 하라. 또한 관상용 꽃들을 너무 많이 심지 않도록 하라"고 잔디밭 가꾸기에 대한 지침을 준다.

하지만 스콧의 방식이 구세계의 것과 가장 두드러지게 다른 점은, 잔디밭을 가꾸는 데 있어서 강조되는 이웃에 대한 개인의 책임이라고 할 수 있다. 그는 "우리 함께 만들어서 유지시켜 나갈 수 있는 커다란 행운인 자연의 아름다움을 다른 사람들이 즐기지 못하도록 덤불숲을 만드는 것은 이단적이다."라고 선언한다. 스콧은 사람들 각자가 가꾸는 잔디밭은 하나의 집단적인 풍경을 만드는 데 보탬을 주어야 한다고 생각했다. "여러 집의 앞뜰을 활짝 열어서 만들어내는 아름다움은 많은 사람들이 함께 함으로써 더욱 풍요로워진다." 스콧도 옴스테드처럼 착실하게 잔디밭을 가꾸는 일을 민주주의를 실현하는 차원으로 승화시켰다. 이웃이 함께 하는 잔디 가꾸기에 따르지 않는 사람들에게는 '이기적인' '이웃답지 않은' '이단적인' 그리고 '비민주적인'이라는 꼬리표가 붙었다.

앞뜰의 탁 트인 잔디밭을 보며 우리는 이웃들과 '같은 마음'을 공유하고 있음을 확인한다. 낮은 계층 사람들로서는 그것을 쳐다보는 것마저 두려울 만큼 높은 담 위에 깨진 유리병 조각을 박아놓는 영국인들에게 거리감을 느끼지 않을 수 없다. 미국인의 잔디밭은 평등주의적 기상을 나타내는 것이다. 중산층의 지위를 향유하는 같은 부류의 사람들로서 숨길 게 없는 그들은 자신이 지어놓은 근사한 집을 당당하게 드러내고 싶은 것이다. 1921년 어느 조경건축가는 앞뜰이 환하게 트여 있어 앞길을 지나치는 사람들의 부러움을 쉽게 불러일으킨다고 지적했다. 앞뜰의 트인 잔디밭이 인기를 끄는 이유를 어느 누군가는 자신의 집앞을 지나치는 행인들과 인사를 나누고 싶어하는 우리의 유아적 본능 탓으로 돌리기도 했다.

우리 가족이 파밍데일에서 경험했던 것처럼 탁 트인 뜰이 그렇게 민주적인 것만은 아니다. 치장되지 않은 '평범한 형태'의 정원을 주문했던 19세기 중반의 조경설계사·개혁가들은 땅에 대한 사람들의 관계를 아주 엄격하게 설정하고자 하는 청교도 교회의 목사들과 같은 노선이었다. 제멋대로 판단해서 신과의 사사로운 관계를 만드는 일이 청교도들에게 엄격하게 금지되는 것처럼, 교외 유토피아의 구성원들은 땅과의 관계에 있어서 그들이 함께 설정해놓은 규약에 따르지 않는 어떠한 것도 용인하지 않았다. 미국에서는 때때로 자연이 신성한 것으로 간주되고 있다는 사실을 상기할 때, 이와 같은 견해가 억지라고 볼 수는 없다. 자연은 신령과도 같은 것으로, 교외의 집단적인 잔디밭은 교회로, 잔디를 깎는 일은 세례나 성찬과 같은 성사라고 생각해보자. 그렇다면 미국 사회에 장식적인 정원 가꾸기가 자리잡는 데 왜 그렇게 많은 시간이 걸릴 수밖에 없었는지를 이해할 수 있을 것이다. 또 왜 아버지가 신의 은총을 받은 도덕률 초월론자인 양 인식되어 이웃 사람들의 눈밖에 났는지도 이해할 수 있게 된다. 아버지는 《주홍글씨》의 헤스터 프린Hester Prynne처럼 자신의 행위를 용서받기 위한 사람들의 봉헌을 원하지 않았던 것이다. 파밍데일의 앞뜰 잔디밭에 그가 새겨넣었던 에메랄드빛 글씨를 생각해보라.

 미국인을 하나로 만들어주는 것은 혈통이나 민족이라기보다는 공통으로 발붙이고 사는 땅이라고 할 수 있다. 그래서 그들은 자연 조경에 대한 개인주의적 접근을 밑바탕부터 불신하는 것이다. 대지는 미국인들이 자신에게 부여한 정체성을 인식하는 데 너무도 중요하기 때문에, 개인이 그것에 제멋대로 접근하는 행위를 허용할 수 없었다. 따라서 잔디밭은 개인적인 자기 표출의 영역이라기보다는 집단적인 의사를 나타내는 매개체로서 큰 의미를 가졌다. 미국의 잔디밭은 집단적이고 국가적이며, 보편적으로 의식화된 이상적인 해답을 제시해주는 곳이었다. 르 노트르의 자신감 넘치는 기하학적인 조경이 프랑스의 인본주의 르네상스 정신을 웅변하고, 케이퍼빌리티 브라운Capability Brown(1716~1783. 18세기 영국의 조경설계사로 영국 최고의 정원사라고 평가받는 인물이다. 170여 개의 정원을 설계한 그의 본명은 랜슬롯 브라운Lancelot Brown이지만, 그의 탁월한 능력 때문에 사람들은 그를 'Capability' Brown이라고 불렀다. 'Capability'란 영어로 능력, 재능이라는 의미다.—옮긴이)의 그림처럼 아름다운 공원이 영국 낭만주의 정취를 표현해준다면, 잔디는 땅에 대한 미국적인 태도가 만들어낸 산물이었다.

● ● ●

 선을 수행한다는 마음자세로 잔디를 깎는 일도 한여름이 지나자 싫증나기 시작했다. 나는 잔디를 깎는 일보다는 꽃을 가꾸고 채소를 가꾸는 일에 더 많은 시간을 보냈다. 잔디 깎기는 커다란 공책을 좌우로 오가면서 똑같은 내용의 녹색 문장을 반복해서 쓰는 일이나 다름없었다. 앞뜰에 "나는 양식이 있는 주택 소유자다. 나는 중산층의 가치를 공유한다."라는 문장을 쓰고 또 쓴다는 느낌이 들었다. 잔디 가꾸기는 집앞을 지나치는 사람들로부터 인정받기 위한 일이었다. 하지만 내 진정한 속마음은 그게 아니었다. 나는 반항해보고 싶은 충동을 느끼기 시작했다. 도로를 따라 덤불숲을 만들어보고도 싶었고, 잔디밭의 거국적인 물결로부터 벗어나보고도 싶었다.
 셋째 해가 되던 봄, 나는 앞뜰에 사과, 복숭아, 버찌, 자두 따위의 과일나무를 심었다. 그들이 정원의 단조로움을 없애주기를, 조금이나마 생산적인 공간을 만들어주기를 바랐다. 뒤뜰에는 다년초 화단이 있던 곳을 일궈 밭 두럭을 만들었다. 세 개의 두럭을 만들어서 채소 씨앗 여남은 가지를 뿌렸다. 손쉬운 일은 아니었지만 잔디를 들어내고 밭을 만드는 일에서 나는 각별한 즐거움을 느꼈다. 줄을 쳐서 두럭의 형태를 정한 뒤, 예리한 삽으로 잔디를 잘라나갔다. 그리고 한쪽 모퉁이부터 뗏장을 떼어내기 시작했다. 잔디는 마치 양탄자처럼 떨어져나왔다. 잔디 뿌리가 잘려나가는 소리는 농토를 개간하는 개척자가 마치 도끼로 숲의 나무를 찍어내는 소리처럼 들렸다. 나는 정원 잔디 전체를 들어내고 싶었지만 그렇게 하지는 못했다. 그럴 만큼 담이 크지는 않았다. 그래서 앞뜰 잔디는 그대로 두고 열심히 깎아주었다. 밭두럭은 모두 뒤뜰에 만들었다.

   내가 정원 가꾸기에 골몰하면 할수록 잔디에 대한 회의는 커져만 갔다. 그것은 아버지가 겪었던 것처럼 이웃과의 관계에서 비롯되는 문제가 아니라, 자연과의 관계에 대한 회의였다. 이웃과의 관계에 있어서 잔디가 민주적인 의미를 지닌다면, 자연과의 관계에서 보면 지극히 독재주의적인 취급을 받는다고 해도 과언이 아니다. 예초기의 무자비하고도 무차별적인 위력 앞에 자연의 풍경은 사라져버리고, 잔디는 사람의 힘에 철저하게 복속된다. 정원에서 잔디밭을 가꾸는 것은 마치 마룻바닥에 왁스를 먹이거나 도로를 포장하는 것처럼 매몰차게 느껴졌다. 정원을 가꾸는 것은 자연과 문화의 중간 지대에서 자연과 무언가를 주고받는 과정이라고 할 수 있었다. 하지만 잔디밭은 철저히 짓밟히는 자연에 불과했다.

   잔디를 깎는다는 것은 땅과 함께 일을 한다기보다는 그와 싸움을 벌인다는 느낌이 컸다. 매주 녹색 잔디 군단이 몰려오면 나는 무시무시한 기계로 그들과 전투를 벌였다. 정원에 있는 다른 식물들과 달리 잔디는 특별한 이름도, 변화나 발전도 없는 집단으로 취급받았다. 나는 잔디밭을 폭압적으로 지배하고 있었던 것이다.

예초기를 밀며 단조롭기 그지없는 시간을 보내는 날이 계속되자 내가 왜 이 일을 해야 하는지에 대한 회의가 커졌다. 어느날 오후, 드라마의 아둔한 주인공처럼 같은 일을 반복하는 내가 바로 시시포스 같은 존재가 아닐까 하는 생각이 들었다. 땅이 한 번에 한 층씩 잔디를 쉬지 않고 밀어올리면 나는 지치지 않고 새롭게 자란 잔디를 깎아치우는 일을 우직하리만치 되풀이하고 있었던 것이다. 시간이 지난 뒤, 나는 또 다른 사실도 깨달았다. 잔디를 깎으며 보내는 시간에서는 아무런 의미도 찾을 수 없었다. 죽지는 않게 보살피지만 꽃을 피우지도, 씨앗을 맺지도 못하게 하는 일에 무슨 의미가 있겠는가? 말하자면 잔디는 성性과 죽음이 거세된 자연이었다. 그걸 미국인들은 그토록 좋아하는 것이었다.

그런데 나의 잔디밭은 어디로 사라져버린 것일까? 정원을 가꾸면서 나는 내가 보듬어 가꾸는 공간을 속속들이 탐색할 수 있다는 사실에 감사했다. 정원에서 일어나는 모든 일은 나와 정원이 더욱 친숙해지도록 만들어준다. 한 가지 식물이 싹트고 죽는 일에서부터 온갖 곤충과 작은 동물들이 기승을 부리는 일까지 정원에서 일어나는 모든 사건은 그곳의 지질과 미세기후, 서식하는 생명체 각각의 생태를 좀 더 잘 이해하게 해준다. 정원은 그곳만의 각별함을 알게 해주고 그것에 적응하게끔 한다. 하지만 잔디밭은 정반대다. 잔디는 주어진 조건에 적응하기보다는 그것을 '극복'해야만 한다. 토머스 제퍼슨Thomas Jefferson이 무척이나 다양한 특성을 지닌 노스웨스트 지역을 미국 행정권역으로 통합시킨 것처럼, 우리는 미국의 대지 위에 잔디밭을 만들고 있다. 헌데 대부분의 잔디는 미국의 지질이나 기후에는 잘 맞지 않아 20세기 산업문명의 도움을 받지 않고서는 제대로 살아남기 어렵다. 실제로 잔디 품종 중에서 미국 토종은 한 가지도 없다. 잔디를 키우는 데는 화학비료는 물론 살충제, 제초제, 농기계, 때로는 자동화된 관수 시스템까지 필요하다. 게다가 우리는 근처의 잔디밭보다는 다른 곳에 있는 더 좋은 잔디밭을 원한다. 켐론Chemlawn(1967년에 설립된 잔디 관리 전문회사.—옮긴이)의 텔레비전 광고나 잡지 광고에 나오는 것처럼 풀 한 포기 없이 탄력 있게 잘 가꾸어진 양탄자 같은 잔디. 우리가 바라보는 현실의 잔디가 아닌 다른 곳에 존재하는 초현실 속의 잔디. 우리에게 잔디는 대리만족을 시켜주는 텔레비전 같은 존재가 되었다.

잔디를 키우는 방법이 환경적으로 건강한지에 대해서도 다시 한 번 짚어볼 필요가 있지 않을까? 우리는 이미 잔디를 가꾸기 위해 단위면적당 어떤 작물보다 많은 살충제와 제초제를 사용해야 한다는 점을 인정하기 시작했다. 잔디 관리회사를 상대로 한 법률 소송이 제기되기도 하고, 최근에는 보다 '유기적인' 잔디 관리기법이 관심을 불러일으키고 있다. 그러나 문제는 보다 더 근본적인 것이다. 내 생각에 잔디는 사람과 대지의 왜곡된 관계를 상징한다. 잔디는 석유화학 제품과 기술을 이용해 우리가 자연을 우리 의지대로 변화시킬 수 있다는 사실을 보여주는 징표가 되었다. 잔디는 대지에 대한 우리의 오만을 키운다.

그렇다면 대안은 무엇인가? 잔디밭을 정원으로 만드는 것인가? 나는 정원에서 잔디가 차지할 자리가 없다고 말하려는 게 아니다. 정원을 만드는 것만으로 땅과의 관계가 올바른 방향으로 개선되리라고도 믿지 않는다. 하지만 생각을 계속 하다보면 우리는 올바른 방향으로 나아갈 수 있을 것이다. 잔디 가꾸기와 달리 정원 가꾸기는 우리에게 자연의 방식을 많이 가르쳐준다. 그것은 땅과 서로 주고받는 우리의 윤리의식을 일깨운다. 정원은 우리에게 그 공간의 각별함을 깨우쳐주고, 에너지 · 기술 · 식량 따위와 관련한 우리의 관심을 보다 가까운 곳에서 찾게 해준다. 잔디를 깎는 행위가 썼던 문장을 다시 베껴 쓰는 일이라면, 정원 가꾸기는 매번 새로운 문장을 쓰는 일이라고 할 수 있다. 그것은 언제나 새로운 창조와 발견의 과정이다. 정원은 자연과 문화가 서로 타협할 수 있다는 비미국적인 교훈을 일깨워준다. 잔디와 나무 숲 사이, 개발이라는 이름으로 자연을 정복해야 한다고 주장하는 사람들과 자연에 대한 우리의 지배를 포기하고 다른 종의 삶을 위해서 우리가 지구를 떠나야 한다고 믿는 사람들의 중간 지대를 찾을 수 있다는 사실을 가르쳐준다. 정원은 우리가 중도적인 시각에서 자연과 만날 수 있는 장소가 존재함을 보여준다.

● ● ●

독자들은 내가 주장하는 바를 이미 실천에 옮기고 있는지 궁금할 것이다. 나는 잔디밭을 모두 들어내지는 않았다. 그러나 해마다 점점 더 넓은 면적이 정원으로 바뀌었다. 지난해는 반 에이커쯤 되는 잔디밭을 밭으로 일궈서 노란데이지와 프랑스국화를 심었다. 일년에 한 번 정도만 풀을 베어주면 5월부터 서리가 내릴 때까지 오랫 동안 꽃을 구경할 수 있다.

잔디밭이 줄어들면서 나는 이웃 학생에게 잔디 깎는 아르바이트를 시켰다. 본 조비Bon Jovi, 주다스 프리스트Judas Priest, 키스Kiss와 같은 록 밴드들이 하트포드 콜리세움Hartford Coliseum에서 연주를 하지 않는 토요일이면 10대 아이들 몇 명이 잔디를 깎으러 왔다. 그들은 36인치 크기의 존 디어John Deere 잔디깎이 기계를 가져와서는 채 한 시간도 안 되는 사이에 후다닥 잔디를 깎아치웠다. 이들에게 나는 주당 30달러를 주었다. 나는 녀석들이 일을 하면서 떠들어대거나 아내를 은밀한 눈빛으로 쳐다보는 게 싫었지만 그들 덕분에 잔디를 깎으며 감수해야 하는 달갑지 않은 느낌으로부터 벗어날 수 있었고, 정원 일을 할 시간을 벌었다.

정원 앞쪽, 이웃이 바라다보이는 잔디밭에 나는 매우 급진적인 조치를 취했다. 철망으로 담장을 치고 식물을 심어 울타리를 만들었다. 담장 주위로는 개나리, 라일락, 노박덩굴과 조팝나무를 심었다. 그들이 자라서 울타리가 크고 두터워지면 범국가적인 잔디밭과는 완전히 분리되는 것이었다. 이젠 못할 것이 없었다. 정원 안을 목초지로 만들 수도, 숲이 우거지도록 내버려둘 수도 있다. 나는 거기에 호박밭을 일

굴 수도, 연못을 파 연꽃을 키울 수도, 사과나무 과수원을 만들 수도 있다. 또 어느 만큼은 잔디밭으로 남겨둘 수도 있다. 하지만 남겨진 잔디밭은 이전과는 매우 다른 모습을 띠게 될 것이다. 거기에는 사람들이 보통 잔디밭 주위에 심어 길렀던 야한 빛깔의 금잔화, 짙붉은 샐비어, 정형화된 모양의 철쭉 같은 것보다는 좀더 유려하고 다양한 종류의 식물들을 심어서 단조로웠던 잔디밭 풍경을 바꾸어놓을 것이다. 이웃과 담이 생기고 잔디의 거국적 흐름에서 소외되겠지만, 내 잔디밭은 나만의 특별하고도 개인적인 공간으로 새롭게 태어날 것이다. 그 잔디밭은 정원과는 다른 그 무엇이 아니라 정원의 일부로 되살아나리라. 새로운 정원에는 작은 잔디의 공간이 남겨질 것이다. 그곳을 어떻게 가꿀 것인지는, 울타리에 어느 정도 덤불이 우거지고 난 뒤 생각해볼 참이다.

제4장
두엄의 형이상학

    한때 낙농 농장이었던 농지를 사들인 나는 곧바로 정원에 관한 서적을 탐독하기 시작했다. 책을 읽으면서 나는 농장 어딘가를 파헤치다가 퇴비가 된 가축의 분뇨더미를 발견하는 유쾌한 상상에 빠지곤 했다. 내가 읽은 모든 것으로부터 판단하건대, 무엇보다 풍성한 추수를 보장해주는 것은 케이크처럼 촉촉하고 부드러운 검정색 흙이었다. 나는 진지한 정원사의 반열에라도 오른 듯 기분이 상기되었다. 지난 20년 동안 발간된 정원에 관한 책을 살펴보면, 한결 같이 퇴비에 관한 예찬을 빠뜨리지 않는다. 제임스 크로켓James Crockett은 그의 책 《빅토리 가든Victory Garden》에서 퇴비를 '갈색 금덩이'라고 불렀다. 그는 수플레 요리법을 소개하듯이, 퇴비 만드는 과정을 꼼꼼히 소개했다. 이상하게 들릴 수도 있지만 엘리너 페레니나 앨런 레이시Allen Lacy처럼 문학적인 글을 쓰는 정원 작가일수록 퇴비가 주는 혜택과 미덕을 열렬하게 예찬했다. 특히 〈오가닉 가드닝Organic Gardening〉이나 〈내셔널 가드닝National Gardening〉과 같은 잡지에서는, 우아하게 설계된 정원이나 근사한 다년초 화단을 가꾸는 사람보다 김이 무럭무럭 솟아오르는 두엄더미를 잘 만드는 사람을 많이 소개한다. 이제 훌륭한 퇴비를 만드는 일은 미국에서 원예의 품격을 높여주는 가장 확실한 상징이 된 것 같다. 월계화 계통의 완벽한 교배종 장미를 만드는 일이나 비프 스테이크 토마토의 크기를 키우는 육종 기술 따위는 뒷전으로 밀려났다. 나는 퇴비에 관한 글을 읽으면서 그저 평범한 소일거리의 하나로 시작한 정원 가꾸기가, 높은 차원의 도덕적 가치를 선사해주는 생동감 있는 일이라는 사실을 처음으로 감지하게 되었다.

퇴비의 형이상학적 의미를 논하기 전에, 우선 퇴비의 실체가 어떤 것인지 살펴볼 필요가 있다. 간단히 말해서 비료란 부분적으로 분해된 유기물질이라고 말할 수 있다. 습기와 산소가 공급되는 상태에서 나뭇잎이라든지, 잘라낸 풀, 시든 꽃자루, 잔 나뭇가지, 가축의 분뇨, 채소찌꺼기 따위가 어느 정도 시간이 경과하면 박테리아의 도움으로 한 무더기의 귀한 퇴비가 된다. 비료에 관한 모든 이론이나 공식, 기계적인 장치들은 퇴비가 만들어지는 자연적인 과정을 좀더 빠르게 진행시키는 정도에 불과하다. 시장에서 팔리고 있는 회전식 강철드럼은 14일 만에 퇴비를 만들 수 있다고 하지만, 대부분의 책에는 퇴비를 만드는 데 3개월 정도가 걸린다고 나와 있다.

정원사는 물론이고 정원에 관해 글을 쓰는 작가들까지 퇴비를 비료의 한 가지 정도로 인식하고 있다. 하지만 그것은 퇴비에 대한 부분적인 설명에 불과하며 사실을 왜곡하는 것일 수도 있다. 퇴비가 질소, 인산, 칼리 등 비료의 기본 요소를 함유한 것은 사실이지만 양이 그렇게 많은 건 아니다. 주요 구성 물질 속에 땅을 부식시키는 성분을 포함한다는 게 퇴비의 중요한 기능이다. 좀더 자세하게 살펴보자.

1. 퇴비는 흙의 구조를 개량시킨다. 흙에는 점토, 모래, 침니, 유기물질 따위가 각각의 비율로 섞여 있다. 점토나 침니가 많은 땅은 단단하게 뭉쳐지는 성질을 갖기 때문에, 공기나 수분은 물론 식물 뿌리가 침투해 들어가기 어렵다. 모래가 너무 많은 땅은 습기나 영양분을 유지시키는 능력이 떨어진다. 가장 이상적인 건 모래, 점토, 침니 따위의 구성입자들이 부식질 성분에 의해 한데 뭉쳐지면서도 사이사이에 공기가 통할 수 있는 부드러운 성질을 가진 흙이다. 퇴비는 이와 같은 흙의 구성입자들이 제 기능을 수행할 수 있도록 도움을 준다.

2. 퇴비는 흙의 보습 능력을 키워준다. 100파운드의 모래가 약 25파운드의 물을 저장하는 데 비해, 같은 무게의 점토와 부식토는 각각 50파운드와 190파운드의 물을 저장할 수 있다는 실험결과를 읽은 적이 있다. 퇴비 성분을 많이 함유한 기름진 땅은 상대적으로 물을 적게 주어도 문제가 없고, 작물들이 가뭄을 견디는 능력도 그만큼 커진다.

3. 검은 색깔을 띤 퇴비는 많은 햇빛을 흡수할 수 있다. 땅을 따뜻하게 만드는 데 도움을 준다.

4. 퇴비에는 미생물들이 기생하여 활발하게 활동한다. 미생물들은

유기물질의 분해를 촉진하여 식물이 필요로 하는 기초영양소를 만들어준다.

5. 퇴비는 부식되는 식물질로 구성되어 있어서, 식물이 자라는 데 필요한 거의 모든 기초 미네랄을 함유한다. 화학비료에 제대로 들어 있지 않은 붕소, 망간, 철분, 구리, 아연 따위의 미세 원소들이 퇴비 속에는 풍부하다. 농사로 거두어들이는 것 중 많은 부분이 퇴비를 통해 땅으로 되돌아간다.

퇴비가 주는 이와 같은 편익 못지않게 중요한 것이 있다. 그것은 퇴비를 만드는 사람과 자연과의 관계다. 토양 과학에 관한 것이라기보다는 우리가 정원을 가꾸는 이유와 관련 있는 문제다. 정원에 관한 글을 보거나 경험 많은 정원사들의 이야기를 들어보면, 퇴비를 만들어 정원을 가꾸는 것은 단순히 어떤 아름다움보다 미덕을 추구하는 측면이 더 크다는 사실을 알 수 있다.

● ● ●

퇴비가 자신의 격상된 지위를 인정받게 된 것은 〈오가닉 가드닝〉 잡지를 창간했던 로데일J. I. Rodale에 힘입은 바가 크다. 로데일은 1971년에 숨을 거두기까지, 열정을 가지고 유기적인 정원 가꾸기의 미덕을 설파하고 장려했다. 엘리너 페레니가 《초록빛 사색Green Thoughts》이라는 책에서 말했듯이, 로데일은 사후에야 명성을 얻은 예언자적 존재였다. 로데일은 미국인들에게 황폐해진 농업 방식을 버리고 자신이 얘기하는 새로운 농법을 따르라고 주장했다. 과장해서 글을 쓰지 않는 작가로 정평이 난 페레니는 로데일의 주장을 그녀 나름대로 다음과 같이 기술하고 있다.

로데일 사망 이후 여러 보도 매체의 사설란에는 마치 구약성서에 나오는 예언자처럼 수염을 기른 그의 사진이 함께 게재되고는 했다. 그가 던진 메시지는 다른 위대한 메시지가 모두 그렇듯이 단순명료했다. 그 메시지를 처음으로 접하는 사람들은 그것으로부터 강력한 계시를 받았다. 로데일은 우리에게 흙에서 자라는 식물들이 인공[화학]비료에 의해서 지탱되는 것이 아니라는 사실을 일깨워주었다. 그는 우리가 만약 그런 생각을 가지고 있다면, 그것은 자연의 순환 원리를 위배하는 것이라고 말했다. 우리는 [흙으로부터] 취한 것을 [그것에게] 되돌려주어야 한다.

퇴비를 만드는 일은 우리가 취한 것을 되돌려주는 방법, 다시 말해서 자연과 우리의 관계를 회복하는 길이라고 할 수 있었다.

로데일도 스스로 인정했듯이 사실 퇴비를 만드는 일은 새로운 게 아니었다. 유기질 퇴비는 20세기 중반 화학비료가 발명되기 이전까지 수천 년 동안 농사를 짓는 데 이용되었다. 제2차 세계대전 무렵부터 미국 농민들은 농산물 증산 방법으로 많은 화학비료를 사용했다. 농민들이 사용하는 비료의 양은 파우스트의 딜레마와도 같은 것이었다. 비료를 주기 시작하는 초기에 생산량은 급속하게 증가한다. 하지만 대가는 매우 크다. 비료에 포함된 화학성분은 토양 미생물의 활동을 약화시키고, 토양의 구조를 망가뜨렸다. 결국 흙 속에는 극히 미세한 양의 유기물만 남게 되고, 농작물은 온전히 비료에만 의존하게 된다. 흙은 이제 농작물을 붙잡아주는 버팀목 역할밖에 할 수 없다. 작물이 의지해 살아가는 것은 흙이 아니라 5-10-5의 비율로 배합된 화학비료다. 더 심각한 문제는 비료를 많이 쓰면 쓸수록 작물의 내병성과 내충성이 떨어진다는 점이다. 화학비료가 작물의 체질을 약화시키는 것이다. 세계대전이 끝나면서 농민들은 이와 같은 문제를 해결하기 위한 방법으로 DDT, 테믹, 클로르데인과 같은 새로운 화학 살충제의 유혹을 떨쳐내지 못했다. 그리고 얼마 지나지 않아 농업은 깊은 파멸의 구렁텅이로 떨어지게 되었다.

그러는 사이 가정원예가들도 거의 마찬가지 길을 걷고 있었다. 그들도 더 많은 화학비료를 사용하기 시작했고, 더 많은 살충제를 쓰지 않으면 안 되었다. 1960년대가 되자 그들의 창고 선반은 미국 화학약품 회사들의 온갖 기괴한 제품들로 가득해졌다. 시곤, 세빈, 켈센, 베노밀, 말라티온, 폴페트, 디아지논 등의 이름을 가진 약제들이 즐비했다. 지금은 셰브런Chevron의 계열사가 된 버피Burpee나 애그웨이Agway의 로고를 단 제품도 있었다. 건전하고 유익한 여가 활동으로 시작한 정원 가꾸기가 산업문명이 가져다준 최악의 상황에 걸려들고 말았던 것이다.

로데일은 미국의 정원사들이 당면한 이 황량한 상황을 목도하면서 무언가 도덕적 의미가 있는 중대한 선택을 하지 않으면 안 되었다. 꽃이나 채소를 생산해내는 데 있어서 계속 화학제품을 사용할 것인가, 아니면 다시 퇴비 만드는 법을 배워 땅과의 관계를 복원할 것인가 하는 문제였다. 로데일의 선택은 자명했다.

로데일이 처음으로 주장을 펼치기 시작했을 때, 그는 다른 선각자들처럼 아무런 주목도 받지 못했다. 1960년대 후반까지도 그는 괴짜 취급을 받았다. 그가 1971년 '딕 카벳Dick Cavett 쇼'를 녹화하던 도중 졸도해서 사망하자, 미국인들은 이를 하나의 우스운 에피소드로밖에 받아들이지 않았다. 자니 카슨Johnny Carson은 이 일을 몇 주 동안이나 조크의 소재로 삼기도 했다. 그러나 1970년대 후반 들어 살충제와 환경에 대한 우려가 커지면서 로데일의 메시지는 큰 반향을 불러일으키기 시작했다. 오늘날 그의 생각은 누구나 공감하는 가르침이자 농업의 상식이 되었다.

미국인들이 대지에 대해 가지고 있던 전통적인 사고를 고려해보면, 로데일은 자신의 신념에 따라 어떤 종교 못지않은 운동을 전개할 수도 있었으리라. 그랬다면 아마도 미국의 정원사들이 선망하는 두엄 더미가 그 운동의 상징적 표상이 되었을 것이다. 퇴비를 신성시하는 모습은 미국에서 장기 상연되고 있는, 사람과 땅에 관한 교훈극 중 가장 새로운 장면이라고 할 수 있다. 하지만 이런 흐름과 관련해서 우리는 오래 전 제퍼슨이 추구했던 이상적인 농업 세계에 대한 생각을 되살려볼 필요가 있다. 헨리 내시 스미스Henry Nash Smith(미국의 문화 및 문학 연구가.—옮긴이)는 제퍼슨의 생각을 이렇게 기록했다. "땅을 경작하는 것은 그 자체만으로도 큰 의미가 있다. 땅을 소유한다는 것은 농민이 독립할 수 있다는 것만이 아니라 그가 사회적 지위와 인간적인 위엄을 갖게 된다는 것을 뜻한다. 또한 자연과의 지속적인 관계를 유지함으로써 덕을 쌓아나갈 수 있다."

 형이상학적 의미에서 퇴비는 정원사의 독립을 회복시킨다. 적어도 정원용품 센터와 농약 회사로부터는 그렇다. 작물을 생산할 때 정원에서 자연 순환의 고리를 만들어냄으로써, 종묘 판매상을 제외하고는 더이상 누구에게도 의지할 필요가 없어진다. 또한 퇴비는 땅을 더욱 기름지게 만들 것이므로, 퇴비를 만들어 토양을 개량함으로써 땅으로부터 더 많은 것을 얻어낼 수 있다는 우리의 오랜 믿음 역시 보다 확고해질 수 있다.

 정원은 미국인들이 농업적인 이상을 실현할 수 있는 축소화된 대상으로써 19세기부터 조성되기 시작했다. 많은 사람들이 농촌지역을 떠나 도시로 옮겨가면서 나타난 현상이다. 미국이 더이상 농업 국가로 남아 있기 어려운 상황이 되면서 도시에서 살게 된 미국인들은 자신이 농촌에서 가꾸어왔던 미덕을 정원을 통해 계속 살려내고자 하였다. 20세기 중반에 〈하트포드 쿠란트〉지의 편집자였던 찰스 더들리 워너Charles Dudley Warner는 "정원을 가꾸는 사람은 그가 세상을 위해 뭔가 좋은 일을 하고 있다는 느낌을 가지게 된다."고 썼다. 그는 "정원을 가꾸는 사람은 생산자에 속한다. 그것은 단순히 정원에서 당근이나 감자, 옥수수나 강낭콩을 기른다는 의미만이 아니다. 그것은 사람이 보통의 삶을 영위하는 방식이다."라고도 썼다. 소로가 월든의 농지에 콩을 심었던 이유도 단지 먹을거나 판매하기 위해서가 아니었으리라. 무언가 그 땅에 사람의 손길을 보태고 싶었을 것이다. 좋은 땅을 만드는 일은 곧 좋은 사람을 만드는 일이다.

미국인들은 정원 가꾸기를 한갓 여가활동의 하나로만 생각하지는 않았다. 남북전쟁 이전부터 이미 원예는 도덕적 혁신운동의 하나로 자리잡았다. "철도가 지배하는 불안과 소음"의 시대를 살았던 리디아 시거니Lydia Sigourney(1791~1865. 19세기 중반에 이름을 떨친 미국의 여성 시인. —옮긴이)는 1840년에 이렇게 썼다. "정원 가꾸기는 황금 열풍에 들떠 있던 세상 사람들의 가슴 속에 온화한 마음을 불러일으키는 신약과도 같은 것이었다." 매주 토요일 오전에 마련된 매사추세츠원예협회의 강연회에는 풍요로움을 구가하기 시작한 보스턴 사람들이 정원 가꾸기와 자기 계발에 대한 영감을 얻기 위해서 몰려들었다. 1845년의 한 강연회에서 에즈라 웨스턴Ezra Weston은 "정원을 가꾸어 정성스레 꽃과 과일을 재배하게 되면, 동시에 자신의 품성도 가꿔나갈 수 있게 된다."고 말했다.

그와 같은 원예적 수사가 낯설게 들릴지도 모른다. 하지만 그것의 진정한 의미는 현재의 우리 역시 공유하고 있다는 생각이 든다. 19세기의 선험론자나 개혁주의자 못지 않게, 오늘날 우리도 정원을 도덕교육의 한 방편으로 활용하고 있다. 그들은 도시에서조차 제퍼슨적인 미덕을 지켜나가려고 노력했다. 우리 역시 자연을 훼손하지 않으면서 그것을 활용할 수 있는 방도를 모색하는 중이다. 당시 사람들이 농경사회의 이상을 실현하기 위한 수단으로 정원을 만들었던 것처럼, 우리는 생태적으로 안전한 자연을 존속시키려는 노력의 증거로 두엄더미가 있는 정원을 만드는 것이다. 양쪽 모두의 상황에서 정원 가꾸기는 (적어도 상징적으로는) 구원의 행위다.

이처럼 정원을 신성시하는 미국인들의 태도가 유럽인들에게는 우스꽝스럽게 비칠지도 모른다. 영국의 정원과 관련한 문헌을 살펴보면 퇴비에 관한 내용을 찾기 어렵다. 그것은 정원에 관해 글을 쓴 사람과, 실제로 정원을 가꾸는 사람이 다르기 때문이다. 하지만 더 근본적인 이유는 영국의 정원사들이 전통적으로 스스로를 실용적 개혁주의자라고 여기기보다는 예술가라고 생각하는 탓인 것 같다. 정원에 관한 영국의 저술에서 일관된 주제는 도덕적이라기보다는 심미적인 것들이다. 20세기 초 정원설계사이자 작가로 영국에 큰 영향을 끼쳤던 거트루드 제킬Gertrude Jekyll은 종교적이 아닌 예술적 관점에서 정원을 바라보았다. 그녀는 식물을 '한 통의 그림물감'에 비유하며 그 물감을 "아름다운 그림을 그리듯이 사용해야 한다"고 말했다. 오늘날 가장 유명한 정원설계사라고 할 수 있는 러셀 페이지Russell Page(1906~1985) 역시 예술가의 전통적인 자서전 형식을 빌려 정원에 관한 글을 썼다. 《어느 정원사의 가르침The Education of a Gardener》이라는 책에서 그는 자신의 예술가적 자질과 심미적 차원의 관점 및 표현 방식, 자신의 예술 인생의 여정을 기술했다. 퇴비, 자기 계발, 생태계에 대한 관심을 표시한 대목은 그 어디에서도 찾아볼 수 없다. 심미주의자가 만든 정원이 도덕론자가 만든 정원에 비해 눈을 즐겁게 하리라는 건 자명하고, 미국에 세계적으로 유명한 정원이나 조경 공간이 없는 것 역시 당연하다. 미국에선 모방하고 싶은 욕구를 불러일으킬 만한 정원을 발견하기가 쉽지 않다. 미국에 아름다운 정원이 없는 건 아니지만, 유럽이나 동양의 정원처럼 독특한 스타일의 정원이 얼마나 있을지는 의문이다. 물론 영국식 정원을 모방하는 사례가 없지는 않다. 심지어 기후와 풍토를 무시하고 남부 캘리포니아 사막지대에서 영국식 정원을 흉내낸 경우도 있다. 이런 연유에서인지는 모르지만 아직까지 정원 설계에 있어서 미국만의 독특함은 확실하게 드러나지 않는다. 저술, 음악, 미술, 또는 음식 조리에서도 미국의 정원과 관련된 특성을 찾아보기 어렵다. 정원 설계야말로 미국이 영국의 영향으로부터 아직 벗어나지 못한 영역 중 하나다. 정원의 모습에 관심을 기울이는 사람들은 아직도 영국식 정원에 관한 책을 읽고, 영국식 정원설계사에게 관리를 맡긴다.

  영국적인 시각에서 보면 미국의 빼어난 정원마저도 제대로 된 평판을 얻을 수 없다. 뭐니뭐니해도 미국에서 사람이 만들어낸 가장 성공적 조경인 뉴욕의 센트럴파크. 옴스테드의 대작인 이 작품을 러셀 페이지는 어찌 그리도 스스럼없이 "18세기 영국식 공원의 서투른 모방작"이라고 폄훼할 수 있단 말인가? 내가 처음 이 글을 읽었을 때는 모골이 송연해지는 느낌이었지만 지금은 그 말의 의미를 이해할 수 있다. 센트럴파크의 모델이 되었던 영국식 정원을 기준으로 보면, 한눈에도 센트럴파크는 별다른 꾸밈도 이렇다 할 만한 설계도 이루어지지 않았다는 걸 금세 알 수 있다. 페이지가 "아무런 방향 없이 설계되었다"고 흠을 잡는 것도 바로 이 점이다. 하지만 정형화된 형식을 탈피하고 인공적인 모습이 거의 가미되지 않았다는 점 때문에 우리가 이 공원을 가장 좋아하는 건 아닐까? 센트럴파크는 설계된 정원의 모습이 아니다. 자연 풍경을 그대로 모방한 정원이라고 하는 편이 더 나을 듯싶다. 뉴요커들은 이 공원의 인공미보다는 자연적인 모습에서 더 큰 만족감을 느낀다.

센트럴파크와 같은 공원은 자연과 문화가 '근본적으로 서로 조화되기 어려운 것'이라는 사고를 지닌 사회의 산물이라고 할 수 있다. 두드러진 특징을 지닌 진정한 정원을 설계하기 위해서는 자연과 문화를 서로 조화시킬 수 있는 안목이 필요하다. 그것은 우리가 지금 결여한 점이기도 하다. 미국인들은 역사적으로 자연을 문화적인 문제를 해결하는 수단으로, 또 문화는 자연의 문제를 해결하는 방편으로 간주해왔다. 땅과의 관계를 설정하는 데 있어서, 우리는 언제나 똑같은 원초적 선택의 문제에 직면하게 된다. '진보'라는 이름으로 자연을 인간의 문화 속으로 복속시켜버릴 것인지, 아니면 도시생활의 독소를 정화할 수 있는 야생의 공간으로 엄격하게 격리시켜둘 것인지를 선택해야 한다.

자연은 신성한 것이라고 믿고 있는 사람들로서(청교도들은 그것을 신의 두 번째 성서로, 선험론자들은 신성불가침의 상징으로 받아들인다) 그들은 자연을 인간의 의지대로 변화시킬 수 있다는 생각은 결코 쉽게 받아들이기 힘들었을 것이다. 심미적인 목적으로 이를 변화시키는 것은 더더욱 받아들이기 어려우리라. 실제 소로의 영향을 받기 시작한 이후 미국인들은 자연 본연의 의지를 존중하는 방향에서, 자연에 대한 그들 자신의 지배의지를 억제해왔다. 미국이 위대한 정원사보다는 명망 있는 자연주의자를 훨씬 더 많이 만들어낸 것도 바로 이 같은 연유에서라고 볼 수 있다. 우리에겐 식물들을 보기 좋게 조화시켜 심어 가꾸는 일보다는, 콩밭이나 나무숲 아래에서 자연보호에 대한 가르침을 듣는 일이 더 편안하다.

우리는 심지어 정원에서까지 자연주의자처럼 행동하는 것 같다. 미국의 전형적인 정원 가꾸기 지도서를 한번 살펴보자. 대부분이 야외 답사 안내서마냥 식물별로 단조롭게 구성되어 있다. 그 책에서는 영국의 안내서처럼 암석원이라든지, 다년초 화단이나 일년초 꽃밭에 대한 설명은 찾아보기 쉽지 않다. 그 대신, 각각의 식물들은 하나의 독립된 개체로서 각별한 대접을 받는다. 각각의 식생 환경, 생장 행태 그리고 생태적인 취약점이 상세히 소개된다. 〈뉴요커스 매거진*New Yorker's magazine*〉의 정원 칼럼니스트로 수 년 간 글을 썼던 캐서린 화이트Katharine White는 "꽃 하나하나는 누구나가 사랑할 수 있고, 또 그 자체로도 사랑스럽다. 하지만 어디까지나 정원에는 사람의 손길이 닿게 마련이다."라고 썼다. 이걸 어쩌나. 정원을 만든다면 거기에 있는 각각의 식물들이 잘못된 취급을 받기라도 한다는 말인가. 정원의 식물들이라고 해서 자신들의 개체성을 훼손하거나 자유를 구속받는다고 할 수 있을까? 개별 식물들의 권리가 더 소중하다는 견해를 미국인들은 언제까지 고수할 것인가?

● ● ●

퇴비에 관한 이야기로 돌아가자. 나는 땅 속에 묻혀 있는 보물을 발견하고 말았다. 지난해 어느 가을날, 나는 마구간 근처의 어딘가를 삽으로 파고 있었다. 삽 끝에 폭신한 감촉을 지닌 어떤 물질이 와닿았다. 흙을 한 삽 떠서 살펴보았다. 바로 그것이었다. 내가 본 것 중 가장 검은 빛깔을 가진 흙. 나는 고무되었지만 이내 마음을 진정시켰다. 이미 퇴비에 관해 많은 공부를 했던 나는 그게 별것 아니라는 사실을 알고 있었기 때문이다. 어느 만큼은 그 퇴비로 채소도 가꾸고 꽃도 키울 수 있을 테지만, 그것은 한 번의 횡재에 불과했다. 캐서 쓰고 나면 그만인 화석 연료의 매장지를 발견한 거나 다름 없었다. 나는 이 사실을 어느 누구에게도 말하지 않았다. 정원 가꾸기에 대한 나의 신념을 진정으로 구현하기 위해서는, 스스로 만든 두엄더미가 있어야 한다는 사실을 잘 알고 있었다.

나는 즉각 작업에 착수했다. 널빤지들을 주워모아 사각으로 자리를 만들었다. 가급적이면 습기의 증발을 줄일 수 있도록, 해가 잘 들지 않는 곳을 골라 자리를 잡았다. 첫 번째 무서리를 맞고 무너져내린 온대성 식물의 풀대들을 잘라모아 두엄자리에 쌓아올렸다. 강낭콩 줄기, 호박넝쿨, 백일홍, 해바라기와 옥수수 대궁, 제때 수확하지 못했던 여남은 개의 주키니 호박zucchini(오이처럼 길쭉한 모양의 채소용 여름 호박으로 노랑, 또는 암록 빛을 띠는 것들이 있다.—옮긴이) 따위를 가져다 넣었다. 맨 위에는 내가 발견한 가축분뇨 퇴비를 올려놓았다. 미생물의 활동을 돕기 위해서였다. 효모를 써서 빵을 만드는 것과 똑같은 원리로, 잘 숙성된 퇴비를 집어넣는 것은 퇴비를 만드는 가장 좋은 방법 중 하나다. 나는 퇴비거리를 뒤섞어주고 나서 그 위에 물을 뿌린 뒤,

모든 걸 잊고 그해 겨울을 났다.

　이듬해 4월이 되어 농장의 두엄자리를 살펴보면서 나는 책에서 충분히 읽어 무척이나 친숙해진 퇴비의 형이상학적 의미를 떠올리지 않을 수 없었다. 우리는 도덕적 관점에서 맹목적이리만치 퇴비 만들기에 힘을 쏟지만, 그것이 곧 훌륭한 정원을 보장해주는 것은 아니다. 그럴지도 모른다는 생각을 하면서 나는 맨 윗부분의 덮개를 들어내고 두엄더미 속으로 손을 집어넣어 보았다. 잘 썩지 않은 윗부분과는 달리 검은 빛깔을 띠는 속은 부드럽고 따끈했다. 달콤한 냄새까지 풍기자 나는 대단한 일을 이루어낸 것만 같은 기분이 들었다. 비옥함이 향기를 가지고 있다면 아마도 그 냄새와 같을 것이다. 이런저런 잡동사니 잔해들이 뒤섞인 퇴비에서는 아직도 모습이 다 사라지지 않은 옥수수 대궁이나 해바라기 씨앗 꼬투리를 찾아낼 수 있었다. 그들은 마치 지난해의 수확이 남겨놓은 잔영과도 같았다. 내게는 그 두엄더미가 키 큰 참제비고깔의 파랑색 꽃숭어리보다 사랑스럽게 느껴졌다. 그 순간 나는 또 다른 사실 하나를 깨달았다. 내가 좋아하든 말든, 나는 미학적 관점보다는 미덕의 관점에서 정원을 가꾸는 미국 정원사가 되어 있었던 것이다.

여름

제5장
장미 정원에서

    장미 화단을 준비하는 것은 성미 까다로운 귀부인이 살 집을 치장해주는 일과도 같다. 수다스러운 이 숙녀는 귀족적인 풍모를 지녔지만 무척이나 속물적이다. 이런 부인을 시중드는 일은 보통 고역이 아니다. 그녀가 쏟아내는 불평이 한두 가지가 아니기 때문이다. 이처럼 까다로운 장미를 심으려고 보면, 다른 것들을 키우는 데는 아무 문제가 없던 땅도 갑자기 부족한 느낌이 든다. 물은 잘 빠질까, 토양의 산성도가 너무 높은 것은 아닐까 걱정되기 시작한다. 그래서 평소의 두 배 깊이로 땅을 깊숙이 갈아주고, 이탄 이끼는 물론 퇴비까지 듬뿍 넣어준다. 몇 해 동안 아껴두었던 두엄더미가 몰라보게 작아진다. 사실 나는 이제까지 장미를 심어가꾸는 것을 꺼려왔다. 넝쿨장미 한두 포기는 심어봤지만, 장미다운 장미는 심지 않았다. 누가 그토록 흠 잡기 좋아하고 괴팍한 성격을 가진 손님을 좋아하겠는가? 매해 봄 장미 카탈로그를 받아보면서도 나는 그것들을 눈여겨 살피지 않았다. 헌데 금년 봄에는 왠지 모르게 장미를 심어보고 싶은 생각이 들었다.

웨이사이드Wayside 원예회사에서 보내준 카탈로그에 두 페이지로 소개된 장미가 나를 유혹했던 것이다. 거기에서는 몇 종의 '숙녀 장미ladies' 와 '신사 장미gent' 인 자크 카르티에Jacques Cartier 따위의 '옛 장미 품종들old-fashioned roses' 을 보여주었다. 일반 화원에서 볼 수 있는 평범한 모양의 장미가 아니라, 무성한 꽃송이가 마치 지면 밖으로 쏟아져 나올 것처럼 크고 호화로운 모습을 하고 있었다. 그 꽃들은 로제트나 반구 형태 찻잔 모양의 가지런한 꽃차례를 가진 것이 아니었다. 꽃잎이 백 개도 넘을 듯 다복스러웠다. 웨이사이드 카탈로그는 활짝 핀 꽃들을 한가득 담고 있어서, 마치 꽃들이 책 밖으로 뛰쳐나와 얼굴로 다가들 것 같았다. 다분히 선정적인 분위기마저 풍겼다.

그러나 그들 이름 하나하나를 살펴보면, 마치 어느 집 응접실에 안내된 느낌이 든다. 하디Hardy 부인, 이삭 페리에Issac Perrier 부인, 라 렌 빅토리아La Reine Victoria, 벨 드 크레시Belle de Crécy, 쾨니긴 폰 단마크 Königin von Danemark……. 널리 알려지지 않았지만 사교계에서는 대부분 알 만한 이름들이다. 하디의 미망인이었던 마담 하디Madame Hardy 를 기억할 것이다. 하디는 말메종Malmaison에 있던 조세핀Josephine 황후의 장미원을 돌보던 정원사였다. 마담 하디는 하디 부인의 이름을 딴 장미다. 뛰어난 장미애호가였던 그레이엄 슈튜어트 토머스Graham Stuart Thomas는 마담 하디 계통의 장미 중에는 센티폴리아centifolia 종류에 속하는 것도 있지만 기본적으로 다마스크damask 계통의 장미로부터 만들어진 것이라고 설명한다. 그는 마담 하디에 대해 "반쯤 벌어진 꽃봉오리를 보면 선연한 분홍빛이 감돈다. 화려하고도 매혹적이지 않은가?"라며 감탄한다. 이런 장미꽃들을 소개받다보면 우리가 프랑스 제2공국의 대접견실에 들어선 것인지, 레프트 뱅크Left Bank(파리를 가로지르는 센 강의 남쪽 지역을 가리킨다. 예술가, 작가, 철학자들이 많이 살았으며 패션과 유행의 거리로도 유명하다.—옮긴이)의 환락가를 찾은 것인지 잘 분간되지 않는다. 여하튼 이들 오래된 장미 품종들은 오랜 가문의 위엄으로부터 나오는 것인지, 그들이 지니는 본연의 성적 매력으로부터 비롯되는 것인지는 모르지만 우리를 유혹하는 힘을 가지고 있다.

그들의 유혹에 넘어간 나는, 웨이사이드 원예회사에 장미 네 종류를 주문했다. 마담 하디는 물론, 1868년에 처음 소개되어 출중한 우아함으로 지금까지 사랑받고 있는 자크 카르티에, "값을 매길 수 없을 만큼 진귀한 보석"이라는 소개 문구가 적혀 있는 쾨니긴 폰 단마르크 그리고 블랑 두블레 드 쿠베르Blanc Double de Coubert를 주문했다. 블랑 두블레 드 쿠베르라는 품종은 1892년에 처음으로 만들어진 루고사rugosa(동아시아지역에 자생하는 재래 장미의 하나.—옮긴이) 계통의 교배종으로 거트루드 제킬이 "알려진 것들 중에서 가장 흰 장미"라고 이야기한 종이다. 캘리포니아에 있는 '어제와 오늘의 장미'라는 회사로부터는 웨이사이드에 없는 품종 하나를 주문했다. '처녀의 홍조Maiden's Blush'라는 이름의 이 장미는 카탈로그의 설명처럼 연분홍의 서정시와 같은 분위기를 풍겼다. "자연이 창조한 것들 중에서 이보다 더 섬세한 모습의 식물이나 꽃은 없다"고 카탈로그는 선전했다. 이 품종은 내가 주문한 장미들 중에서 가장 오래된 것으로, 15세기부터 재배되기 시작했다. 마지막으로 나는 현대의 원예종 장미 하나를 주문했다. 퀸 엘리자베스Queen Elizabeth라는 이름의 이 장미는 엘리자베스 여왕이 즉위하던 해인 1953년에 나온 것으로, 밝은 분홍빛 꽃을 피우는 교배종 떨기 장미다. 퀸 엘리자베스는 영국의 가장 뛰어난 장미 원종중 하나인 데이비드 오스틴David Austin을 제외하고 20세기 최고의 장미로 사랑받는 품종이다.

 나는 이 여섯 종류의 장미 묘목이 배달되기를 기다리면서 화단을 만드는 한편 장미에 관한 책들을 읽기 시작했다. 책을 읽어가면서 내가 장미 재배를 꺼렸던 게 괜한 엄살은 아니었다는 사실을 다시금 알 수 있었다. 책들은 한결같이 장미를 키우는 일이 얼마나 힘든지 얘기했다. 배달된 장미와 함께 온 카탈로그는 더 많은 주의사항을 담고 있었다. 겨울 동안에는 장미가 얼어죽지 않도록 보온 피복을 해주라고 했다. 코네티컷 지역의 1월 추위는 내한성이 아주 강한 몇몇 품종을 제외하고 보호조치를 하지 않으면 거의 다 얼어죽을 수 있다는 것이었다. 그런가 하면, 여름 동안 일주일에 물을 1인치 이상 계속 주어 땅이 건조해지지 않도록 해야 했다. 장미가 수분을 충분히 섭취하도록 하면서도, 뿌리가 물에 젖어 있지 않도록 배수에 신경을 써주는 게 관건이었다. 그래서 나는 2피트 이상 깊숙이 구덩이를 판 뒤, 퇴비는 물론 숙성된 가축분뇨와 이탄 이끼 따위의 유기질 비료를 충분하게 넣어주었다. 이렇게 완벽한 밭을 만든 후에도, 장미를 공격하는 수많은 종류의 벌레와 곤충들을 막아내는 일이 남아 있었다.

뉴욕식물원New York Botanical Garden이 발행한《미국의 정원 교본 America's Garden Book》을 보면 장미 재배에 관한 주의사항이 무려 8페이지에 걸쳐 기술되어 있다. 새로운 걱정 보따리 하나를 스스로 끌어안은 셈이 되고 말았다. 검은 점이 생기고 장미 잎이 누렇게 변해 이내 떨어져버리고 마는 '흑반병'은 알 듯도 한 병이었다. 교본에서는 일단 이 병에 걸리면 달리 치료법이 없지만 예방은 가능하다고 적었다. 주기적으로 살균제를 뿌려주면 흑반병은 미리 막을 수 있지만 '갈색잎마름병'이라는, 예방조치조차 할 수 없는 고약한 질병에 피해를 입을 수도 있다. 그뿐 아니다. 갈색 궤양, 줄기 궤양, 엽녹병, 흰가루병, 충영… 그 외에도 감당하기 어려운 여러 종류의 바이러스가 장미를 위협한다.

장미가 이러한 가혹한 운명을 탈출한다 하더라도, 그를 기다리는 또 다른 것들이 있다. 바로 나무줄기 수액을 빨아먹기 위해 달려드는 장미 진딧물이다. 녀석들은 장미를 죽음으로 몰고가지는 않지만 볼썽사나운 모습으로 변화시키는 것은 물론, 다른 병충해에 견딜 수 있는 저항력을 크게 떨어뜨린다. 시간이 좀 지난 뒤에는 윤기가 흐르는 녹색 알풍뎅이들이 몰려오기 시작한다. 알풍뎅이들은 순식간에 앙상한 뼈대만 남기고 장미 잎들을 모두 갉아 먹어치운다. 다음에 몰려올 다른 녀석들을 생각해서 조금은 남겨놓아도 좋을 텐데. 알풍뎅이 다음에도 수없이 많은 벌레들이 남아 있다. 잎말이 벌레, 붉은거미 진드기, 장미 풍뎅이, 장미 바구미, 장미 등에, 장미 깍지벌레, 장미 민달팽이, 장미 좀벌레가 긴 줄을 서서 기다린다. 그 어떤 다른 식물이 장미처럼 자신의 이름을 공유하는 많은 생명체들을 거느리고 있을까? 장미의 생태를 살펴보면 장미의 존재 이유가 과연 무엇인지를 생각해 보지 않을 수 없다. 자신의 이름을 딴 수많은 곤충과 벌레에게 먹을거리를 제공해주기 위해 장미가 존재하는 것은 아닐까?

그도 그럴 것이, 장미를 따라다니는 대부분의 질병이나 해충들은 현대적인 교배종 개발과 함께 나타나기 시작했다. 그동안에는 월계화 장미tea rose(보통 'China Rose'라고 불리는 'Rosa chinensis'를 원종으로 하여 유럽산 장미와 교배·개량된 장미 'Hybrid tea'를 통틀어 일컬음. 재래 장미인 China Rose는 중국의 후베이, 쓰촨성 지역에 자생함.—옮긴이) 계통의 교배종을 개발하는 데 있어서, 꽃의 겉모양을 개량하는 데만 치중한 나머지 내병성을 키우거나 건강한 체질을 만드는 데는 극히 소홀했다. 이렇게 개발된 교배종들은 자생력이 무력화되고 말았다. 그들은 마치 근친결혼을 통하여 대를 이어온 고대 왕족의 후손과 비슷한 처지다. 세파를 헤쳐나가기에는 너무나 여리고 유약하고 무기력하다. 정원사들이 심약하고 무능해진 지배자의 능력을 회복할 수 있도록 섭정해야 할 상황에 이르렀다고 할 수 있다.

하지만 나는 그런 역할을 원치 않으며, 이런 연유에서 그동안 장미를 멀리해왔다. 대부분의 종묘상에서는 월계화 장미 계통의 교배종만을 취급한다. 내가 보기에 그들은 정원 가꾸기와는 잘 맞지 않는다. 정원을 가꾸는 목적은 자연과 문화 사이의 균형을 도모하는 것이다.

이런 관점에서 우리 지역 화원에서 팔고 있는 화려하기만 한 잭슨 앤 퍼킨스Jackson & Perkins 장미 패키지를 보면 문명 쪽으로 편향되어 있다는 생각을 갖게 된다. 현대의 장미는 화학 공업의 뒷받침 없이는 살아남을 수 없는 존재가 되었다. 나는 할아버지가 키우던 장미를 기억하고 있다. 순종의 로즈 더스트Rose Dust가 흰 꽃무리를 이루던 모습과 꽃향기보다 강했던 화학 성분의 냄새. 그 향기는 언제나 상큼한 여름의 느낌을 선사해주었다. 하지만 나중에 가서 그 향기의 정체가 독성이 있는 농약이라는 걸 알게 되었다. 할아버지는 그런 현대의 장미를 기르셨고, 그것들을 나의 부모님에게도 주셨다. 그러나 나는 그 장미로부터 아무런 영향도 받지 않았다. 아마도 그 꽃들이 흔하고 평범할 뿐만 아니라, 혈통조차 분명치 않았기 때문일지 모르겠다. 고전적인 옛 장미의 하나인 미스터 링컨Mr. Lincoln의 주홍빛 꽃봉오리는 화려한 모습의 요즘 장미에 비하면 진부하기 짝이 없는 단조로운 모습이다.

현대의 장미가 고상함을 결여하고 있다는 말은 아니다. 하지만 그 고상함이 큰 문제인 것만은 틀림없다. 20세기 자본주의는 장미라는 아주 좋은 소재를 발견해냈다. 수천 년 동안 변함없이 사랑받아온 장미는 20세기에 들어오면서 연구개발과 혁신, 시장 조사, 선전과 광고라는 산업사회의 첨단가도를 전속력으로 질주해나가기 시작했다. 정원사들이 즐겨 지적하듯, 현대의 장미 산업은 디트로이트의 자동차 산업을 그대로 모방하고 있는 것처럼 보인다. 장미 산업은 매년 10여 종류의 새로운 모델을 만들어낸다. 그것은 꽃이라기보다 고급 세단의 사양에 맞춘 것처럼 눈부신 외양을 가졌다. 그들에게는 광고의 중심지 매디슨 애비뉴를 꿈꾸는 듯한 이름이 주어지고 이것이 상표로 등록된다. 크라이슬러 임페리얼Chrysler Imperial, 선세이션Sunsation, 브로드웨이Broadway, 훌라 후프Hoola Hoop, 팻시 클라인Patsy Cline, 펜트하우스Penthouse, 스위티 파이Sweetie Pie, 트윙키Twinkie, 티니 보퍼Teeny Bopper, 퍼기Fergie, 이노베이션 미니젯Innovation Minijet, 핫라인Hotline, 에인트 미스비해빙Ain't Misbehavin', 섹시 렉시Sexy Rexy, 지방시Givenchy, 그레이스랜드Graceland, 굿모닝 아메리카Good Morning America 그리고 그 이름만으로도 아주 커다란 꽃송이를 가졌을 것으로 짐작되는 돌리 파튼Dolly Parton(1960~1970년대 정상을 달렸던 미국의 컨트리 가수이자 작곡가, 배우로 빌보드차트에 21개의 1위 곡을 남겼다. 그녀는 높은 곡조의 소프라노 음색과 외설적인 유머, 자유분방한 의상, 큰 가슴 등으로 유명했다.—옮긴이)까지. 우리가 정원으로 탈출해야 하는 이유는 바로 이것이다. 세상이 이런 장미들에 현혹되어 있다는 것.

● ● ●

내게 장미는 이런 것이었다. 적어도 변덕스럽고 고상한 '옛 장미old-fashioned roses'의 왕국을 경험하기 전까지는. 여기서 발견한 장미들은 내가 어린시절 혹은 원예센터에서 보았던 것들과 전혀 달랐고, 몇몇 교배종 장미의 결함 때문에 고통스러워하는 듯 보였다. 나는 재래 장미의 세계 속에서 나만이 현대의 교배종 장미에 대한 거부감을 가진 게 아니라는 사실을 깨달았다. 현대 장미에 대한 모종의 경멸은 오히려 상식과 우아한 사고를 가지고 있는 사람들의 일반적인 태도라고 할 수 있었다. 나는 미국의 저명한 정원 작가 엘리너 페레니의 장미에 관한 견해를 접할 수 있었다. 그녀는 '계획된 진부함' 이라는 말로 현대의 장미에 대한 역겨움을 표현한 반면에, '옛 장미의 잊을 수 없는 향기'를 그리워했다.

현대의 교배종 장미에 대해 좀더 비판적인 견해를 가지고 있는 쪽은 영국인들이다. 비타 새크빌 웨스트는 기회가 생길 때마다 현대의 장미가 은근한 매력을 상실했으며 빛깔이 지나치게 화려한, 한마디로 속물적인 것이 되어버렸다고 말하곤 했다. 새크빌 웨스트는 교배종 장미에 대항해서 오래된 장미의 부활을 선도했던 '장미 토리파' 의 선구자였다. 그는 앨바alba, 갤리카gallica, 다마스크damask, 부르봉bourbon, 센티폴리아centifolia와 같은 오래된 장미의 부흥을 꿈꿨다. 순박한 시골 할머니와 온화한 성품의 장미애호가 마을의 풍경으로 여겨졌던 장미의 세계가 격렬한 갈등 양상을 보이고 있다. 현재 재래 장미파의 대변인 격이라고 할 수 있는 사람은 영국의 장미애호가인 그레이엄 스튜어트 토머스다. 그가 쓴 《재래 떨기 장미*The Old Shrub Roses*》라는 책은 마치 정원에서 담소를 나누듯 점잖게 이야기를 풀어나가면서도 논란의 핵심을 놓치지 않는 고전이다. 토머스는 1940년대부터 재래 장미에 대한 열정을 키웠다. 그는 케임브리지식물원의 연구원으로 재직하면서 멸종 위기에 처해 있던 재래 장미 표본을 조사하고 이를 보존하는 일에 매달렸다. 토머스는 데이비드 오스틴과 같은 조력자와 함께 재래 장미를 옹호했다. 그들은 재래 장미가 의심할 나위 없이 교배종 장미보다 강하며, 질병에도 무기력하지 않다는 점을 부각시켰다. 재래 장미는 내병성이 큰 만큼 훨씬 더 강렬한 향기를 뿜지만 이것은 무시되고 말았다. 장미 육종가들은 더욱 기발한 색깔을 내고, 더 오랜 시간 꽃이 피어 있도록 하는 데에만 관심을 쏟았다. 현대의 장미가 첨단의 기술적 성과를 이룩한 것은 사실이다. 토머스도 인정하듯이 재래 장미의 색채는 매우 좁은 영역에 한정돼 있다. 오직 흰색과 분홍뿐, 심지어 주황이나 노랑도 없다. 일정한 기간에만 꽃을 피우는 재래 장미와는 달리 현대의 원예종 장미는 거의 모든 계절에 걸쳐 꽃을 피운다.

재래 장미 옹호자들은 재래 장미의 강한 내병성과 좋은 향기를 내세운다. 그들은 직접적으로 이와 같은 사실을 인정하지 않을지도 모르지만, 오늘날 생기를 되찾기 시작한 재래 장미의 인기는 사실 속물적인 근성에 기반을 두고 있다. 장미의 전쟁, 재래 장미와 현대 장미 간의 다툼에는 계급 투쟁적인 요소가 내재되어 있다.

재래 장미 애호가들의 행로는 그들이 보여주는 특징이나 모습, 언어 따위가 귀족들과 많이 닮아 있다. 비타 새크빌 웨스트는 토머스의 책 서문에서 재래 장미는 "훨씬 더 고요하고 은은하다. 하지만 거기에 맛을 들이게 되면 그 취향에서 벗어나기 어렵다."고 적었다. 그녀는 재래 장미를 굴에 비유하기도 한다.

토머스 자신은 월계화 계통의 교배종 장미를 못마땅하게 생각하면서도, 화원에서 팔기에는 좋은 꽃이라며 마지못해 칭찬했다. 데이비드 오스틴은 [재래 장미가 미식가인 반면] 교배종 장미는 [아무거나 막 먹어치우

님 '조식가'라면서, 최근에 개발된 주황빛 장미가 아름답다는 점을 인정했다. 하지만 그는 그들 교배종으로부터는 커다란 이질감이 느껴진다고 이야기한다.

장미 애호가들이 장미의 역사를 거슬러올라 더듬어본다면, 정원의 세계와 다르지 않게 수면 위로 떠오르는 사회 계급 문제를 인식할 수 있을 것이다. 장미의 역사는 유럽에서 벌어진 계급투쟁의 흐름을 훤히 들여다보게 해준다. 그것은 시대의 뒤안길로 밀려난 귀족제와 흐름을 같이 한다. 그들의 이야기를 읽다보면 일개 식물에 불과한 장미가 무척이나 많은 문화적, 정치적인 유산을 간직하고 있음을 알게 된다.

장미의 역사는 의외로 복잡다단한 면을 가지고 있다. 너무 자세한 내용을 소개해 독자들을 싫증나게 하고 싶지는 않다. 1789년에 이르기까지 서구의 장미 세계는 (유럽을 지배하고 있던 귀족 계급의 모습과 다르지 않게) 수 세기 동안 몇몇 계통의 품종이 부동의 우위를 유지하고 있었다. 주요한 장미 가문의 계통을 살펴보자. 우선 로마제국 시대에 사랑을 독차지했던 갤리카 계통의 장미를 들 수 있다. 그리고 갤리카와 들장미 간의 교배종인 다마스크, 찔레나무의 일종인 로자 카니나Rosa canina와 다마스크 장미와의 잡종인 앨바, 양배추 장미로도 알려져 있으며 르네상스시대 네덜란드 화가들로부터 많은 사랑을 받았던 센티폴리아가 있다. 그 다음으로는 센티폴리아 계통인 이끼장미를 들 수 있다. 로마제국 시대로부터 18세기 유럽의 계몽운동이 전개된 시기에 이르기까지는 위에서 소개한 다섯 가지의 특별한 품종이 유럽의 장미 세계를 석권했다. 변화가 전혀 없던 것은 아니지만, 이렇다

할 큰 변화는 일어나지 않았다. 때때로 두 가문 간의 혼인을 위해 회합이 이루어졌고, 그 결과에 따라 새로운 가계가 만들어지기도 했다. 17세기 네덜란드에서 다마스크와 앨바를 결합시켜 센티폴리아를 탄생시킨 것이 그 예다.

이것이 장미 세계의 '앙시앙레짐'이었다. 그러나 그 체제는 프랑스 앙시앙레짐의 붕괴와 함께 무너지기 시작했다. 그레이엄 토머스는 "장미는 그 시대에 자신을 열렬하게 사랑해주었던 부류의 사람들과 함께 위대한 혁명의 고통을 겪었다"는 말로 1789년에 대한 안타까운 심정을 표현했다. 장미에 관한 대변혁이 시작된 것은 한 계절에 한 번 이상 꽃을 피울 수 있는 중국 장미 로자 차이넨시스Rosa chinensis가 유럽에 소개되면서부터였다. 그때까지만 해도 한 해에 한 번씩만 꽃을 피운다고 해서 흠이 될 건 아니었다. 그러나 여름 내내 꽃을 피우는 중국 장미가 들어오면서 사람들의 기대는 커지기 시작했다. 중국 장미는 유럽의 겨울을 날 만큼 강하지는 못했지만, 유럽의 재래 장미와 결합하여 장미의 새로운 시대를 열어나가기 시작했다. '한 계절에 여러 번 꽃을 피우는 장미' 리만턴트remontant로 처음 태어난 것이 포틀랜드Portland 장미다. 그리고 포틀랜드 계통 장미 중 하나가 자크 카르티에다. 이 계통에서 가장 유명한 품종인 부르봉이 만들어진 것은 1823년 프랑스에서였다. 인도양 모리셔스Mauritius 지역의 작은 섬 부르봉에서는 농가 담장에 오텀 다마스크Autumn Damask와 올드 블러시 차이나Old Blush China 장미가 함께 자랐다. 파리에서 온 식물학자인 장 밥티스트 브레옹Jean Baptiste Bréon은 이들 두 가지 품종이 자연 교배된 잡종 장미를 발견했다. 이 섬의 주민들에게는 에드워드 장미Edward Rose라고 알려져 있던 이 품종은 파리에 소개되자마자 가장 인기 있는 장미로 급부상했다.

데이비드 오스틴은 자신의 저서 《장미의 유산The Heritage of the Rose》에서 중국 장미의 유럽 진출에 대해 조심스럽게 생각을 피력하고 있다. 그는 중국 장미가 "큰 기회를 제공한 건 사실이지만 기회 뒤에 대부분 따라오는 위험 또한 감수해야 한다"고 썼다. 이처럼 장미의 미래를 예측하기 어려운 불안한 상황이었지만, 다행스럽게도 중국 장미에 의해 만들어진 새로운 장미들은 나름의 역할을 잘 해내는 것 같았다. 오스틴은 부르봉 장미에 대해 두 개의 장미 세계가 만들어낸 최고의 품종이라고 평가했다. 유럽이 가지고 있던 재래 장미의 아름다움을 해치지 않으면서도, 한 계절에 여러 번 꽃을 피우는 중국 장미의 속성을 아주 잘 결합시킨 것이었다. 새로운 장미들이 앙시앙레짐을 무너뜨린 것은 사실이지만, 그들의 행위는 자코뱅파의 급진주의적 방식보다는 종래의 귀족주의적 방식을 따랐다고 할 수 있다. 그리하여 장미의 세계에 새로운 귀족 계급이 탄생했다. 과거와 같이 손쉽게 물려받은 것이 아니라 쟁취를 통해서. 그러나 이 새로운 혈통의 귀족은 민주적 열망을 실현하기보다는 아직은 제국주의적인 특권 의식을 충족시키는 데 머물고 있었다. 장미의 '나폴레옹 시대'가 전개되기 시작했던 것이다.

새 시대의 이름은 황후 조세핀이 19세기에 장미의 황금시대를 열어가는 데 기여한 역할을 고려한다면 더욱 적절하다는 생각이 든다.

"말메종의 장미원처럼 많은 종류의 장미가 한 곳에 모여 있는 예는 그 어디서도 찾아볼 수가 없다."라고 토머스는 적었다. 그곳에서는 조세핀의 수석 정원사 앙드레 듀퐁André Dupont의 지도 아래, 온갖 재래 장미는 물론 포틀랜드, 느와제트Noisette와 같은 새로운 품종의 장미들이 수집·개발되었다. 그녀의 장미 정원은 워낙 유명해서 프랑스 선박을 샅샅이 수색했던 영국 군함들도 장미 자원식물을 수송하는 배만큼은 통과를 허용해줄 정도였다. 각지에 원정을 나섰던 프랑스 군대는 세계 모든 종류의 장미 품종을 수집하라는 명을 부여받았다. 조세핀의 장미에 대한 열정은 19세기 이후 장미를 장식용 꽃으로 사용하는 흐름에 큰 기여를 했다. 그때까지만 해도 장미의 명성은 향기와 아름다움이 주는 의학적 가치에 의존하고 있었다. 말메종에서 피에르 조제프 르두Pierre Joseph Redout 로 하여금 장미를 소재로 한 연작 그림을 그리게 한 것도 조세핀이었다. 이처럼 1789년은 장미에 있어서 아주 의미 깊은 해였다. 그해에 중국 장미가 유럽에 소개됐고, 프랑스혁명의 시작과 함께 말메종에서 장미의 전성시대를 열어나갈 중요한 일들이 일어나기 시작했기 때문이다. 한편 그것은 현대의 돌리 파튼으로 이어지는 긴 흐름의 시작이기도 했다.

● ● ●

프랑스와 영국에서 중산층이 힘을 키워가기 시작하면서 장미의 인기는 떨어졌고, 오늘날 흔히 볼 수 있는 현대적인 장미로 점차 모습이 변화되었다. 산업혁명을 촉발시켰던 창의적이고도 경쟁적인 사회현상이 장미에도 똑같은 영향을 끼쳤다. 장미 육종가들은 시장의 요구를 반영하여 독특한 특성을 발휘하는 새로운 교배종 개발에 심혈을 기울였다. 정원 가꾸기의 역사 이래 처음으로 중산층에 의해 시장이 움직였던 것이다. 그들의 독특한 취향과 요구가 장미의 혁명적인 변화를 이끌었다. 데이비드 오스틴의 표현을 빌린다면, 그것은 '어느 모로 보나 하나의 새로운 꽃'을 의미했다.

이 새로운 꽃들은 몇 가지 두드러진 특징을 나타냈다. 첫째로, 19세기 중반부터 본격화된 장미 교배종의 개발은 하나의 떨기나무가 아닌 덤불숲 모양을 띠는 장미를 만들어내는 것으로 시작되었다. 중산층 사람들은 재래 장미가 마음껏 자랄 수 있는 충분한 정원 공간을 확보하기가 어려웠다. 재래 장미의 대부분은 6피트 높이로 자랐다. 새로운 시장에선 나무의 큰 몸집이 아니라 꽃의 모양에 집중했다. 신종을 개발하는 육종가들은 그런 요구를 충족시켜야 했다. 또한 사철 꽃을 피우는 신종 장미 개발로 장미의 종류를 구별하는 기준 자체가 크게 변화했다. 이제 여러 종류의 장미를 하나로 융합시킨 꽃이 중심에 놓였다. '빽빽한' '거친' '너무 곧추선' 따위로 표현되는 장미나무의 형태는 무시되고, 오로지 꽃의 모양에만 관심이 쏠렸다.

빅토리아 시대의 화훼 전시회는 꽃의 모양새에 대한 집착을 더욱 강화시켰다. 더욱 화려한 꽃을 출품하는 수천 명의 아마추어 장미 애호가들이 대회에 참가했다. 오로지 꽃만 심사의 대상이었기 때문에, 그 외의 다른 점에 대해서는 아무도 신경 쓰지 않았다. 어떤 애호가는 "대회에 출품된 장미들은 전시장에서는 '매우 훌륭해' 보이지만, 정원 식물로서는 모자람이 많다"며 불만을 나타내기도 했다. 그러나 '매우 훌륭하다'는 평가를 서둘러 내릴 필요는 없다. 새로움을 추구하는 빅토리아 시대의 열정은 장미에 있어서도 예외는 아니었다. 육종가들은 재래 장미애호가들이 오늘날까지도 매도하고 있는 현란한 색깔의 장미를 만들어내는 데 전력을 다했다.

두 번째 헌법 수정안이 통과되어 영국 중산층에게 선거권이 부여되던 해인 1867년, 길롯Guillot이라는 프랑스의 육종가는 라 프랑스La France라는 이름의 월계화 계통 교배종을 만들어내기 위해 마담 빅토르 베르디에Madame Victor Verdier라는 이름의 사계절 교배종 장미와 마담 브래비Madame Bravy라는 이름의 월계화 장미를 결합시켰다. 최초의 월계화 교배종 장미라고 할 수 있는 라 프랑스는 당시 중산층이 기다리던 바로 그 장미였다. 3피트를 넘지 않는 이 작은 덤불 장미는 중산층의 작은 정원에 알맞았다. 그리고 누군가 말했던 것처럼 "미래에 대해서는 아무런 생각도 없는 듯이" 정열적인 꽃을 불태웠다. 꽃봉오리가 맺힌 상태로 출품되는 화훼 전시회의 특성을 감안할 때, 길고도 탐스러운 꽃봉오리를 가진 이 월계화 교배 장미가 경진대회에서 장원을 차지하는 건 따놓은 당상이었다. "월계화 신종 장미의 봉긋한 꽃봉오리는 (…) 빼어나게 아름답다."고 데이비드 오스틴은 감탄했다. 그러나 거기에는 흠이 있었다. "꽃이 피고 나면 볼품이 없어지고, 생기가 줄어든다. 꽃잎들이 덩어리를 이루어 개성을 상실해버리고 마는 것이다." 이제 장미는 꽃잎이 여러 겹으로 피는 로제트 형태가 아닌, 막 벌어지기 시작하는 꽃봉오리로 인식되었다.

월계화 신종 장미는 크기나 꽃 모양에서 빅토리아 시대의 화단 조성에 잘 들어맞는 조건을 갖추고 있었다. 당시의 정원 조경은 매우 다양한 형태의 화단에 화사한 꽃들을 한 가지씩 몰아서 심는 복합설계 방식을 따르고 있었다. 같은 시기에 페르시아 양탄자가 유행했고, 문장紋章의 디자인도 그와 비슷했다. 비교적 단순한 설계라면 반달이나 올챙이 모양을 띠었다. 이런 화단 조성의 기본이 되는 것은 일년생 화초들이었다. 열대지방에서 수입된 다양한 화초들이 온실에서 증식되었다. 이와 같은 눈부신 꽃들과 경쟁하기 위해서 장미 육종가들은 보다 밝은 빛깔의 새로운 장미들을 만들어내지 않으면 안 되었다.

이렇게 되자 장미의 나무줄기는 크고 화려한 꽃송이를 받쳐주는 지지대로 전락했다. 한때 우아한 자태를 자랑했던 관목 장미는 난쟁이가 되어버렸고, 품위 없는 이름으로 불리면서 우스꽝스러운 색깔의 옷을 입게 되었다. 장미는 독자적인 모습으로 당당하게 꽃을 피우던 옛 위용을 상실한 채, 여러 꽃들과 어깨를 마주하며 조악한 빛깔의 화단을 장식하는 무리에 합류하고 말았다. 옛 모습을 잃어버린 채 새로운 모양의 꽃을 피우고 있는 개량 장미라니, 벼락치기로 모은 재산을 자랑하기 바쁜 신흥부자와 다를 게 없지 않은가? 이것을 개량이라고 부를 수 있을까? 물론이다. 현대의 장미는 분명 새로움을 추구하며 얻은 성과라고 할 수 있다. 그들의 이름만 보아도 이를 알 수 있다. 그레이스 공주Princess Grace, 존 F. 케네디Kennedy, 캐리 그랜트Cary Grant, 노블Noble……. 하지만 졸부의 냄새가 물씬 풍겨난다. 애리비스테스Arrivistes(악착같은 야심가, 벼락 출세가라는 뜻을 가지고 있음.—옮긴이), 돌리 파튼은 어떤가? 바버라 맨드렐Barbara Mandrell(미국 컨트리 음악 가수.
—옮긴이), 그레이스랜드Graceland(한때 엘비스 프레슬리가 살았던 테네시
멤피스에 있는 맨션.—옮긴이). 참으로 어이 없다. 한 세기 가까운 세월
동안 재래 장미애호가들이 시골로 잠적해서 우수 어린 글을 쓰며 시절
을 낙담하는 것이 이상하다고만 할 수는 없으리라. 원숭이들이 정원이
라는 사원을 강탈해서 멋진 장미를 능욕하던 시절이었으니까.

• • •

이미 말했듯이 하나의 꽃 속에는 무척이나 많은 유산이 간직돼 있
다. UPS 택배 차량이 주문한 재래 장미를 배달해주던 날 오후, 나는
다시 한 번 그런 생각을 했다. 왜냐하면 배달된 장미의 모습이 그와
같은 의미를 간직해내기에는 너무나 연약해보였기 때문이다. 작은 작
대기에 불과한 장미 묘목은 맨 뿌리가 헝겊으로 싸여진 상태로 도착
했다. 말메종의 장미원에 있었던 장미라기보다는 엘리스 아일랜드에
서 이민허가를 기다리는 초췌한 사람들을 떠올리게 했다. 완전히 휴
면 상태에 빠진 듯한 묘목의 잎눈은 도톰하기는커녕 말라죽은 듯 보
였다. 고작 이런 나뭇가지에 75달러를 지불했다니!

원예회사가 보내온 설명서에는 장미 묘목을 하룻밤 동안 따뜻한 물
에 담가두었다가 가급적 빨리 심어야 한다고 적혀 있었다. 다음날 아
침 나는 4피트(약 1.2미터) 간격으로 18인치(약 45센티미터) 깊이의 구
덩이를 팠다. 각각의 구덩이에 퇴비와 잘 숙성된 가축 분뇨, 초탄을

골고루 섞어서 넣고, 연약한 묘목이 자리잡도록 구덩이의 밑바닥을 잘 다독여주었다. 장미 묘목은 낙지 두 마리가 서로 머리를 맞대고 있는 모양이었다. 묘목의 뿌리가 한쪽 다리이고, 나뭇가지는 다른 한 쪽 다리라고 할 수 있었다. 설명서의 지시대로 나는 뿌리를 좌우로 펼치며 흙을 넣어주었다.

웨이사이드의 설명서는 제5지역zone five(겨울에 측정된 최저기온을 토대로 미국 농무성이 북미대륙의 각 지역을 지리적으로 구분해놓은 '내한 지역Hardiness zone' 중에서 제5 기온대에 속하는 지역을 의미함. 현재 북미대륙은 11단계의 지역으로 나뉘어 있으며, 식물 재배에 있어서 내한성을 판단하는 지표로 폭넓게 활용됨. 이 책의 배경인 코네티컷 지역은 이 글이 집필될 당시에는 제5지역으로 분류되었으나, 최근에는 제6지역으로 분류됨.—옮긴이)에 속하는 이곳에서는 겨울 스트레스를 방지할 수 있도록 눈접을 한 부위보다 2인치 정도 위까지 흙을 덮어주라고 적었다. 나는 구덩이의 깊이를 가늠해서 바닥을 고른 뒤 묘목을 집어넣고 골고루 흙을 채우고 발로 밟아주었다. 이제 물을 주고 나서 며칠이 지나면 겨울잠을 자고 있던 잎눈이 깨어날 것이다. 그리고 그들의 뿌리가 섬세한 촉수를 뻗어 땅 속으로 파고들겠지. 그들은 신비로운 능력을 발휘하여 영양분을 빨아들이고 계속 자라, 오래된 장미의 신화적인 아름다움을 꽃피워낼 것이다.

내가 너무 성급한 기대를 하고 있는 것도 같다. 나는 뒤로 물러서서 방금 심은 묘목들을 바라보았다. 땅 위에 비스듬하게 돌출되어 있는 여섯 그루의 작은 장미나무. 보잘것없는 모습이었다. 섹시하지도, 고급스러워 보이지도 않았고 무언가를 생각하게끔 하는 것은 더더욱 아니었다. 장미는 자신과 연결된 관계를 모두 벗어버린 채 거기 있었으며, 은유의 짐으로부터도 자유로웠다. 새로이 심은 장미들의 모습은 마치 월리스 스티븐스Wallace Stevens가 '겨울과도 같은 마음'이라고 말했던 풍경을 닮았다. 어떤 비유도 찾을 수 없었다. 그것으로부터는 셰익스피어의 장미도, 장미전쟁도, 가시면류관도 생각해내기 어려웠다. **장밋빛 노을의 새벽**··· 남모르게 은밀하게··· 장미는 장미만의 그 무엇을 가지고 있지(거트루드 스타인이 1913년에 발표한 〈Sacred Family〉라는 시 구절중 하나. 여기에서 '장미Rose'는 여성의 이름이다.)··· 로자리오 묵주··· 장미십자회원들··· **장미의 로맨스**··· 로즈 바울 풋볼 스타디움··· 장미의 침대··· 어떤 이름이 이보다 더 달콤할 수 있을까··· 단테가 그리는 낙원의 노란 장미··· 불과 장미가 하나가 될 때··· 장미들의 질주··· 우리는 그 문조차 열어보지 못했지/ 장미의 화원을 향해 들어가는··· 장밋빛 유리잔들을 통해서··· 장미꽃 봉오리··· 테니슨의 흰 장미의 순결함··· 사랑과 미의 여신 아프로디테의 꽃··· 성모 마리아의 꽃이기도 한 장미··· 아도니스의 피··· 사랑의 상징··· 순결··· 덧없음··· 그리고 영원을 상징하는 장미··· 상징, 장미는 상징으로 가득 차 있는 것 같다.

이런 모든 것들은 어디론가 사라진 채 쓸쓸하고, 땅딸막한 장미나무 몇 그루가 텅 빈, 우스꽝스러운 모습으로 거기에 서 있었다. 그저 하나의 나무, 가시나무. 이상.

●●●

　며칠이 지나지 않아 장미 잎눈들은 발갛게 부풀어오르기 시작했고, 2주가 지나자 나뭇가지에는 푸른 잎새들이 돋아났다. 나뭇잎들은 번쩍거릴 듯 강한 윤기가 흐르는 현대 장미의 잎새들보다는 옅은 빛깔을 띠고 있었으며, 그렇게 탄력 있어 보이지도 않았다. 나는 재래 장미의 경우 묵은 가지에서만 꽃을 피운다고 알고 있었다. 그래서 첫해에 그 장미가 꽃을 피우리라고는 기대하지 않았다. 하지만 6월 하순이 되자, 한 달 전쯤부터 부쩍 잘 자라던 마담 하디가 꽃눈을 틔웠다.
　이제까지 재래 장미에 대해 수많은 자료를 읽으며, 솔직히 나는 내가 투자한 비용만큼 그들이 제몫을 하며 살아줄지 확신할 수 없었다. 하지만 마담 하디는 아름답게 자라났다. 그 작고 잘 보이지도 않던 꽃눈에서 백옥처럼 순수하고 하얀 빛깔의 꽃잎들이 피어났다. 완벽한 반구 형태의 꽃은 마치 숨어 있던 하얀 찻잔이 모습을 드러낸 것처럼 보였다. 꽃잎들은 많았지만 뭉쳐 있다는 느낌을 주지는 않았다. 섬세한 구조를 가진 마담 하디의 꽃송이는 로제트 모양으로 다소곳하니 숙녀다운 느낌을 주었다. 그 꽃들은 나로 하여금 고딕 양식 성당의 장미꽃 무늬 창을 떠올리게 했고, 장미가 이런 것이로구나 하고 처음으로 생각하게 만들었다.
　마담 하디를 평범하게만 바라볼 수는 없었다. 꽃의 외양도 그렇지만, 그것이 간직한 역사적 사연 때문이다. 마담 하디는 1832년에 태어났다. 이미 우리가 알고 있듯이 이 장미는 조세핀 황후의 정원사에 의해 만들어져, 정원사의 부인 이름으로 불리게 되었다. 마담 하디는 재래 장미가 어떤 것인지를 몸소 보여준다. 그것은 서양 역사 속에서 사람들이 마음에 간직해온 장미의 이미지에 가까운 것으로, 우리가 오늘날 화원에서 보게 되는 장미의 이미지와는 사뭇 다르다. 셰익스피어가 자신의 사랑을 장미에 비교하면서 마음속에 그리던 장미는 바로 이것이었으리라. 한 송이의 고전적인 장미를 자세히 바라보노라면, 문득 역사의 숨결 속에 살아 있을 상상의 나래를 펼치게 된다. 그것을 나의 독자적인 시각으로, 아니면 또 다른 시대의 시선으로도 바라볼 수 있다. 장미는 시도 그림도 아닌 자연의 한 부분에 불과한 꽃이지만, 특정한 시대의 제한을 받지 않는 영원성을 지니고 있다. 마담 하디를 만들었던 우리 인간은 또 다른 시대의 정서를 반영하여 그것을 개량하고 또 개량했다. 이렇듯 장미는 자연의 일부이면서 사람의 일부이기도 하다. '겨울과도 같은 마음'을 간직하게 하는.

   마담 하디에 매료되면서, 나는 그것이 왜 잘난 체하는 장미애호가들을 그토록 사로잡았는지 이해하기 시작했고, 좀 거북스럽게 느껴지긴 하지만 나의 장미 취향이 보통 사람들과 다르다는 사실도 알게 되었다. 귀족적인 풍모의 마담 하디는 현대 장미와는 비교할 수 없을 만큼 우아하고, 형태적으로 훨씬 더 균형잡혀 있다.

   장미를 재배해보면 사람들이 왜 장미를 사회적인 계급에 빗대 표현하는지 이해할 수 있게 된다. 각각의 장미 한 그루는 자신 속에 사회적인 계층 하나를 형성하고 있다. 마담 하디의 접목 부위 아래에는 좀 더 강인한 생명력을 가진 대목臺木의 뿌리줄기가 있다. 보통의 장미가 혹독한 겨울에 죽지 않도록 하려면, 아무도 관심을 두지 않을 볼품없는 꽃을 가진 야생 장미 종의 내한성 강한 뿌리줄기가 필요하다. 큰 사랑을 받고 있는 교배종 개량 장미는 모두 이런 무명의 뿌리줄기에 자신의 몸체를 의탁함으로써 아름다운 꽃을 피워낼 수 있게 된다. 장미가 꽃을 피울 수 있도록 그 뿌리줄기가 온갖 궂은 일을 대신해주는 것이다. 가시투성이의 나무줄기도 내세울 건 없지만, 그 역시 장미가 호화로운 꽃을 피우는 데 꼭 필요하다. 수많은 나뭇잎들이 양식을 만들어주고, 꽃송이가 매달릴 수 있는 가지를 뻗어준다. 그 큼직하고도 근사한 장미꽃들은, 전형적인 귀족들이 그랬듯 아랫것들에겐 눈길 한 번 주지 않는다. 자신의 꽃잎들이 한때는 나뭇잎에 불과했다는 사실마저 기억하지 못한다. 그들은 자신이 꽃피우는 아름다움과 향유하는 지위가 신으로부터 부여받은 특권이라고 스스로 위로한다. 우리 역시 장미꽃으로부터 풍뎅이에 몸을 뜯기며 나무를 먹여살리는 나뭇잎과 두엄 냄새 나는 땅 속에서 고통을 참아내는 뿌리의 노고를 먼저 떠올리지는 않는다. 뿌리라고? 마담 하디는 의아해하며 물어볼지도 모른다. 무슨 뿌리?

뿌리와 혈통으로 따지자면 마담 하디는 메이든스 블러시를 따라갈 수 없을 것이다. 마담 하디 옆에 심어진 메이든스 블러시는 훨씬 강한 성적 매력을 발산한다. 그녀의 꽃잎들은 마담 하디보다 느슨하다. 좀 더 활짝 벌어져 있으며 꽃잎도 더 크다. 꽃잎의 분홍빛은 꽃받침 중심으로 가까워지면서 점차 은은해지다 주름진 입술의 모습처럼 사라져버린다. 홍조를 띠는 건 꽃만이 아니다. 내가 무슨 상상을 하는 것일까? 이 장미는 버지네일Virginale, 인카르나타Incarnata, 라 세뒤장트La Seduisante, 퀴스 드 님프Cuisse de Nymphe 따위의 다른 이름으로도 많이 알려져 있다. 퀴스 드 님프는 프랑스에서 불리는 이름이다. 비타 새크빌 웨스트는 이 장미가 특히 짙은 분홍색 꽃을 피우기 때문에 퀴스 드 님프 에뮤Cuisse de Nymphe Émue라는 '무척이나 도발적인 이름'을 갖게 되었다고 설명한다. 그녀가 의미를 자진해서 해석해주지는 않지만, '흥분한 요정의 넓적다리'라는 뜻이다.

메이든스 블러시는 내가 예상했던 것과는 전혀 다른 모습이었다. 나에게는 이 장미가 지니는 선정적인 느낌이 워낙 강렬하게 와닿았기 때문에, 다른 모든 이미지들은 요정의 넓적다리를 감추기 위한 것이 아닌가 하는 생각이 들 정도였다. 메이든스 블러시가 이처럼 자극적인 분위기의 꽃을 피웠듯, 내가 심어가꾼 다른 모든 재래 장미들도 미처 예상하지 못했던 관능적인 자태와 향기를 지니고 있었다. 헤프게 꽃을 피우고, 별다른 향기가 없는 현대 장미에 비해 재래 장미들은 훨씬 더 자유분방한 느낌을 준다. 그들은 일주일쯤 기간을 두고 한꺼번에 꽃을 피운다. 재래 장미는 꽃이 활짝 피었을 때 가장 보기 좋을 뿐 아니라, 꽃의 형태도 가장 정교하다. 모든 것을 드러내지만, 신비로운 무언가가 숨겨진 듯한 느낌이다. 그리고 잘 익은 복숭아, 볶은 아몬드, 갓 담근 샤도네 화이트 와인, 사향 냄새와 같은 오묘한 향내가 우리를 매혹시킨다. 장미 향기는 좀처럼 실체를 파악하기가 어렵다. 그 향기는 콧구멍으로부터 곧바로 뇌의 중추로 연결되어 우리의 의식을 일깨운다. 부르봉 장미의 향기를 깊숙이 들이 마신 뒤, 그 향기에 대한 기분과 기억과 느낌을 한번 음미해보라. 그것을 뭐라고 표현하면 좋을까?

내가 심었던 모든 재래 장미들이 꽃을 피울 즈음, 나는 이제 장미의 세계에 관해선 마르크스도 할 말이 없겠지 하고 생각했다. [마르크스의 계급투쟁 이론보다는] 프로이트의 이론이 장미의 세계를 훨씬 잘 설명해 준다. 프로이트는 중요한 것에는 성적 매력을 불러일으키는 강력한 무언가가 포함돼 있다고 주장했다. 장미와 관련된 문학적 저술로 되돌아가보니, 계급의식으로 포장한 장미 애호가들의 글은 오히려 성에 집착하는 내용으로 가득하다는 것을 깨닫게 되었다. 그레이엄 스튜어트 토머스가 재래 장미에 대해 성적 매력을 느꼈다는 점을 지적하는 게 불경스러운 일일까? 마담 하디에 대한 그의 표현을 보자. "긴 꽃받침으로부터 솟아올라 반쯤 벌어진 꽃송이에는 선연한 분홍의 기운이 감돈다. 이내 꽃송이는 활짝 벌어져 평평해지면서 무척이나 아름다운 매무새를 갖춘다. 꽃송이의 중간 부분에는 순백의 오목한 공간이 만들어지고, 연둣빛 작은 꽃눈 하나가 자리잡는다. (…) 화려하고도 매혹적이다." 메이든스 블러시의 향기는 토머스 경을 하류 연애소설 작가로 전락시켰다. 그는 말릴 수도 없을 정도의 광신자가 된다. 그는 장미들이 "강렬하고, 감미로우며, 나를 도취시킨다. (…) 나의 필력으로는 그들이 보여주는 독특한 모습이나 특징들을 도저히 표현할 길이 없다."고 하소연한다. 1813년 말메종에서 재배되었던 마리 루이즈Marie Louise는 토머스 경을 험버트 험버트Humbert Humbert(블라디미르 나보코프Vladimir Nabokov의 1955년 소설 《롤리타Lolita》에 나오는 주인공으로, 돌로레스 헤이즈Dolores Haze라는 12세 소녀에 대한 성도착적 성향을 보이는 인물로 묘사된다.—옮긴이)와 같은 인물로 만들어버렸다. "잎이 무성한 가지를 들어 활짝 핀 꽃을 가만히 들여다보면, 어떤 계시를 받게 되는 것 같다." 나는 왜 주로 남자들이 장미에 빠지는지 이해할 수 있을 것 같았다. 물론 여성 장미애호가이자 작가인 비타 새크빌 웨스트의 글도 그녀가 재래 장미에 깊이 빠져 있음을 보여준다. "풍성하기도 해라. 툭 터진 무화과 열매마냥 풍성하고, 잘 익은 복숭아처럼 부드럽다. 살구처럼 반점이 있는가 하면, 선홍색 석류 빛을 띠고, 포도송이처럼 탐스러운 꽃을 피운다." 당신의 생각은 어떤가? 프로이트 박사님께서는 어떻게 생각하시나요?

 재래 장미가 숨김없는 관능미로 우리를 매혹시킨다면, 무엇 때문에 우리는 월계화 장미 교배종을 개발했을까? 또 결과는 어떻게 되었을까? 빅토리아 시대의 중산층은 장미의 성적 욕구를 감당하기 어려웠는지도 모른다. 1867년 원예 분야에서 기념비적인 사건이 일어났다. 장미의 아름다움에 대한 이상적인 기준이 활짝 만개한 꽃으로부터 꽃피기 전의 봉오리로 전환된 것이다. 빅토리아 시대 사람들은 장미를 여인다운 꽃으로부터 처녀의 꽃으로 변화시켰다. 꽃피기 시작하는 순간이 아름다움의 절정으로 인식되면서, 개화된 꽃의 아름다움은 잊혀졌다.

 한 계절 내내 쉬지 않고 꽃을 피우는 것 또한 현대 장미의 새로운 속성으로, 거기에도 사람들은 의미를 부여했다. 교배된 장미들은 새로운 꽃을 자꾸 피우지 않고 일단 피운 꽃을 오랫동안 그 상태로 유지한다. 그들은 절제하고 저축하여 꽃을 피운다. 한꺼번에 꽃피우는 대신에 하나씩 차례로 밀어올린다. 엘리자베스 시대 사람들에게 쉬지 않고 꽃을 피우는 장미는 잘못된 것이었다. 그들이 장미를 사랑하는 이유 중 하나는 장미가 아무것도 남기지 않고 열정적으로 꽃을 피운다는 점이었다. 하지만 빅토리아 시대 사람들은 잡종교배를 통하여 장미로부터 성적 리듬을 거세해버리고 말았다. 그것은 처녀성을 추구하는 시대의 사조 및 새로운 경제관념과도 맞아떨어졌다. 이로 인하여 이제 우리는 귀엽고 소녀 같은 꽃을 물려받게 되었다. 향기마저 박탈당한 장미는 성적 매력을 발산하고 우리를 유혹하는 데서 멀어져 걸스카우트 단원 같은 풋내기가 되어버렸다.

● ● ●

꽃을 보면서 성을 생각한다는 것, 이것은 정확하게 무엇을 의미하는가? 에머슨은 "자연은 언제나 신령스러운 색깔의 옷을 입는다"고 썼다. 우리 인간이 자연을 평범한 것으로 간주하지 않고, 사람만의 독특한 시선으로 바라본다는 뜻이다. 그래서 우리 눈에 봄은 청춘으로, 나무들은 진실의 의미로 다가오고, 한 마리 보잘것없는 개미가 위대한 전사가 되기도 한다. 장미를 보면서 귀족을 떠올리기도 하고, 나이 든 숙녀나 어린 걸스카우트 소녀를 생각하기도 한다. 그들을 사랑과 순결의 상징으로도 받아들인다. 우리는 은유의 힘을 빌려 그들을 인간의 영역 속으로 끌어들인다.

이와는 또 다른 방식으로 자연을 바라볼 수는 없을까? 소로가 힌트를 준다. 그는 어느 겨울 월든 호수의 깊이를 측정했다. 사람들이 지닌 자연에 대한 선입견을 고쳐주기 위한 것이었다. 월든 호수가 깊이를 알 수 없을 만큼 깊다는 그곳 사람들의 전설적인 이야기를 그냥 듣고만 있을 수가 없었다. 그는 자연이 존재하는 실제의 모습과 사람들의 인식 차를 찾아내고자 했다. 사람들이 호수의 깊이를 제멋대로 해석하는 것을 용인할 수 없었던 그는 깊이가 102피트라는 사실을 밝혀냈다. 그는 자연과 문화 사이에 확실한 쐐기를 박았다. 호수를 '겨울과도 같은 황량한 마음'으로 바라본 것이다. 그것이야말로 무엇으로부터도 방해받지 않는 있는 그대로의 자연이라고 믿었다. "우리 모두 내려가보자. 세계를 뒤덮고 있는 여론, 편견, 전통, 망상, 겉모습이라는 진창을 지나 '진실'이라고 부를 수 있는 딱딱한 바닥과 바윗덩이에 이를 때까지. 그러고 나서 말하자. 이것은……." 선험론자들은 자연으로 문화를 치유할 수 있다고 믿었다. 하지만 그것이 '치유적인 힘'을 발휘하도록 하기 위해서는, 먼저 자연에 덧씌워진 문화의 각질을 벗겨내야만 했다.

    이와 같은 자연과 문화의 분명한 구분은 장미와 같은 정원 식물의 세계에서는 찾아보기 어렵다. 이런 점이 소로로 하여금 정원보다는 습지를 더 선호하게 했을지도 모른다. 장미는 자연이 주는 신령스런 빛깔의 옷을 입기도 하고, 그에게 새로운 옷을 입혀주기도 한다. 긴 세월 인간에 의해 재배되는 과정에서 장미는 인간이 원하는 방향으로 교배되고, 다시 교배되었다. 이제 우리의 문화와 그들의 자연을 서로 분리시키는 것은 불가능하다. 마담 하디의 우아함은 그녀를 만들어냈던 사회를 새롭게 장식했으며, 그레이스랜드의 유려함 역시 마찬가지였다. 다른 모든 교배종 식물들도 어느 정도는 우리 사회에 영향을 끼쳤을 것이다. 교배 전문 육종가들이 주목했던 셰익스피어의 격언은 아마도 "예술 그 자체가 자연이다."일 것이다. 소로의 경우에는 장미를 보면서 그가 찾고자 하는 것을 얻을 수 없었으리라. 장미는 인간이 역사 속에서 그녀에게 지워놓은 "편견, 인습, 미망"의 무거운 짐을 지고 있었기 때문이다. 장미는 이미 그 밑바탕을 찾아낼 수 없을 만큼 문화 속으로 깊숙이 들어와 있는 것이다. "여론이라는 진창"은 돌리 파튼 교배 장미까지 만들어냈다. 장미의 자연은 이제 문화를 치유하는 것이 아닌, 문화의 한 현상이 되어버리고 말았다.

    돌리 파튼은 우리가 자연과의 교류와 접촉을 통해서 이루어낸 것들이 때로는 실망스러울 수도 있다는 사실을 보여준다. 습지를 있는 그대로 보존하는 게 좋다는 의미는 아니다. 문화를 치유할 수 있다는 믿음을 가지고 소로를 따라 숲으로 들어가기에는 때가 늦었다는 생각이 든다. 자연의 습지를 보존하는 일도 중요하겠지만, 오늘날 보다 중요한 것은 돌리 파튼보다는 마담 하디로 귀결되는 방식으로 어떻게 우리의 예술과 자연을 조화시켜나갈지를 배우는 일일 것이다. 자연을 해하지 않으면서도 우리의 문화적 욕구를 충족시키는 인간적 창조의 지혜가 필요하다. 그간에는 서로 대항하는 자연과 문화라는 인식에 익숙해져 있었지만 이는 우리를 난처하게 할 뿐이었다. 이러한 어려움으로부터 벗어나기 위해서는 자연과 조화롭게 공존해나갈 수 있는 알차고 유연한 능력을 개발해야 한다. 그러한 능력이 어떤 것인지는 잘 모르겠지만, 소로의 더렵혀지지 않은 습지보다는 인간과 서로 관계 맺으며 길고도 곡절 많은 사연을 만들어온 장미가 더 많은 것을 가르쳐주리라는 생각이 든다.

자연과 문화에 대한 이분법적인 사고의 허구성을 우리는 이미 인식하고 있지만, 기억과 언어 속에 각인된 것들을 떨쳐버리기는 쉽지 않다. 나 역시 이와 같은 사고에 얼마나 많이 의존하고 있는가? 우리는 자연으로부터 생각보다 더 멀리 떨어져 있다. 자연과 문화의 타협을 거론하는 것조차 이 둘 사이에 거리가 있다는 사실을, 아직 우리가 자연의 일부가 되지 못했음을 의미한다. 그래서 우리가 만들어내는 은유의 대부분은 자연은 무엇인가 그리고 '영혼의 색채'란 무엇인가라는 양 극단의 명제를 오간다. 이제 우리에게 필요한 것은 이러한 은유를 하나로 동질화시키는 것이며, 여기서는 습지보다 장미가 도움이 될 것이다.

우리가 장미꽃을 보며 성을 생각하는 일에 대해 다시 이야기해보자. 이번 여름, 내 정원에선 메이든스 블러시가 엄청나게 꽃을 피웠다. 이 장미의 이름을 수식하는 '넓적다리'라는 표현에 걸맞을 만큼 짙은 분홍빛의 요염한 꽃들이 피어났다. 이 꽃들을 보면서 성을 유추한다는 것은 어떤 의미일까? 은유적인 사고를 거쳤음이 틀림없다. 하지만 그렇기도 하고, 아니기도 하다. 이 꽃은 다른 모든 꽃들과 같이 하나의 생식기관이다. 내가 이 꽃에 매혹되는 것처럼, 야생의 뒹벌도 같은 매력을 느끼고 향기에 흠뻑 취할 것이다. 하지만 나는 그 벌과 같은 시각으로 꽃을 바라보지 않는다. 그 꽃이 나를 유혹하는 것은,

그것이 여인의 모습을 닮아 있기 때문이다. 뒝벌은 "흥분한 요정의 넓적다리"라는 은유를 결코 이해할 수 없을 것이다. 이것은 우리 인간들이 만들었거나 선택한 것이니까. 그렇다면 이것은 가공의 것일까? 단지 상상에 불과한? (하지만 뒝벌은? 녀석의 수분활동은 상상력이 끼어들 여지가 없는 실제 현실이지 않은가.) 우리가 교배한(문화) 장미(자연)에 대해 말하고 그 꽃(자연)이 우리로 하여금 여성(자연)을 상상하게(문화) 한다면, 우리는 지금 자연에 대해 말하는 것일까 문화에 대해 말하는 것일까? 어쩌면 이런 종류의 혼란이 우리에게 더욱 필요한 것인지도 모른다.

제6장
우리가 바로 잡초다

평생 동안 정원사이기도 했던 랠프 왈도 에머슨Ralph Waldo Emerson은 잡초란 말 자체가 그 풀이 지니고 있는 미덕을 우리가 아직까지 발견하지 못했다는 증거라고 말한 적이 있다. 하지만 내가 보기에, 그는 잡초라는 것에 대해 정확히 몰랐던 것 같다. 그는 '잡초'란 사람이 만든 개념일 뿐, 자연이 애초부터 잡초를 정해둔 건 아니라고 말했다. 그저 우리의 잘못된 인식이 가져온 결과라는 것이다. 이런 태도는 야생의 자연에 대한 미국인들의 낭만적 사고로부터 연유한다. 처음에는 나도 같은 생각이었다. 나도 에머슨과 같은 훌륭한 생각으로 화단에 꽃을 심었다. 헌데 내가 기대했던 좋은 결과가 나오지 않았다.

에머슨의 글과 '야생의 정원'을 옹호하는 많은 책을 읽으면서 나는 생태학적으로 심장한 의미를 풍기는 '잡초'라는 단어에 따옴표를 쳤다. 화단을 가급적이면 '자연적인' 모습으로 만들고 싶었던 나는, 지나치게 인공적이고 기하학적인 모양을 피하는 대신 잔디밭을 일구어 콩팥과 비슷한 모양의 화단을 만들었다. 그리고 석회석을 이용해 그 공간을 일정하지 않은 몇 개의 조각으로 나누었다. 나는 거기에 수레국화, 한련화, 니코티아나nicotiana(가지과 담배 속에 속하는 식물을 통칭하는 것으로 약 30여 종류가 있음.—옮긴이), 코스모스, 캘리포니아 양귀비와 셜리 양귀비, 풍접초, 백일홍, 해바라기 따위의 씨앗을 뿌렸다. 일궈놓은 밭에 별도로 이랑을 만들지 않고 각각 씨앗 한 줌씩을 훌훌 흩뿌려주었다. 화단 두럭의 모양만큼이나 자연적으로 씨를 뿌린 것이다. 나는 맨흙을 끼얹어준 뒤, 물을 뿌리고 싹이 트기를 기다렸다.

비름이 제일 먼저 싹을 틔웠다. 하지만 나는 그때 이 풀이 무엇인지 몰랐기 때문에, 백일홍이나 해바라기가 싹을 틔웠거니 하고 생각했다. 나는 그때까지 비름을 본 일이 없었다. 이 풀이 모든 화단에서 일제히 올라오는 것을 보고서야 그것이 잡초임을 깨달았다. 일주일도 지나지 않아 화단은 온통 비름 천지가 되었다. 얼른 뽑아내지 않으면 내가 뿌린 씨앗이 싹틔울 틈조차 남지 않게 될 것 같았다. 이랑이나 통로를 만들지 않았기 때문에 풀을 뽑기가 성가셨지만, 가까스로 어느 정도 비름을 뽑아낼 수 있었다. 그리고 나자 씨앗들이 땅 위로 솟아나오기 시작했다.

첫해 여름, 나의 작은 일년초 화단은 내가 씨를 뿌리며 마음속에 그렸던 그림과 비슷한 모양의 아름다운 꽃밭을 만들어주었다. 하늘빛이 도는 파란색 수레국화 무리는 주황과 진붉은 색깔의 양귀비 꽃밭으로 이어지고, 그 뒤에는 해바라기가 삐죽이 키를 키웠다. 샌드 달러sand dollar(동전 모양의 작은 해양 동물로 모래톱, 갯벌 등에서 살고 있음.—옮긴이) 모양의 잎새를 가진 한련화는 선홍과 레몬빛의 잔잔한 꽃으로 낮은 언덕을 뒤덮고, 가냘픈 줄기의 풍접초는 공중에서 하늘거렸다. 꽃들 사이를 비집고 올라오는 잡초를 뽑는 일은 불가능했다. 처음에 비름을 뽑아내던 것과는 달리 어느 만큼은 그냥 두고 볼 수밖에 없었다. 잡초들 중에는 내가 뽑아내고 싶지 않은 것들도 있었다. 임파첸스impatiens(봉선화과의 임파첸스속 식물을 통칭하는 것으로서 약 900~1,000종이 있음.—옮긴이)의 한 종류인 노랑물봉선, 강아지풀, 토끼풀, 냉이, 눈에 잘 띄지 않을 만큼 작은 별꽃아재비 같은 것들은 뽑아내지 않았다. 에머슨이 마음속으로 잡초라고 생각했을 듯싶은 야생 당근도 그대로 두었다. 야생 당근은 일부러 심은 꽃 못지않게 귀여운 아이보리색 꽃을 피웠고, 보통 당근처럼 먹을 수도 있었다. 첫해부터 잔디밭 쪽에서 자라오른 넝쿨식물들이 꽃밭으로 침투해 들어왔다. 그들은 해바라기 대궁을 타고 올라 8월이 되자 나팔꽃 모양의 하얀색 꽃을 피웠다. 이런 단아한 모습의 넝쿨식물을 뽑아내야 할까? 바람에 날려온 씨앗에서 피어난 꽃들이 내가 심어가꾼 것 못지않게 아름다웠다. 정원에서 느껴지는 야생미가 나는 무척이나 좋았다. 내가 씨를 뿌렸던 꽃들은 야생에서 스스로 자라난 친척들과 평화롭게 잘 어울려 지내는 듯했다. 잡초에 대해서 과도한 신경을 쓰지 않아도 될 것 같았다. 나는 신참 생태환경보호론자로 변신했다.

나는 할아버지의 정원을 회고해보았다. 잡초에 대한 할아버지의 태도는 무식하리만치 단호했다. 그는 매일 밭을 둘러보며 곡괭이를 부지런히 움직여 이제 막 솟아오르기 시작하는 잡초들을 뽑아냈다. 히피와 노동조합과 잡초, 이 셋은 할아버지가 가장 싫어하는 것들이었다. 60대 후반이었던 할아버지는 이들을 생각만 해도 부아가 치미는 것 같았다. 히피의 행진이나 노동조합 결성은 자신의 힘으로 막을 수 없었지만, 잡초만큼은 뽑아치울 수 있었기에 할아버지는 열심히 잡초를 공략하는지도 몰랐다. 그는 어디에서든 잡초가 자라는 것을 그냥 두지 않았다. 자신의 정원은 물론 다른 사람들의 정원, 심지어 주차장이나 상점 앞에 놓인 화분의 잡초까지도. 그래야만 직성이 풀렸고, 혼돈의 힘이 뻗어내는 마수를 물리쳤다는 안도감을 느낄 수 있었다. 할아버지가 만약 나의 작은 야생 정원을 보신다면, 이랑도 없이 제멋대로 잡초가 무성한 모습에 크게 실망하셨을 것이다.

할아버지가 잡초에게서 정치사회적인 위협을 느꼈던 최초의 사람은 아니었다. 셰익스피어가 "독보리, 독미나리" 또는 "지겨운 참소리쟁이와 거친 엉겅퀴, 도꼬마리들"이 거침없이 자라고 있다고 표현한 것은, 한 독재 군주의 몰락에 대한 은유였다. 낭만주의 시대 이전까지만 해도 식물의 위계질서는 인간 사회의 질서를 들여다보는 거울과도 같았다. 1700년 한 작가는 보통 사람들이 "쓰레기 같은 잡초 또는 가시투성이 풀로 취급되고 있다"고 썼다. 19세기 초의 정원 전문가였던 루든J. C. Loudon은 사람들을 식물에 비교하여 '야생 식물들은 야만인으로, 식물원에서 자라는 식물들은 개화된 문명인'으로 간주하기도 했다.

오늘날의 정원 세계에도 식물의 거대한 계급 구조가 형성되어 최상층에는 초문명화된 교배종이 자리하고 있다. '정원의 여왕'인 장미를 기억하기 바란다. 맨 밑바닥에는 잡초가 있다. 식물의 프롤레타리아인 잡초들은 맹렬한 기세로 후손을 생산해서 호사스런 자리를 차지하고 있는 우량 원예종들을 끊임없이 공격한다. 정원에 존재하는 녹색 사슬은 그때그때 시류에 따라 달라지지만, 변함없이 이어지는 원칙이 있다. 강도 높은 교배가 이루어진 식물일수록 식물 사회에서의 지위는 상승하지만, 야생성으로부터는 멀어진다. 참제비고깔은 참제비꽃 위에 자리잡고, 복스러운 겹꽃으로 새로 태어난 부르봉 장미는 꽃잎 다섯 개만을 가진 루고사 장미보다 윗자리를 차지한다. 여기서 추론할 수 있는 또 다른 원칙이 있다. 지위가 낮고 '잡초 근성'이 강한 식물일수록 잘 자란다는 것이다. 불굴의 생명력을 가진 금계국은 곰팡이류의 후손인 풀협죽도 아래에 자리한다.

색깔 역시 계급을 결정한다. 하얀색이 맨 위쪽 자리를 차지한다. 순백색이 드물기도 하지만, 신비로움을 자아내는 흰 빛깔의 꽃은 사람들의 각별한 취향을 만족시키는 무언가를 지니고 있다. 화려한 색깔의 꽃은 통상 저급한 부류에 속하는 것으로 여겨졌다. 두 가지 야한 빛깔을 지닌 인디언국화는 데이지의 일종이지만 '검둥이 꽃'이라고 불린다. 흰색 바로 아래에 있는 것은 파랑이다. 파랑은 언제나 제왕적이고 귀족적인 특권을 상징하는 색이었다. 파랑 아래로는 야하고 선명한 색깔이 이어진다. 평범하기 그지없는 노랑 아래에는 황소마저도 알아보는 빨강이 위치한다. 그중에서도 유난히 두드러지는 심홍의 마젠타가 맨 밑바닥에 자리한다. 수많은 잡초들의 색이기도 한 이 헤픈 색깔은 교배잡종에 잘 순응되지 않는 것으로 정평이 나 있다. 마젠타 색깔의 꽃들은 씨를 맺는 교배종을 만들어도 다른 색을 내지 못하고 원래의 빛으로 되돌아간다.

 19세기 낭만주의자들은 보통사람들에 대한 애정을 키우면서, 평범한 잡초에 대해서도 각별한 눈길을 보냈다. 이 시기 영국의 농촌은 구석구석까지 사람들의 손길이 미쳤다. 나무들이 잘려나간 땅은 구획이 나뉘고 모두 파헤쳐진 뒤, 덤불숲 담이 만들어졌다. 유럽 역사상 처음으로 야생의 풍경에 대한 강한 동경이 나타나기 시작했다. 야생 세계에 대한 향수는 그것이 사라져버리고 나자 쉽게 사람들의 마음에 살아났다. 러스킨은 그 당시만 해도 "크고 화려한 화훼 전시회의 그늘 뒤에서 빛을 잃고 있던" 야생화에 대해 열정적인 글을 썼다. 그는 꽃을 기르는 정원을 부자연스러운 것으로 여겼다. 정원은 "아무리 잘 보살펴주어도 볼품이 없다. 자신 본연의 자세를 벗어나 우쭐대고 건방을 떠는 요란스런 모습이 정원을 채운다. (…) 사악한 기운에 의해서 얼룩지고 이지러진 조화의 색조로 정원이 불결해지고, 그들이 사랑했던 땅의 신령스런 기운과 정기로부터도 멀어진다"고 그는 적었다.

 정원 화초들이 인간의 노예라고 한다면, 잡초들은 자유와 야생의 상징이라고 할 수 있었다. 자연으로부터 어느 정도 거리를 두고 살았던 낭만주의 문필가들에게만큼은 그랬다. 1830년대 초 테니슨Tennyson은 "나에게는 극히 보잘것없는 잡초가 더 좋다"고 쓴 적이 있다. '잡초'는 제럴드 맨리 홉킨스Gerald Manley Hopkins의 시 구절에서처럼, 야생의 의미를 상징적으로 표현하는 말로 사용되었다.

> 우리의 세상이 이들의 촉촉함 그리고 야생성을
> 혹이나 잃어버리게 된다면 어찌 될까,
> 촉촉한 야생성을 남겨두어라
> 잡초들 그리고 야생의 자연이여 영원하라.

미국인의 마음속에는 잡초에 대한 낭만적인 생각이 이미 입도선매되어 있었다. 그것은 자연의 힘이 인간의 능력을 초월한다는 사고와 그 어떤 위계질서에도 저항하는 미국인들의 본성에 잘 들어맞는 것이었다. 잡초는 에머슨, 휘트먼, 소로는 물론 여러 세대에 걸쳐 미국의 자연주의자들이 가장 좋아하는 소재를 제공해주었다. 구속받지 않는 야생 세계와 있는 그대로의 자연 풍경은 그들에게 영감을 불어넣었고, 이를 제대로 인지하지 못하는 보통의 무지한 사람들을 그들은 계몽시켰다. 그들이 잡초에 대해 얼마나 애틋한 마음을 품고 있는지에 대해서는 여기에서 더이상 언급하지 않기로 하자. 잡초에 대한 경모의 전통은 주기적으로 꽃을 피웠으며, 1960년대에도 부활되었다. '잡초'는 마리화나를 뜻하는 속어가 되었으며, 야생초에 관한 책이 상상을 초월한 인기를 끌었다. 요리에 잡초를 활용해 미국식 요리의 새 장을 열어준 유얼 기븐스Euell Gibbons의 《야생 아스파라거스 스토킹하기 Stalking the Wild Asparagus》는 수백만 부가 팔렸고, 사람들은 책장이 나달나달해질 만큼 열심히 그 책을 읽었다. 역사와 문화가 우리를 답답하게 만들 때마다 잡초는 의미 있는 대상으로 다가왔다.

• • •

잡초에 대한 나의 로맨스는 그 이듬해 여름이 지나기도 전에 끝나고 말았다. 지난해 내가 씨를 맺게 했던 일년생 화초들은 다시 싹을 틔웠다. 하지만 무섭게 솟아오르는 잡초들에게는 상대가 되지 못했다. 겨울 동안 알음알음으로 내가 잡초에 관대하다는 소문을 전해 듣기라도 한 듯, 잡초들은 종류를 가리지 않고 숫자를 늘려 싹을 틔우기 시작했다. 이제 내가 돌보는 것은 잡초 정원이나 다름 없었다.

정원사의 가장 기본적인 수칙은 정원에서 자라나는 것들의 이름을 익히는 일이다. 나는 온갖 책자와 도감을 뒤져서 정원에서 솟아나는 모든 풀들의 이름을 찾아냈다. 이미 내가 언급한 풀들 외에도 참으로 많은 것들이 있었다. 박주가리, 자리공, 고추나물, 개밀, 바랭이, 질경이, 민들레, 오줌보장구채, 개망초, 해란초, 큰조아재비, 당아욱, 벌노랑이, 흰명아주, 별꽃, 쇠비름, 소리쟁이, 미역취, 애기수영, 우엉, 캐나다 엉겅퀴, 쐐기풀 따위가 자라고 있었다. 내가 아직 이름을 찾아내지 못한 것들이 여럿 될 것이고, 몇 개는 이름을 잘못 알고 있을 터였다. 나의 낭만주의적 사고는 이토록 풍성하게 온갖 풀들을 초대했고, 정원은 마치 길가의 무성한 풀숲처럼 변해버렸다. 이렇게 한 해만 더 방치하면 내 정원은 아마도 온갖 잡초들이 제멋대로 자라나 버려진 땅이나 다름없어질 게 분명했다.

내가 정원을 가꾸는 주된 목적이 심미적인 것은 아니었지만, 그래도 버려진 철길처럼 만들고 싶지는 않았다. 나는 내가 남겨놓고 싶은 몇몇 잡초들을 제외한 모든 잡초들을 뽑아내기 시작했다. 작은 별 모양의 화사한 꽃구름 무리를 만드는 개망초와 독특한 씨앗 꼬투리를 가진 박주가리는 남겨두었다. 우엉, 캐나다 엉겅퀴, 쐐기풀처럼 극성스러운 풀들은 뽑아치웠다. 헌데 내가 싫어하는 풀일수록 더 강하고 질기다는 게 문제였다. 큼직한 잎사귀로 그늘을 만들어 다른 식물의 성장을 방해하는 우엉은 뿌리 또한 고약스러웠다. 녀석의 길게 뻗은 뿌리를 뽑아내는 일은 마치 어린아이가 어른과 씨름을 하는 것처럼 힘겨웠다. 뿌리가 뽑히기 전에 뚝 끊어져버리기 일쑤였다. 그리고 나서 며칠이 지나면, 그 자리에서는 우엉 두 줄기가 새롭게 솟아올랐다. 녀석을 뽑아낸답시고 오히려 번식을 도와주는 결과를 가져오고 말았다.

나팔꽃 모양의 넝쿨식물은 히드라의 머리를 가진 괴물 같았다. 메꽃은 이름값이라도 하듯 칡처럼 긴 넝쿨을 뻗어 정원 전체를 모두 뒤덮을 기세로 번져나갔다(메꽃의 영문 속명은 바인드위드Bindweed, 즉 '감아매는 잡초'라는 의미다.—옮긴이). 녀석은 다른 것들의 도움이 없으면 1피트 이상 자라지 못한다. 하지만 메꽃넝쿨은 마치 눈 먼 사람이 손으로 더듬어 길을 찾듯, 옆으로 자신의 줄기를 뻗어 상대를 발견한 뒤 타고 올라가 식물들을 질식시켜버린다. 이 녀석 역시 뽑아내려면 역효과가 만만치 않다. 10피트 정도로 긴 뿌리를 뻗는 메꽃넝쿨은 자신의 씨앗으로 번성하기도 하지만, 사람의 도움으로 무성 생식이 이루어지기도 한다. 그들의 뿌리는 강낭콩 줄기만큼이나 여리다. 이 뿌리를 뽑아내기 위해 괭이질이라도 할라 치면, 뿌리줄기는 여남은 개의 작은 줄기로 갈라져서, 각각의 줄기 하나하나가 새로운 싹을 올린다. 마치 괭이의 공격에 대응해서 오랫동안 진화를 거듭해온 것 같다. 뿌리를 들어내지 않고서는 잡초를 퇴치하기 어렵다는 사실을 잘 알고 있는 나로서는, 어쨌든 뿌리를 계속 공략할 수밖에 없었다.

　이들에 비해 일년생 화초들은 어떤가? 그래도 몇몇 화초들은 명맥을 유지해나가는 듯싶었다. 캘리포니아 양귀비와 삼색제비꽃은 엉겅퀴 사이에서 자신의 자리를 찾아 버티고 있었고, 니코티아나 2세들도 나름의 모습을 유지했다. 그러나 그들의 꽃은 밝은 분홍빛을 내지 못한 채 주위의 풀색을 따라 희미한 연녹색을 띠는 것 같았다. 이들은 잡초들이 어쩌다가 비워주는 공간을 겨우 차지할 뿐이었다. 곧 다른 풀들이 그들의 자리를 점령하고 말 기세였다. 언젠가 은밀하게 자리 잡은 개밀이 온통 뿌리를 뻗어서 화단 곳곳을 종횡무진하고 있었다. 개밀 뿌리는 옆으로 50피트까지 뻗어나간다. 땅 속 1~2인치 깊이로 뿌리를 뻗으며 내키는 곳에서 새 줄기를 솟구쳐올렸다. 녀석의 뿌리를 뽑아내는 일은 마치 참나무에 단단하게 매어놓은 끈을 잡아당기는 것만큼이나 힘이 든다. 개밀 뿌리 몇 포기를 뽑아냈을 뿐인데 잔디밭은 금세 만신창이가 되었다.

　이런 사정을 안다면 에머슨은 무슨 말을 할까? 나는 그들의 미덕을 생각해서 의심을 무릅쓰고 자리를 확보해주었다. 나는 그들을 정원 식물의 일원으로 대우해주었지만 그들은 정원 식물로서 제대로 처신하지 않았다. 그들은 내가 심어가꾸는 다른 품종들과 달랐다. 아니, 그들은 전적으로 다른 존재 방식을 가진 것 같았다. 발군의 순발력으로 신속하고 기민하게 움직였다. 식물이라고 하기에는 너무나 영민했다. 회전초라는 식물을 보자. 정원 식물이 어떻게 이 녀석처럼 단 36분 만에 발아를 시작할 수 있단 말인가? 어떤 정원 식물이 현삼처럼 단 하나의 꽃자루에 40만 개의 씨앗을 배태할 수 있단 말인가? 우엉처럼 지나가는 동물의 몸에 씨앗을 묻혀서 종족을 퍼뜨리는 정원 식물을 본 적이 있는가? 하루에 1피트씩 줄기를 뻗을 수 있는 칡은 또 어떤가? 남부지방 사람들이 조금은 과장을 섞었겠지만 어떤 잡초들은 "자세히 보고 있으면 그것이 움직여 자라나는 것을 눈으로 확인할 수 있을 정도다." 어떤 정원 식물이 메꽃넝쿨처럼 그것을 없애려는 사람의 노력이 무색하리만큼 맹렬한 속도로 새로운 생식을 시작해나갈 수 있을까? 호장근은 4인치 두께의 아스팔트를 뚫고 올라올 만큼 힘이 세다. 여름 한 철 동안 캐나다 엉겅퀴는 사방으로 10피트 정도 뿌리를 뻗을 수 있다. 한 고고학 발굴 현장에서 발견된 1,700년 전의 흰명아주 씨앗이 싹을 틔운 적도 있었다. 독초의 하나인 위치위드witchweed의 뿌리가 발산하는 독은 그 주위에서 자라는 모든 식물을 죽인다. 쐐기풀에 가시가 생긴 건 단순히 내 상상력이 부족해서가 아니다.

· · ·

그렇다면 과연 잡초란 무엇일까? 나는 잡초에 대한 수긍할 만한 정의를 내려보기 위해 여러 식물 관련 서적과 안내서를 살펴보았다. 한 다스쯤 되는 각각의 설명들은 크게 두 개의 부류로 나누어 정리해볼 수 있었다. 첫 번째는 "잘못된 곳에 자리하고 있는 식물"이라는 말로 요약할 수 있다. 두 번째는 "재배되는 식물에 비해 유난히 공격적인 속성을 가진 식물"이라는 말로 축약된다. 에머슨적 정의라고 할 수 있는 첫 번째 개념에선 잡초라는 것이 사람에 의해 임의적으로 만들어지는 것임을 알 수 있다. 두 번째 정의에서는 잡초들이 자신만의 특성을 지닌 독특한 존재임을 확인할 수 있다. 이제 잡초에 관한 문제에 추상적으로 접근해보자. 그것을 과연 우주 불변의 속성이라고 할 수 있을까? 아니면 사람이 만들어낸 허구에 불과한 것일까?

이제야 잡초라는 개념을 정리해볼 수 있다는 생각이 든다. 에머슨이 잡초라고 정의한 영역에는 회색 지대가 있다. 그들이 지닌 유용성과 아름다움이란 건 관점에 따라 판이하게 달라질 수 있다. 어떤 사람에게는 꽃으로 인식되는 풀이 다른 사람에게는 잡초로 여겨질 수 있다. 나는 다년초 화단에 자줏빛 부처꽃을 심어가꾸고 있다. 하지만 이 야생초는 중부지역의 몇몇 주에서 '유해한 잡초'로 분류되어 괄시받는다. 정원을 탈출한 부처꽃은 그들의 세력을 확장해서 습지대의 식물들을 위협한다. 마찬가지로, 내가 잡초라고 여기는 풀들이 다른 이에게는 나름대로 가치 있는 식물로 대우받을 수도 있다. 유얼 기븐스가 알려준 맛있는 샐러드 재료인 민들레와 쇠비름을 내가 매일 뽑아내듯이, 내게는 잡초인 것도 다른 사람에게는 점심식사 거리가 될 수 있다.

얼마 전 나는 공사 견적을 내기 위해 지방의 굴착기술자 한 사람을 부른 적이 있었다. 그는 연륜 있고 이 지역 지리에 정통한 사람이었다. 그는 땅에 대해 나보다 더 많은 것들을 알고 있었다. 수원水源이 어디에 있으며, 일분에 뽑아올릴 수 있는 우물물의 양이 얼마나 되는지, 흙의 알칼리성 정도와 석회석 암반의 분포 상태 그리고 내 농장에 있는 늙은 사과나무들이 예전에는 이 읍내에서 가장 좋은 사과술을 생산해냈다는 사실 따위를 알고 있었다. 우리는 함께 농장을 둘러보며 연못을 팔 만한 적당한 장소를 물색했다. 그는 내가 바꿔놓은 농원의 풍경에 대체로 수긍하는 모양이었다. 나는 잡목림으로 변해버린 목초지를 원래의 모습으로 회복해놓은 터였다. 또 늙은 사과나무의 가지를 쳐주고, 집에서 흘러내리는 물줄기는 언덕 비탈 쪽으로 방향을 돌려놓았다. 그런데 한 가지만큼은 그의 신경을 건드리는 것 같았다. 바로 작은 습지 가장자리에 심어둔 수양버들 한 쌍이었다. 나무를 심을 때는 공중전화 부스 정도의 크기였는데, 2년이 지난 지금은 벌써 작은 집채만큼 자라 있었다. 농장에 그늘을 만들어주는 나무가 별로 없어 여름에는 더운 느낌이 들기에 버드나무를 몇 군데다 심었던 것이다. 버드나무는 보습력이 뛰어나고 산들바람을 만들어준다. 그런데 방문자는 버드나무 쪽을 가리키며 한 마디를 내뱉었다.

"도대체 저 잡초 같은 나무는 왜 심은 거요?"

"잡초라뇨? 그게 무슨 말씀입니까?"

적어도 나에게 그 버드나무는 시처럼 느껴졌다.

"못된 나무예요. 아무짝에도 쓸모가 없어요. 더러운 데다, 언젠가는 집 기초까지 흔들어놓을 겁니다. 두고보세요."

나는 많은 마을 사람들이 버드나무를 잡초로 간주한다는 것을 나중에야 알게 되었다. 버드나무는 물을 많이 머금고, 성장속도가 맹렬하며, 콘크리트를 뚫을 만큼 뿌리 힘이 강하다. 하지만 그 나무들은 집으로부터 약 50야드 정도 떨어져 있었다. 현실적으로 문제되는 것은 나무가 자라면서 떨어지는 수많은 잔가지들이었다. 잔디를 가꾸는 입장에서 보면, 그들은 지저분했다. 빨리 자라는 대신 나무의 재질이 무르다는 것도 버드나무의 결점이었다. 나무들도 나름대로 서열을 가지고 있다. 물론 재질이 단단한 나무일수록 높은 위치를 차지한다. 무른 데다 물기도 많은 버드나무는 건축재 또는 화목으로서의 가치가 없다.

한마디로, 잡초에 지나지 않는 나무였다. 버드나무는 아주 빠른 속도로 자라면서 잔디밭을 더럽히고 집을 망가뜨린다. 또 버드나무 목재는 셀러리만큼이나 빨리 타버린다. 주변을 돌아보면 곳곳에 버드나무들이 제 힘으로 싹을 틔워 자라나는 모습을 볼 수 있다. 마치 잡초처럼. 내가 부른 굴착기술자는 버드나무를 주로 경제적 관점에서만 바라보았다. 그는 버드나무 목재를 팔아서는 한 푼도 벌 수 없다는 사실을 잘 알았고, 버드나무가 콘크리트 바닥을 깨고 올라왔다는 이야기도 충분히 들었다. 나의 관심은 심미적인 것에 치우쳐 있었다. 나는 전혀 다른 관점에서 버드나무에 관한 정보를 접했다.

내가 읽은 바로 수양버들은 미국 토박이가 아니다. 18세기에 정원수로 심기 위해 수입된 나무였다. 미국에서 처음으로 버드나무가 심어진 곳은 우리 농장에서 멀리 떨어져 있지 않았다. 나무는 성직자이자 철학자였으며, 독립 후 컬럼비아 대학으로 이름을 바꾼 킹스 칼리지King's College의 초대 학장이기도 했던 새뮤얼 존슨Samuel Johnson의 정원에 심어졌다. 존슨은 템스 강 연안의 트위크넘Twickenham 지역에 있던 알렉산더 포프Alexander Pope(18세기 초 영국의 가장 유명한 시인의 한 사람으로 풍자적인 시를 썼으며 호메로스의 시를 번역한 것으로 유명함. —옮긴이)의 유명한 정원에서 처음으로 수양버들을 보았다. 그는 버드나무에 매료되어 나뭇가지 하나를 잘라 미국으로 가져온 뒤, 코네티컷 스탬포드Stamford의 후사토닉 강변에 있는 자신의 정원에 심었다. 후사토닉 강변은 템스 강 못지않게 버드나무가 자라기 좋은 조건을 갖추고 있었다. 그곳에서 뿌리를 내린 버드나무는 강둑을 타고 북쪽으로 퍼져나갔다. 오늘날 그 버드나무들은 유려한 자태의 녹색 가지를 휘날리며 후사토닉 강을 따라 스탬포드부터 버크셔스Berkshires에 이르기까지 줄지어 서 있다. 그 나무들의 계보를 추적해보면, 아마 모두가 알렉산더 포프의 정원에서 연원했을 것이다. 이 사실을 알고 있던 나에게 수양버들은 시멘트 바닥을 부수는 '잡초'가 아니라 템스 강변의 트위크넘을 떠올리게 했다.

● ● ●

이러한 이야기들은 잡초라는 것이 관점에 따라 서로 다르게 비쳐질 수 있다는 에머슨의 주장과 맥을 같이한다. 즉, 잡초는 인식의 문제라는 것이다. 나 역시 이런 상대론적 사고가 무난하다고 여겨지지만 조금은 성급한 결론이 아닐까 싶기도 하다. 에머슨의 수제자인 소로도 마찬가지였던 것 같다. 소로는 월든에서 콩밭을 가꾸면서 잡초에 관한 사부의 가르침을 두고 적잖은 고민을 했을 것이다.

자연주의자적인 관찰자로서 소로는 자연을 계급적으로 구분짓는 일을 시종일관 거부해왔다. 소로는 정원보다는 습지를 더 좋아한다고 할 정도로 자연의 어떠한 위계질서도 인정하지 않았다. 하지만 그도 콩을 경작하면서 자연 속에 존재하는 적들을 만났다. 차별해서는 안 될 벌레, 아침 이슬, 우드척과 잡초에 대응하지 않으면 안 되었던 것이다. 소로는 콩밭으로부터 "자신을 대지에 결속시켜준다"는 느낌을 받았으며, 자연 속에서 자립하고자 하는 자신의 실험이 성공하리라는 희망을 발견했다. 그래서 그는 "두루미를 상대로 한 싸움이 아니라, 해와 비와 이슬을 지원군으로 둔 무수한 트로이의 전사인 잡초와의 길고도 무료한 전쟁"을 시작하지 않으면 안 되었다. 소로는 "콩들은 내가 괭이를 들고 나타나 그들을 구해주기를 바랐다. 그들의 적을 물리쳐서 밭이랑 사이에 시체들을 쌓아놓으라고 아우성쳤다."고 적었다. 그는 자신이 "어느 하나를 살리기 위해서 괭이로 다른 한 계급의 종족을 모두 물리쳐야 하는 차별적 행위를 하고 있음"을 발견했다.

소로는 정원을 가꾸고 있었던 것이다. 적어도 그때만큼은 자연에 대한 그의 낭만주의적 사고를 내던져야 했다. 그것은 오늘날 자연주의자들이 환호해 마지않는 그의 '생태중심주의biocentrism'로부터의 이탈을 의미하는 것이었다. 그러나 결국 그의 콩밭은 생태중심주의적 사고를 굳히도록 해준다. 그는 에머슨적인 사고로 되돌아온다. 소로는 콩밭 가꾸기에 대한 글의 마지막 부분에서 "태양은 우리의 경작지, 벌판과 숲 모두를 아무런 차별 없이 비춰준다. (…) 이 콩들이 우드척을 위해서 자란다고도 할 수 있지 않을까? (…) 그렇다면 우리의 콩

농사가 실패했다고 해서 그리 낙담할 필요까지는 없지 않은가? 풍성한 잡초가 새들에게는 보다 풍부한 먹잇감을 제공해줄 수 있다고 생각하면, 이 또한 즐거운 일이 아닌가?"라고 말한다.

아무렴 즐겁지, 헨리. 그리고 굶어죽는 거야.

● ● ●

나는 정원에서의 경험을 통해 '절대적인 잡초성'이라는 것이 존재한다는 사실을 확신했다. 잡초에겐 그들 나름의 독특한 질서가 존재했다. 아마 소로도 그렇게 생각했을 것이다. 콩이 잡초의 상대가 되지 못한다고 해서 잡초가 땅에 대해 콩보다 우선적인 권리를 가진다는 의미는 아니었다. 이러한 직감은 정원에서 자라는 잡초들을 확인해보기 위해 여러 종류의 책자들을 살펴보는 동안 보다 분명하게 굳어졌다. 약탈자라고 할 수 있는 잡초의 '꽃 이름들'을 하나하나 적어나가면서 그것들이 각각 선호하는 서식 환경을 기록해보았다. '버려진 땅과 도로변' '개활지' '밭이었던 곳, 버려진 땅' '경작되고 있거나 버려진 땅' '밭이었던 땅, 도로변, 잔디밭, 정원' '잔디밭, 정원, 파헤쳐진 곳'에 그들은 살고 있었다.

내가 적어내려간 내용을 살펴보면, 잡초라는 식물들이 아무데서나 자라는 초능력의 보유자는 아니라는 사실을 알 수 있다. 극성스럽기는 하지만 그들이 지구 전체를 뒤덮을 정도로는 번성하지 않는다. 안내서에서 지적하는 것처럼, 잡초는 사람이 인공적으로 만들어낸 공간에 특별히 잘 적응하는 식물이라고 설명하는 게 옳다. 그들은 숲이나 대평원과 같은 '야생의 공간'에서는 잘 자라지 않는다. 잡초들은 정원, 목초지, 잔디밭, 공한지, 철길을 좋아하고, 대형 쓰레기통 옆이나 갓길의 갈라진 틈새처럼 환경이 열악한 곳에서도 잘 자란다. 그들은 우리가 살고 있는 곳을 좋아한다. 다시 말하면, 사람이 없는 곳에서는 거의 자라지 않는다.

잡초는 낭만주의자들이 보통 생각하는 것과 달리 야생적이지 않다. 그들은 월계화 계통의 교배장미나 소로의 콩과 같이 문명화된 산물의 하나라고 보는 편이 옳다. 그들은 다른 정원 식물에 비해 정원 환경에 적응할 수 있는 능력이 좀더 뛰어날 뿐이다. 정원 식물들이 맛이나 영양, 크기와 외양적인 아름다움을 발휘하도록 개량된 데 비해, 잡초들은 오직 한 가지 방향으로만 진화되었다. 사람들이 흐트러뜨린 공간에서 번성하는 능력만을 줄곧 키워온 것이다.

잡초야말로 진화의 최선봉에 서 있다. 지금 이 순간에도 정원에서는 그들의 진화가 진행 중이다. 잡초는 자연의 악덕 상인이자, 뜨내기 장돌뱅이, 사기꾼과 같은 존재다. 모든 작물에겐 성장을 방해하고 위협하는 협잡꾼이 따라붙는다. 자신의 생존을 위해 외형을 흉내내기도 하고, 생장 속도를 비슷하게 조절하는 식으로 작물들을 괴롭힌다. 메귀리는 자신이 자라는 곳의 농작물과 비슷하게 스스로의 모습을 변화시킬 만큼 위장술이 뛰어나다. 교활하기 짝이 없다. 새라 스타인Sara B. Stein의 식물학 저술인 《나의 잡초들My Weeds》에 따르면, 한 이랑 건너씩, 봄보리와 겨울보리를 번갈아 심어 함께 재배하는 밭에서 메귀리는 각각의 이랑에 심은 작물을 흉내내서 자란다고 한다. 스타인의 책은 잡초에 대한 여러 가지 귀중한 정보를 담고 있는데, 벼를 의태하여 자라는 잡초를 없애보려고 보통 벼 대신 자줏빛 벼를 심어보았지만, 잡초는 색깔마저 자줏빛으로 변화시키는 놀라운 적응력을 보였다.

잡초들은 나름의 지모를 가지고 있을 뿐 아니라, 공격적이다. 하지만 잡초들도 다른 정원 식물과 마찬가지로 사람의 도움이 없이는 살아갈 수가 없다. 사람들이 정원이나 잔디밭, 공한지 등을 만들지 않는다면 아마도 잡초들은 곧 사라져버릴 것이다. 밭이나 정원에서 그토록 극성을 부리는 메꽃도 다른 곳에서는 자라지 못한다. 그들은 주로 밭갈이가 되는 곳에서 자란다.

이런 여러 가지 사실들을 알고 나니 무척 홀가분해진 느낌이다. 잡초들은 정원 식물보다 그다지 자연적인 존재가 아니지 않은가. 그들이 특별한 자리를 달라고 권리를 주장할 만한 위치에 있는 것도 아니다. 자연주의자들이 잡초에 대해 가졌던 각별한 감정은 한갓 즉흥적인 감상에 불과했다. 이제 내가 잡초에 대적하는 일은 자연으로부터의 소외를 자초하거나 군림하기 위해 무책임한 힘을 행사하는 게 아니라는 사실이 분명해졌다. 소로가 만약 이런 사실을 알았더라면, "내게 고추나물 따위의 풀들을 뽑아내 오래된 향초 정원을 망가뜨릴 권리가 있는가?"라는 고민은 하지 않았을 텐데.

소로는 쑥, 비름, 소루쟁이, 고추나물 따위는 자연의 일부로, 콩은 문명의 일부로 간주했다. 그는 우리가 일반적으로 그러듯이 미국의 풍경을 역사라는 관점에서 벗어나 자연주의적 시각에서 바라보았고, 또 그런 관점에서 사람이 심은 식물보다는 '자연적으로' 자란 것에 큰 가치를 부여했다. 하지만 우리가 역사를 피할 수는 없다. 그것은 월든에서도 마찬가지였다. 소로의 콩은 물론 책들, 그가 콩밭을 만들었던 벌판 그리고 월든의 풍경을 만들었던 식물 대부분은 역사의 숨결을 간직하고 있었다. 소로가 월든으로 들어가면서 야외용 식물안내서를 가져갔는지는 모르지만, 그의 정원에서 자랐던 대부분의 식물이 개척자들이 들여온 외래종이라는 사실을 알았어야 했다. 서양 고추나물만 하더라도 본래부터 월든에서 자생하던 것이 아니라, 1696년 일단의 광신적인 장미십자회원들에 의해 도입된 종이었다. 그들은 그 식물이 악령을 물리치는 힘을 가졌다고 믿었다. 그렇다면 이 식물이 콩보다 더 특권적인 지위를 향유해야 하는 걸까?

물레나물이나 데이지, 민들레, 바랭이, 큰조아재비, 토끼풀, 비름, 흰명아주, 미나리아재비, 현삼, 야생 당근, 질경이, 톱풀 따위가 없는 미국은 상상하기 힘들다. 하지만 그 어느 것도 청교도가 이 땅에 발을 들여놓기 전까지는 이곳에서 자라지 않았다. 미국 대륙에는 그렇게 많은 종류의 토종 잡초가 살지 않았다. 그만큼 교란되지 않은 땅으로 남아 있었던 것이다. 인디언들은 극히 자연적인 생활 방식을 영위하고 있었기 때문에 잡초가 자리잡을 공간은 별로 없었다. 밭갈이를 하지 않는 곳에는 메꽃도 자라지 않는다. 그러나 1663년에 존 조슬린 John Josselyn이 조사하여 정리한 식물의 목록을 보면, "미국의 개척자들이 뉴잉글랜드 지역에서 농토를 경작하고 가축을 기르기 시작한 이후에 나타난 식물들"로 개밀, 민들레, 방가지똥, 냉이, 개쑥갓, 참소리쟁이, 현삼, 질경이, 별꽃 따위가 올라 있다.

몇몇 잡초들은 누군가에 의해 의도적으로 도입되기도 했다. 개척자들은 샐러드용 야채로 민들레를 귀하게 여겼고, 질경이는 빵을 만드는 데 요긴하게 썼다. 우연하게 미국 땅까지 온 것들도 있었다. 그들은 건초나 배의 수화물에 딸려오거나, 바짓단이나 구두 밑창에 붙어왔다. 한번 뿌리내린 그들은 들불처럼 번져나갔다. 생태역사학자인 앨프리드 크로스비Alfred W. Crosby는 인디언들에게 영국인 개척자들은 식물학적 미더스의 손으로 인식될 정도였다고 말한다. 개척자들의 발길만 닿으면 새로운 식물이 나타나는 것처럼 보였기 때문이다. 인디언들은 질경이를 '영국인의 발Englishman's foot'이라고 불렀다. 백인들이 지나간 자리마다 그 풀이 자랐기 때문이다. 하이아워사Hiawatha(롱펠로의 시에 나오는 인디언의 영웅.—옮긴이)는 그 풀이 퍼지는 모습을 보며 야생 세계의 파멸을 예감하기도 했다. 대부분의 잡초들은 백인의 진출과 함께 퍼져나갔다. 하지만 민들레의 경우 이 풀의 덕목을 빨리 알아본 인디언들에 의해 확산되었다. 처녀지의 풍경을 간직했던 대륙은 문명의 영향을 받기 시작했다. 회전초가 가득한 서부 평원의 풍경은 인간의 손길이 가해지지 않은 원시적인 모습의 상징으로 우리의 머릿속에 떠오른다. 하지만 회전초가 미국 땅을 밟은 것은 1870년대, 러시아 이민자들이 사우스 다코타South Dakota 보놈므Bonhomme 지역에 정착하여 아마를 재배하기 시작하던 시기에 퍼져나갔다. 우크라이나 대초원에서 자라던 회전초 씨앗들이 이민자들이 가져온 아마 씨앗에 섞여 미국으로 들어온 것이다.

유럽에서 전해진 잡초들은 얼마 지나지 않아 미국의 풍경을 바꿔놓았다. 우리에게 아주 오래된 풍경처럼 느껴지는 이 식물들은 어떻게 그리 빠른 속도로 번성할 수 있었을까? 아마 유럽인 개척자들이 잡초가 잘 자랄 수 있는 환경을 만들어주었기 때문일 것이다. 그들은 나무를 베고, 농토를 개간하고, 평원을 불살랐다. 가축을 방목하기 위해 목초지를 조성했다. 개척자들은 잡초가 퍼져나갈 길을 터주고, 잡초는 유럽인들이 서부로 진출하는 것을 도왔다. 그런 현상은 '목초'의 경우 더욱 두드러졌다. 처음에 대륙의 목초들은 유럽에서 온 가축들의 먹이로는 잘 맞지 않았다. 크로스비의 설명에 따르면 가축들은 의외로 빠르게 적응하기 시작했고, 방목된 가축 수가 늘어나자 토종 목초들은 빠른 속도로 줄어들었다. 과잉 방목으로 인하여 황량해진 공간에는 유럽 잡초가 들어찼다. 염소와 양과 젖소들에게 훨씬 잘 맞았던 유럽 목초는, 곧 미국의 평원을 정복했다. 오늘날 미국의 토종 목초는 거의 사라져버리고 말았다.

유럽 잡초와 유럽인들은 가공할 만한 위력의 생태 제국주의자가 되었다. 그들은 여행과 변화에 능숙한 세계주의자들로서, 주어진 기회를 완벽하게 활용해 토종 풀들을 몰아내면서 자신들의 영역을 넓혀 갔다. 어떤 의미에서 보면 같은 식물이지만 유럽의 목초들은 미 대륙의 목초를 닮았다기보다는, 유럽 사람들을 닮았다. 바꾸어 말하면, 유럽 사람들은 현지의 인디언보다 유럽의 목초와 더 비슷했다. 잭 할랜드Jack R. Harland는 이런 정황을 《작물과 인간Crops and Man》이라는 책에서 다음과 같이 적었다. "우리가 잡초의 개념을 인간의 교란에 적응해서 생존해나가는 생명체라고 정의한다면, 인간이야말로 모든 잡초의 존재를 가능케 하는 가장 원초적인 잡초라고 정의할 수 있다."
다른 것들이 잡초가 아니다. 바로 우리가 잡초다.

● ● ●

어느 보행자가 맨해튼의 휴스턴 스트리트Huston Street와 라구아디아 플레이스LaGuardia Place 모퉁이에서 그곳의 풍경을 바라본다면, 야생의 자연이 이 도시의 한 구역을 침범해 들어온 게 아닌가 의아해 할지도 모른다. 10년 전 어느 환경예술가가 시 당국을 설득해 백인들이 아메리카 대륙에 상륙하기 이전 모습으로 이 지역을 재현하는 사업을 추진했다. 그는 '그때의 풍경'이라는 테마로 뉴욕 시민들에게 처녀지 시대 맨해튼 모습을 보여주고자 했다. 작은 언덕 위에 그는 참나무, 히커리, 단풍나무, 노간주나무, 사사프라스 따위의 나무들을 심었다. 숲의 나무들은 곧 아무도 들어갈 수 없을 만큼 빽빽하게 우거졌다. 사람들의 접근을 막기 위해 설치한 철제 담장은 넝쿨식물들로 뒤덮였다. 그것은 정원이 아니기에 에머슨과 소로가 인정할 수 있는 정원이었다. 그게 아니라면 적어도 기발하긴 했다.

나는 매일 아침 이 정원 아닌 정원과 맞닿은 길을 걸어서 출근했다. 그런데 무슨 이유 때문인지는 모르지만 그 정원은 내 마음을 불편하게 만들었다. 그 정원은 주민들의 공동 텃밭과 이웃해 있었다. 여름날 늦은 오후가 되면 여러 가족들이 각자의 작은 텃밭에서 꽃과 채소들을 가꾸는 모습을 볼 수 있었다. 이런 현장 바로 옆에서 '그때의 풍경' 정원은 흥미로운 대조를 이루었다. 나란히 있는 둘의 모습은 얼핏 잘 어울리는 듯 보였지만, 어느날 문득 불편한 느낌이 들었던 이유를 찾아냈다.

그 무렵 나는 내 정원에서 승리의 깃발을 휘날리는 잡초들에게 마음이 쓰여, 도감을 보며 그 넝쿨식물들이 도대체 어떤 녀석들인지 공부하고 있었다. 나는 그중 하나가 토종 식물이 아닌 까마중이라는 사실을 알아냈다. 백인들과 함께 미국에 온 녀석이었다. 이 작은 공간은 하나의 정원이었다. 누군가 잡초를 뽑아주지 않는다면, 정원은 외래종의 잡초로 곧 가득 차게 된다. 이 '그때의 풍경' 정원도 그대로 내버려두면 공한지나 다름 없는 곳으로 망가져버리고 말 것이다. 차별적 인식을 가진 정원사가 괭이를 들고 달려가야만 그 정원을 구해낼 수 있다.

물론 단 하나의 사례만으로 이런 주장을 정당화하기는 어렵다. 더구나 그것은 오래 전의 일이고, 이제는 많은 것들이 변했다. 어떤 형태로든 정원 가꾸기는 피할 수 없는 일이 되었다. 심지어 우리가 있는 그대로 보존하고자 하는 곳들도 마찬가지다. 1988년 옐로스톤 공원에서 일어났던 대형 산불에서 교훈을 찾을 수 있다. 역사의 어떤 시점에서는 자연에 대해 아무 일도 하지 않는 것이 반드시 좋지만은 않다는 사실을 보여주는 사례다. 옐로스톤 공원에서는 1972년 이래 이른바 '자연 소실'이라는 정책을 견지했다. 자연적으로 발화된 산불의 경우 스스로 꺼질 때까지 그대로 내버려두는 것이다. 1972년 이전까지는 산불이 발생하면 곧바로 진화작업이 이루어졌다. 그 당시 산불 진화 과정에서 다 타지 않고 남아 있던 죽은 나무가 1988년 가뭄이 들고 그 지역에 다시 산불이 나면서 매우 참혹한 결과를 초래했다. 앞서 시행되었던 산불진화 정책이 옐로스톤 공원의 생태계를 크게 변화시켰던 것이다.

이제 다시 옛날로 돌아갈 수는 없다. 우리의 가장 위대한 야생 공간인 옐로스톤 공원 역시 주의 깊은 관리가 이루어져야 한다. 있는 그대로 내버려두기엔 때가 늦었다. 옐로스톤 공원의 가장 좋은 산불정책이 어떤 것인지 말하기는 어렵지만, 무언가 적절한 방안을 마련해야 한다는 사실만큼은 분명히 얘기할 수 있다. 우리 모두가 과학적 지식으로 철저하게 무장하고, 대응책을 강구해나갈 수 있는 제도적인 장치를 가동해야 한다. 그렇게 하다보면, 옐로스톤 공원이 '야생보호구역'으로 선포되기 훨씬 이전부터 인디언들이 그 지역에 산불을 놓아왔다는 사실과 맞닥뜨리게 될 것이다. 그와 같은 인위적 산불을 '자연적인' 것이라고 할 수 있을까? 그 목적이 옐로스톤의 상태를 인디오 시절로 회복시키는 것이라면, 새로운 정책은 인위적으로 산불을 놓는 정책까지 포함하는 것이어야 한다. 옐로스톤 공원에 얼마나 많은 관광객을 받아들여야 할지, 폭발적으로 늘어나는 큰사슴 엘크의 숫자를 조절하기 위해 늑대가 다시 공원에서 살 수 있도록 할 것인지 등 풀어나가야 할 복잡한 문제들이 산적해 있다. 오늘날의 상황에서는 옐로스톤 공원조차도 '정원으로 보살펴져야' 한다.

소로가 "야생이야말로 세계를 보존할 방책"이라는 글을 쓰고 나서 한 세기가 흐른 후, 켄터키의 농부이자 시인이었던 웬델 베리Wendell Berry는 소로의 생각과는 전혀 다른, 하지만 지금에 와서는 유용하다고 생각되는 의견을 개진했다. 베리는 "인간의 문화야말로 야생을 보존할 방책"이라고 썼다. 사람의 지혜와 자제력만이 옐로스톤과 같은 곳들을 구해낼 수 있다.

소로와 그를 추종하는 현대의 자연주의자들 및 급진적 환경보호론자들은 인간의 문화를 문제의 해결 수단이 아닌 문제 그 자체로 인식한다. 그래서 그들은 인간중심적 사고를 벗어던지고 인간 역시 다른 생명체 속에서 평등한 존재의 하나로 살아가는 법을 배워야 한다고 주장한다. 생태적으로 아주 옳은 주장처럼 들리겠지만 인간이 다른 동물들과 똑같이 행동하는 순간부터 지구의 상태는 악화되기 시작할 것이다. 대부분의 생물 종들은 특정한 자연적 한계가 자신의 번성을 제약하는 최종 단계에 이르기 전까지 물불 가리지 않고 영역을 넓히려 든다. 이게 이제까지 우리가 해온 방식은 아니지 않은가?

우리를 다른 생명체로부터 멀어지게 하는 것이 문화라고 할 수 있을까? 문화는 자제하고 인내하는 것이 아닌가? 양심, 윤리적인 선택, 기억, 분별력. 이와 같은 지극히 인간적인, 생태 친화적이지 않은 소양이야말로 오히려 지구에 마지막 희망을 준다. 이제까지는 그러한 인간의 능력을 자연의 영역에서보다는 인간의 영역에서 주로 활용해왔다. 이제 진정으로 그 능력을 자연 세계에서 발휘할 때가 온 것이다. 자연에 대한 문화적인 기여를 줄일 것이 아니라, 이를 더 늘려가야 한다.

잡초에 관한 이야기였는데, 그 영역을 크게 벗어났다는 느낌이 든다. 잡초의 문제로 돌아가보면, 풀을 뽑는 과정은 자연 속에서 나름대로 선택하는 일이라고 할 수 있다. 우리의 지식을 활용해 좋은 것과 나쁜 것을 구별하고 땀 흘려 땅을 가꾸는 일이다. 잡초 제거는 우리의 문화를 자연에 적용시키는 것이다. 김을 매면서 우리가 땅을 '경작한다'고 말하는 것도 바로 이런 연유다. 잡초를 뽑는 일은 정원 가꾸기에 역행하는 것이 아니라, 바로 그 본질을 추구하는 행위다. 어떤 시점에서는 정원을 가꾸는 일 못지않게 풀을 뽑는 일이 중요한 의무가 된다. 내가 꽃밭을 가꾸면서 깨달은 것은, 단순한 무관심은 결코 우리를 자연으로 되돌아가게 해줄 수 없다는 사실이다.

이런 점에서 정원은 이 세상의 다른 부분과 별반 다르지 않다. 우리가 자연 속에서 살기 위해서는 어떻게든 그것을 변화시키지 않으면 안 된다. 말하자면 우리는 잡초를 뽑는 동시에 그로 인해 빚어지는 변화를 받아들여야 한다. 잡초를 뽑는 것뿐 아니라 우리가 자연을 보살펴 경작할 필요가 있다는 사실을 자각하게 되면, 우리는 수많은 옐로스톤을 구해낼 수 있다. 우리는 이 지구를 경작하는 정원사이면서 지구의 잡초이기 때문이다. 따라서 결정적인 역할에 비해 무척이나 모호한 우리의 견해를 잘 정립해야 한다. 우리야말로 문제인 동시에, 그 문제를 풀 수 있는 열쇠를 가지고 있다.

• • •

마침내 나는 잡초 때문에 질식할 듯한 상태로 정원을 가꾸는 행위는 무책임한 일이라는 사실을 깨달았다. 정원의 식물들은 나를 믿고 운명을 맡겼는데, 나는 그들을 잡초의 공격으로부터 보호해주지 않았던 것이다. 그래서 나는 정원을 다시 파헤쳐 새로운 방식으로 가꿔나가기 시작했다. 이번에는 잔디밭에 정사각의 밭을 일구고, 18인치씩

일정하게 이랑을 만들어 씨앗을 뿌렸다. 싹이 올라오면서부터 나는 할아버지가 내게 물려준 괭이를 들고, 이랑 사이에 솟아오른 풀들을 열심히 뽑아주었다. 나는 이것저것 심각하게 생각하지 않았다. 이랑과 이랑 사이에 나는 것들은 모두 잡초로 간주했다. 이랑처럼 편리한 게 또 있을까. 밭을 가꾸는 일이 아주 쉬워졌다. 정연한 모습이 보기도 좋았다. 이제 나는 정원에 대한 낭만주의적 환상을 떨쳐버리고 인위적인 정원에 익숙해지기 시작했다. 르 코르뷔지에Le Corbusier도 언젠가 말한 적 있지만, 기하학은 사람의 언어다. 기하학의 언어로 속삭이는 정원을 가졌다는 사실이 나는 행복했다. 이제 가꾸어지지 않은 정원이 보다 자연적이라는 생각에서 벗어날 수 있게 되었다. 잡초 역시 우리의 언어이므로.

땅을 일구기로 마음먹었던 바로 그날부터 나는 잡초를 망설이지 않고 뽑아버렸다. 수 세기 동안 잡초가 자라고 있는 그 땅을 처녀지라고 할 수는 없다. 땅에는 내가 삽으로 흙을 파헤치기만 하면 언제고 싹을 틔울 기회를 엿보는 수백, 수천의 잡초 씨가 숨어 있다. 엄격히 말해서 이들은 자연이 아니다. 그 풀씨들은 앞서 정원을 가꾸었던 사람들의 후손이라고 할 수 있다. 이 풀들을 뽑아내지 않고 놓아두는 것은 그들이 내 정원에 씨앗을 뿌리도록 방치하는 일이나 다를 바 없다. 미신에 사로잡힌 장미십자회원과 청교도, 러시아 이민자들에게 말이다. 강조하건대, 아무 일도 하지 않는 것은 나에게는 물론 식물이나 자연에게 아무런 도움이 되지 않는다. 그래서 나는 잡초를 뽑는다.

제7장
원예의 재능

정원을 가꾸는 데 별 조예가 없는 내 친구들은 내가 원예에 대한 남다른 솜씨를 지녔다고 나를 추켜세운다. 하지만 그런 재능을 충분히 가진 사람들조차도 스스로 그렇게 생각하지는 않는다. 그러나 7월이 되어 정원의 비프스테이크 토마토가 빨간 빛깔로 탐스럽게 익어가고, 다년초 화단에 핀 참제비고깔의 자줏빛 꽃무리가 마치 번창하는 도시의 즐비한 고층빌딩처럼 솟구쳐오르는 정원을 보고 있자면 그곳을 가꾼 이가 재능을 가졌다는 말을 하지 않을 수 없다. 자기 뜻대로 정원을 잘 가꾸지 못해 실패한 경험이 있는 대부분의 정원사들은, 그렇게 멋진 정원을 보게 되면 그 정원의 주인은 원예에 대해 천부적 재능을 지녔을 거라며 자신을 위로한다.

나 역시 정원을 가꾸는 남다른 재능이 존재한다고 믿는다. 하지만 내가 그런 선택받은 사람의 하나라고는 생각해본 적 없다. 스스로 그렇게 생각한다는 것은 주제 넘은 일이기도 하지만, 위험하다. 아무리 재주가 남달라도 8월에 기습적으로 내리는 서리나 진딧물들의 갑작스런 재앙은 어찌할 도리가 없다. 나는 우아한 척, 자신의 지위에 연연하지 않는 칼뱅파 개혁주의자를 닮은 것 같다. 이미 결과가 뻔히 보이는 상황에서도 정해진 일을 진행시키고 모든 것들을 다 짚어보아야만 직성이 풀린다. 게다가 다른 사람들로부터 원예 솜씨가 있다는 말을 듣다보니, 그 평판을 유지해나가는 데 나름대로 사명감을 느낀다. 그래서 나는 식물들을 옮겨심는 데 신중을 기하고 흙의 상태를 유심히 관찰하고, 참고가 될 만한 책들을 열심히 뒤적거린다. 정원은 가꾸는 만큼 품격이 살아난다. 하지만 이러한 온갖 노력에도 불구하고 실패를 거듭한다는 것은 참으로 견디기 어려운 일이다.

당근을 예로 들어보자. 나는 매년 봄 당근을 심어서 여름에 수확한다. 그런데 거두어들이는 당근은 매번 모양새가 시원치 않았다. 관절염 걸린 손가락마냥 못생긴 데다 길이는 2인치를 넘지 않았다. 나도 웬만하면 당근을 키우는 데 능력이 다소 부족할 수 있다는 점을 인정하고 그냥 지나치겠지만 당근이야말로 가장 키우기 쉬운 작물이 아닌가. 씨를 뿌리면 탈 없이 싹이 트고, 병충해도 별반 없는 작물인 데다, 서리 피해도 받을 일 없는 아주 평범한 작물이다. '어린이의 첫 번째 정원'을 만드는 준비물 꾸러미 속에도 당근 씨앗 한 봉지는 들어 있게 마련이다. 벅스 버니Bugs Bunny나 캡틴 캥거루Captain Kangaroo만 생각해보아도 당근은 아이들의 상상 속에 매우 뚜렷하게 살아 있을 뿐 아니라, '실패할 염려가 없는' 재배 품목이다.

당근 하나도 제대로 키우지 못하는 주제에 재능이 있다는 상찬을 들을 자격이 있을까? 당근 재배에 실패하자 나는 당혹스러웠고, 원예에 대한 신념에 위기가 닥쳐왔다.

나는 다부진 마음으로 당근을 연구하기 시작했다. 깊고도 진지하게 생각했다. 심지어 당근의 입장에서 생각을 가다듬어보기도 했다. 당근이 좋아하지 않는 상황은 어떤 것일까? 당근의 윗부분 모습이 실하고 녹색 기운이 싱싱한 것을 보면 물이나 영양분 문제는 아닌 듯싶었다. 그렇다면 함께 키우는 다른 작물이 문제일까? 언젠가는 당근을 양파 옆에 심었다(양파는 인근 작물의 생장을 위축시킨다며 논란이 되고 있는 작물이다). 그래서 다음 해에는 무난해 보이는 상추 옆에 심었다. 하지만 당근의 생육 상태는 별로 좋아지지 않았다.

당근은 무엇에 신경을 쓰는 걸까? 이것은 어리석은 질문이 아니다. 사람과 비교해 식물들이 무엇을 좋아하고 무엇을 싫어하는지 말할 수는 없을 것이다. 그들이 어떤 기분인지는 생각할 필요가 없을지 모르지만, 그들에게 문제가 되는 게 무엇이고 그들의 운명을 결정짓는 건 무엇인지는 질문해봐야 했다. 내가 만나본 대부분의 뛰어난 정원사들은 식물이 무엇을 필요로 하는지 감지하는 능력을 가진 듯했다. 감정이입이 되어 있다는 느낌이 들 정도였다. 러셀 페이지Russell Page는 《어느 정원사의 가르침The Education of a Gardner》이라는 책에서 "당신이 무언가를 기르려고 한다면, 그것을 진정한 의미에서 이해해야 한다. '식물을 기르는 재주'라는 것은 실제로 해보지 않은 사람들에게는 불가사의처럼 느껴지겠지만, 그것은 현실의 문제다. 하지만 마음의 본질을 읽어내는 능력 필요하다."라고 썼다. 나는 페이지가 그저 감상적인 글을 썼다고는 생각하지 않는다. 상상적인 비약의 필요성을 이야기하는 것이다. 내가 키우는 당근의 경우를 생각한다면, 가장 깊은 곳에 내재한 당근의 본성, 즉 당근다움을 알아내야 하는 것이다. 새끼손가락 수준의 당근을 벗어나기 위해 필요한 것은 과연 무엇일까. 나는 곰곰이 생각해보았다. 드디어 그것이 무엇인지 알 수 있을 것 같았다. 그것은 바로 '어깨 사이의 간격'이었다.

  나는 몇 인치 깊이로 당근 밭의 흙을 파내서 단면을 살펴보았다. 그것은 마치 러시아워의 6번 열차처럼 빽빽했다. 당근들이 너무 가깝게 밀집돼 있었던 것이다. 어린 싹들을 좀더 과감하게 솎아주어야 했다. 경험이 부족한 정원사라면 누구나 겪는 일이다. 처음에는 싱싱하게 자라는 새싹들을 뽑아 죽이는 것이 가엽다는 생각이 든다. 잔인하게 느껴지기까지 한다. 하지만 뿌리를 수확하는 작물을 솎아주는 것은 필수적이다. 생각은 또 다른 방향으로 이어졌다. 뿌리를 수직으로 뻗어내려야 하는 당근은 통기성 좋은 부드러운 흙을 좋아하리라는 것이었다. 흙덩어리나 돌멩이는 뿌리를 내리는 데 장애물이 된다. 나는 당근이 뿌리를 뻗을 수 있도록 충분한 여건을 마련해주었을까? 그것을 확인하는 일은 쉬웠다. 흙 속으로 집게손가락을 밀어넣어보았다. 손가락 마디가 채 들어가기 전에 단단한 진흙이 만져졌다. 당근에게 그 땅은 너무나 무거웠다.

  성공은 알맞은 시간과 올바른 장소를 선택하는 데 달려 있다고들 말한다. 시간도 중요하지만, 정원의 삶에 있어서 올바른 장소는 가장 중요하다. 나는 흙을 가볍게 하여 당근에게 좀더 좋은 여건을 만들어주기로 했다. 이른 봄 땅이 해동되자마자 땅을 일구고 모래, 초탄, 퇴비 따위를 넣어서 새로운 보금자리를 만들어주었다. 당근은 퇴비를 많이 필요로 하지는 않지만, 점토질 흙을 가볍게 만드는 데는 퇴비보다 더 좋은 게 없다. 나는 돌멩이를 골라내고 흙덩이를 부수어 모든 것을 한데 뒤섞었다. 캔디처럼 빽빽하던 땅은 금세 부드러운 케이크로 변했다. 손가락을 찔러보니 담배 한 개비 정도는 쉽게 들어갔다. 이제 여기는 당근의 유토피아다.

나는 그곳의 땅을 고른 뒤, 모쿰 당근 씨앗을 두 줄 뿌렸다. 프랑스 원산의 아주 달콤하고 머리가 뭉툭한 당근이었다. 일주일이 지나자 깃털처럼 부드러운 싹이 돋았다. 나는 1인치 정도의 간격을 두어 꼼꼼하게 싹을 솎아주었다. 한 달 뒤, 당근이 비좁게 자라지 않도록 한 번 더 솎아주었다. 녀석들은 모두 자리를 잡았다. 8월이 되자 여송연처럼 통통하게 자란 적황색 당근을 수확할 수 있었다. 예전에는 본 적 없는 잘생긴 녀석들도 많았다. 뿌리 작물을 수확하는 일은 정원이 주는 아주 멋진 즐거움 중 하나다. 거기에는 깜짝 놀랄 요소가 숨어 있다. 당근을 캐내기 전까지는 아래쪽 잎으로 가려져 있어 어떤 것이 묻혀 있는지 추측할 뿐이지만, 곧 검은 흙무더기 속에서 기적 같은 색깔과 모양의 물체를 발견할 수 있다. 그것은 작은 광산을 파내다가 엄청난 노다지를 발견하는 일과 같다. 나는 당근 뿌리 하나를 내 셔츠에 문질러 닦았다. 담황색으로 반짝거리는 당근을 한 입 베어먹으면, 흙내음과 함께 신선하고 달콤한 맛이 강하게 느껴진다. 당근다운 맛이다.

　이때는 슬그머니 생각해보는 것이다. 어쩌면 나는 진짜 재능이 있는지도 몰라.

● ● ●

　물론 정말로 원예에 타고난 재능을 가진 사람이라면, 나처럼 힘들이지 않고도 모든 일을 잘 해냈을 것이다. 하지만 누구에게나 시작은 있다. 매끄럽게 연주하는 피아니스트도 처음에는 피아노 음만 간신히 식별하는 어린아이부터 출발하지 않는가? 그의 손가락들이 처음부터 무엇을 해야 할지 알고 있었던 건 아니다. 자전거 타기도, 당근을 기르는 일도 마찬가지다. 꽤 오랜 시간이 지나야만 '제2의 천성second nature'이라는 것이 생겨난다. 이제 나는 그것을 얻었다. 그것을 얻을 수 없으리라는 염려는 놓아도 된다. 근사한 당근을 기르는 일은 이제 자전거를 타는 일만큼 손쉽게 할 수 있을 테니까. 원예의 재능은 특별한 기억의 형상이라고 할 수 있다. 정원사가 생각을 되살려낼 필요도 없을 만큼 익숙해진 교훈들의 결정체. 이와 같은 교훈의 요체는 (교훈의 대부분은 본인 자신의 경험으로부터 나온 것이며, 일부는 간접적으로 얻은 것이지만) 언제나 즉각적인 활용이 가능하다는 점이라고 할 수 있다.

　여기서 펼쳐나가는 이야기들은 당근 기르기 경험처럼 실패를 극복하는 내용이 될 것이다. 내가 알고 있는 뛰어난 정원사들은 모두 실패에 대해 느긋하다. 실패를 즐거워하는 건 아니지만, 노여워하거나 불평하지 않는다. 몇 년 동안 꽃을 잘 피우던 작약이 갑자기 꽃을 피우지 않으면, 호기심을 발동시켜 문제가 무엇인지 새로운 시각에서 풀어보려고 노력한다. 적어도 정원에서만큼은 성공보다는 실패가 더 주목받는다는 것을 정원사들은 이해한다. 그렇다고 해서 그들이 성공보다 실패를 많이 한다는 의미는 아니다. 물론 그런 경우도 있겠지만, 대부분은 성공보다는 실패에 대해서 할 이야기가 더 많다는 뜻이다. 흙의 상태와 기후, 그 지역에서 번성하는 병충해 따위에 대해. 애초부터 당근이 잘 자라주면 아무것도 배우지 못한다. 기대에 미치지 못하는 것들을 극복하면서 배워나가는 것이다. 곧바로 성공하면 할 이야기가 별로 없지만, 실패를 경험하고 나면 이야깃거리가 많아진다. 적어도 잘 듣고 제대로 배우려는 정원사에게는 그렇다.

내가 가진 자료 중 가장 중요한 것은(다른 정원사들도 마찬가지겠지만) 흙에 관한 실패 경험을 기록해둔 노트일 것이다. 땅딸막한 당근으로부터 이곳 땅은 진흙과 찰흙이 섞여 있어 무겁다는 사실을 알았고, 이를 바탕으로 땅을 가볍게 만드는 법을 배울 수 있었다. 잎만 무성할 뿐 열매가 부실한 토마토를 보면서는 내가 거름을 너무 많이 주었다는 걸 깨달았다. 채소밭은 예전에 목축지였기 때문에 내 예상보다 많은 질소 성분이 함유되어 있었던 것이다. 이곳에 와서 곧바로 심었던 블루베리가 갑자기 죽어버린 이유는, 이곳이 인근 뉴잉글랜드에 비해 산성도가 낮은 신선한 땅이라고 막연히 생각했기 때문이다. 이로써 나는 블루베리가 산성 토양을 좋아한다는 사실을 알게 되었다. 발생된 손실은 토양의 산성도 검사를 하지 않은 채 블루베리를 심었던 잘

못에 대한 비용 지불이라고 생각하면서, 해마다 산성도를 높여주기 위해 초탄을 듬뿍 넣어주었다. 실패는 정원사를 훈련시킨다.

내가 지금 적는 것들은 원예의 재능이 아니라 착실한 학생이나 성실한 관찰자에 관한 이야기로 보인다. 사실 원예의 재능이라는 것이 삼류 원예가 또는 초보 정원사들이 만들어낸 과장된 개념이라고 믿는 사람도 많다. 러셀 페이지는 그와 같은 신비주의적 요소를 조금은 인정하는 듯하지만, 그것은 그의 품성이 천진난만한 탓일 게다. 이보다 사람들의 이목을 집중시킨 것은 엘리너 페레니의 의견이다. 그녀는 원예의 천부적인 재능이란 난센스라고 잘라 말한다. "자신은 원예에 대한 천부적인 재능을 물려받지 못했다고 말하는 사람들은 (실제로 많은 사람들이 그렇듯이) 대부분 자신에게 주어진 숙제를 제대로 하지 않은 것이다. 태어날 때부터 식물 기르기에 재능을 지닌 사람은 없다. 정원 가꾸기 역시 다른 직업과 하등 다를 게 없다. 이 일에 유달리 이끌릴 수는 있지만, 그것이 하늘로부터 부여받은 특별한 재능이라고 할 수는 없다. 필요한 기술을 갈고닦아 지식을 얻음으로써 그 일을 성공적으로 할 수 있게 되는 것뿐이다. 타고난 솜씨 같은 건 없다."

글쎄. 페레니는 나로 하여금 책임감 있는 현상주의자이자 철저한 경험론자, 실용주의자였던 중학교 2학년 때의 생물 선생님을 떠올리게 한다. 보이그 선생님은 그 학기의 첫 번째 수업시간에 아주 확신에 찬 어조로, 한 인간을 화학적인 물질의 집합체라는 측면에서 보면 값어치가 불과 4달러밖에 안 되는 존재라고 담담하게 말해주었다. 왜 그렇게 값이 싼 것일까? 그것은 우리의 몸뚱이가 95퍼센트는 물로,

나머지 5퍼센트는 탄소와 같은 평범한 물질로 구성되어 있기 때문이었다. 나는 그녀가 틀림없는 사실을 말해주긴 했지만, 내가 알고 싶어 하는 것에 대해서는 가르쳐주지 않았다는 사실을 깨달았다.

살아 있는 모든 것들의 95퍼센트는 물로 이루어져 있다. 천재는 95퍼센트의 땀과 5퍼센트의 영감으로 만들어진다. 성공은 95퍼센트의 노력으로 성취되는 것이다. 그렇다면, 그 나머지 5퍼센트는 과연 무엇일까? 수박의 99퍼센트가 물로 만들어져 있다고 하더라도, 나머지 1퍼센트에 대해서도 납득할 만한 설명이 필요하다. '수박'이라고 하는 특별한 것이 바로 그 속에 들어 있을 테니까.

페레니의 생각이 틀렸다고는 할 수 없다. 뛰어난 정원사는 끊임없이 관찰하고, 경험을 쌓고, 책을 보며 연구한다. 헌데 나는 훌륭한 정원사들은 무언가 특출난 점을 가지고 있음을 발견했다. 어떤 특별한 감각, 식물에 대한 정서적 연대감, 실험실에서 만들어진 토양 분석결과와는 다른 흙에 대한 섬세하고 육감적인 직관 같은 것을 그들은 지니고 있는 듯하다. 책에서는 발견할 수 없는 것들이다. 이는 잘 훈련된 음악가와 명지휘자의 차이, 물과 수박의 차이라고도 할 수 있다. 우리가 설명하기 어려운 나머지 5퍼센트를 바로 그들이 지니고 있는 것이다.

· · ·

정원에서의 성공 비결에 대해 이야기하기 전에, 실패의 경험에 대해 더 들어보는 게 큰 도움이 될 것이다. 그것이 내가 자신 있게 이야기할 수 있는 부분이다. 정원에서 실패하는 경우를 살펴보면 크게 세 가지 유형으로 나누어볼 수 있다. 첫 번째는 아주 단도직입적으로 말할 수 있는 것으로, 목사나 보험중개인 모두가 '하느님의 뜻'이라고 말하는 요소들이다. 8월에 내리는 서리, 17년 만에 나타나 극성을 부리는 매미 떼, 가뭄, 홍수처럼 구약성서에 나올 법한 사건들. 정원사는 그저 바라보는 일밖에 할 수 없다. 거기서 정원사들이 배울 것이라고는 사실상 아무것도 없다. 이건 '존재의 문제'와 같은 철학적인 테마에 가까우며 이 글의 영역을 벗어나는 것이다. 이런 상황에서는 아무리 뛰어난 재능도 파라오의 정원사에게 아무런 도움을 주지 못할 것이다.

이보다 자주 일어나는 실패 역시 자연의 힘에서 비롯되지만, 그래도 어느 만큼은 우리의 노력으로 극복할 수 있는 것들이다. 이들을 나는 '과소경작under-cultivation' 및 '과잉경작over-cultivation'으로 구분짓는다.

과소경작의 예로는 새벽부터 어린 새싹들을 공격하는 우드척의 약탈, 척박한 토양에서 자란 못생긴 당근, 잡초에 숨이 막혀 기를 못 펴는 화초를 들 수 있다. 꽃이 제대로 피지 않는 으아리꽃, 서리가 내리기 전까지 열매를 성숙시키지 못하는 토마토 역시 마찬가지다. 과소경작은 정원 식물들이 요구하는 생장 환경을 만들어주지 못해서 일어난다. 자연을 충분한 수준으로 길들이지 못한 탓이다. 야생 동물과 잡초에 대해 낭만적으로 생각하느라 그들의 잠식으로부터 식물들을 충분히 보호해주지 못했거나 토질이 조악한데도 토마토 따위의 식물을 심었거나. 내 노트의 많은 부분이 이러한 과소경작 사례를 기록하는데 할애되고 있다. 아마도 내가 자연에 대한 도시인의 순진한 인식을 가지고 정원을 가꾸기 시작한 탓일 것이다. 나는 정원을 가꾸면서, 그 지역의 동식물들과도 얼마든지 좋은 관계를 유지할 수 있으리라는 무척이나 소박한 기대를 품었다. 과소경작의 실패를 이겨나가는 과정에서, 자연과 좋은 관계를 유지해나간다는 것이 얼마나 어려운 일인가를 비로소 알게 되었다. 정원을 직접 가꾸어나가는 참여자의 시각은 자연을 동경의 대상으로만 바라보던 도시인과는 전혀 달랐다. 나는 이러한 실패를 통하여, 인간이 자연에 대해 힘을 행사하는 것을 크게 두려워하지 않게 되었다. 사람이 설계한 모습대로 풍경을 변화시키고 사람의 필요를 충족시키도록 땅을 경작하는 일에 큰 부담을 느끼지 않게 된 것이다.

한편 정원사가 자연을 지나치게 멀리 밀쳐버리게 되면, 세 번째 유형의 실패를 경험한다. 과잉경작이다. 작물을 빨리 키울 욕심으로 많은 양의 비료를 주면, 그들은 곤충이나 질병의 위험에 쉽게 노출된다. 해충을 몰아내기 위해 살충제를 뿌릴 경우, 땅은 곧 죽어버린다. 땅속 벌레들이 사라지고, 모든 것들의 생육이 갑자기 느려지기 시작한다. 식물은 야생성을 유지하는 만큼 건강을 유지한다. 웬델 베리는 현명하게도, 그들은 "인간이 지구 위를 걸어다니기 이전부터 존재해오던 방식대로 땅, 공기, 햇빛 그리고 물과 함께 호흡하며 살 수 있어야 튼튼한 삶을 유지해나간다"고 말했다. 너무나 집약적인 경작이 이루어지면, 그들의 야생성이 약화되어 실패로 귀결된다.

과잉경작에 의한 실패는 또 다른 이유도 있다. 만약 장미에 대한 관리를 소홀히 하지 않았는데도 불구하고 흑반점병이 발생했다면, 그것은 잡종교배 상의 문제일 수도 있다. 지나치게 크고 이색적인 빛깔의 꽃을 피울 수 있게끔 과잉 육종이 이루어지는 경우, 그의 조상이 가지고 있던 야생성이 약화되면서 실패 가능성을 배태한다. 파란 장미를 심는 건 정원사의 자유이지만, 아마도 실패를 자초하는 일이 될 것이다. 제4기후지대의 위쪽 지역에서 풍년화를 심는 것은 무리다. 당분간이라면 몰라도, 자연은 그와 같은 도전을 용인해주지 않을 것이다.

정원은 이처럼 우리를 과소경작 혹은 과잉경작의 딜레마에 빠져들게 한다. 어느 한 쪽으로 기울면 실패한다. 원예의 재능이란, 양자 사이의 균형 감각을 뜻한다. 그런 재능을 지닌 정원사는 과잉경작과 과소경작의 아슬아슬한 경계를 유연하게 통과한다. 자연을 지나치게 밀쳐내지도, 너무 많이 끌어들이지도 않고. 정원은 그의 뜻과 설계에 따라 우아하게 조화를 이루는 공간이 된다. 헌데 이처럼 중도를 지켜나가는 게 쉽지 않다. 보통은 그 공간을 완전하게 통제하거나, 그냥 내버려두는 양 극단의 선택지로부터 유혹받는다. 첫 번째는 개발업자의 선택이고, 두 번째는 '자연을 사랑하는 사람'의 선택이다. 원예에 재능을 가진 사람은 극단적인 선택을 피한다. 영웅적이지도, 낭만적이지도 않다. 물이 거꾸로 언덕을 거슬러오르게 하지도, 물이 제멋대로 흘러넘치도록 내버려두지도 않는 사람이다.

이러한 중용의 도를 잘 지키는 누군가가 자연과 인간의 힘을 결합시킨다는 표현을 쓴 적이 있다. 원예에 재능을 가진 사람을 일컬어 '초록 엄지Green Thumb'라고 한다. 여기에서 '초록'은 자연의 힘을 의미한다. 정원사는 자연과의 소통을 시도하고, 상상의 영역으로 이를 확장시킬 때 그 힘의 깊이를 이해할 수 있게 된다. 그것은 아주 자연스럽게 '당근다움carrotness' 즉 당근의 속성이 어떤 것인지 이해하는 것과 같다. '엄지thumb'가 상징하는 것은 인간의 힘이다. 이것은 숫자로 설명할 수 있는 성질의 것이 아니다. 인류학자의 주장에 의하면, 인간이 원숭이를 능가하는 존재가 되고 문명의 기초를 쌓을 수 있었던 건 '밀어붙일 수 있는 엄지'를 가졌기 때문이다. 엄지라는 첫 번째 도구를 이용해 인간은 자연을 우리의 요구에 맞게 변화시켜나간다. 정원일에서도 엄지의 역할은 아주 중요하기 때문에 정원사는 이것을 한시도 잊지 않는다. 그는 엄지와 집게손가락으로 씨앗을 뿌린다. 두 손가락을 맞비벼서 뿌릴 씨앗의 개수를 가늠한다. 옮겨심은 모종의 뿌리가 흔들리지 않도록 엄지에 힘을 줘서 손으로 땅을 꼭꼭 눌러준다. 농사철 내내 엄지와 집게손가락으로 순을 쳐주고, 시든 꽃을 따고, 벌레를 잡고, 열매를 딴다. 때로는 기계의 힘을 빌리기도 하지만, 엄지는 언제나 정원사의 곁을 지키는 다용도 전지가위, 정원에서 가장 요긴하게 쓰이는 도구다. 이것을 자연의 방식과 우리의 욕구를 조화시키는 방향으로 올바르게 사용하면 '초록다움' 즉 녹색의 자연을 우리의 것으로 만들 방법을 찾을 수 있을 것이다.

● ● ●

　모종을 심을 때가 '초록 엄지'의 실력을 지켜볼 수 있는 좋은 기회다. 그가 어린 모종을 어떻게 다루는지 주의 깊게 관찰해보자. 다치기라도 할까봐 어린 모종을 아주 조심스럽게 다루는 초보자와는 달리, 경험 많은 정원사는 그들을 무척 거칠게 대하는 듯 보인다. 초보자는 마치 아기 돌보듯 모종 화분과 똑같은 깊이로 땅을 파서 매우 조심스럽게 모종을 심어준다. 그러고는 그 주위의 땅을 부드럽게 살짝 눌러준다. 초록 엄지는 화분을 거꾸로 들어서 모종을 빼낸 뒤, 그것을 흙 속으로 허리 깊이까지 깊숙하게 찔러 넣는다. 가엽기도 해라. 그는 모종 주위의 흙을 두 엄지에 힘을 주어 아주 강하게 다져준다. 그뒤 여남은 개만 남겨두고 땅 아래쪽에 있는 잎과 순을 모두 쳐낸다. 종묘상에서 사왔을 당시와 거의 비슷한 모양을 하고 있는 초보자의 것과 달리 그가 심은 모종은 헐벗은 느낌을 줄 정도다. 하지만 다음날 아침이 되면, 초보자의 모종은 자신의 몸체 하나도 제대로 지탱할 수 없을 만큼 생기를 잃은 채 축 처져 있다. 이에 비해 초록 엄지의 모종은 어린 학생마냥 밝고 생기발랄한 모습이다.

경험 많은 정원사가 그처럼 모종을 거칠게 대한 것은 일종의 배려라고 할 수 있다. 그는 모종들이 겪는 곤경을 잘 이해한다. 뿌리가 온통 흔들려서 당분간은 잎이 필요로 하는 수분을 충분히 빨아올리는 데 힘이 부칠 것이다. 아무리 물을 많이 주더라도 적절하게 잎을 쳐내지 않으면 말라 죽을 위험이 있다는 사실을 그는 꿰뚫고 있다. 그가 모종을 심고 나서 땅을 강하게 다지는 이유는 모종의 뿌리와 흙이 밀착되어 빨리 뿌리를 뻗고, 다시 물을 빨아올리도록 도와주기 위한 것이다.

책도 이런 사실을 가르쳐준다. 모종이 옮겨심기의 충격을 이겨내려면 적정한 '뿌리와 잎·순의 비율'을 확보해줄 필요가 있다고. 하지만 초록 엄지는 그것이 얼마만큼이어야 하는지 그리고 어떤 경우에 보다 과감해져야 하는지를 직관적으로 알고 있다. 또 그는 새로 심은 나무의 이파리들이 맥을 잃고 오그라들기 시작하면 어떻게 대응해야 하는지도 안다. 회복할 수 없이 손상된 세포를 없애는 것 말고는 다른 방도가 없다는 사실을. 그는 호스를 가져다 물을 주는 것이 아니라, 전지가위나 톱으로 순이 죽은 부위를 잘라준다.

초록 엄지는 가지를 잘라내 나무를 배려한다. 나무에게 있어 '실존'의 요체가 어디에 있는지를 초보 정원사와는 다른 비상한 감각으로 찾아내는 것이다. 경험이 부족한 정원사는 새 나무의 가지를 잘라내는 일을 무척이나 꺼린다. 큰 가지를 잘라내면 그 나무가 무슨 나무인지조차 구별할 수 없으리라고 생각하는 것이다. 그것은 식물을 의인화해서 바라보기 때문이다. 마치 사람의 것인 양 식물의 잘려나간 부분을 용인할 수 없는 것이다. 하지만 열심히 정원을 가꾸며 시간을 보내는 사이, 그는 나무가 어디에서 어떻게 살아가는지에 대해 좀더 잘 이해하게 될 것이다. 그는 아마도 나무를 구성하는 각각의 부위와는 구별되는, 영혼과도 같은 무언가가 존재한다는 생각을 하게 될 것이다. 모종을 옮겨심을 때처럼, 때로는 줄기가 나무에 부담을 주기 때문에 일부를 제거해야 한다는 사실도 깨닫게 될 것이다. '영혼'이라는 말이 다소 신비주의적인 느낌을 주기도 하지만, 쉽게 생각하면 나무의 생명력 또는 생장발육의 원천이라고 할 수 있을 것이다. 딜런 토머스Dylan Thomas(1914~1953. 웨일즈 태생의 시인.—옮긴이)가 '초록빛 기폭제'라고 말한 것과도 같은 의미다. 이것이 나무의 뿌리와 몸체를 지탱해주는 밑바탕, 땅 속에 깃들어 있는 그 무엇이라고 상상해보자. 그렇다면 전지는 나무에게 잔인한 것이 아니라 구원이자 성장에 새로운 활력을 불어넣어주는 일이 된다.

식물이 정체성을 가지고 있다는 주장을 뒷받침해줄 만한 과학적인 근거가 있는지는 잘 모르겠다. 하지만 근거의 유무는 중요치 않다. 나는 줄곧 식물 역시 그들 나름의 정체성을 가졌으리라고 상상했고, 덕분에 더 많은 성공을 이룰 수 있었다. 성공적인 정원사는 자연세계에 대한 궁금증과 호기심만큼 과학은 물론 민간설화, 심지어 주술적 접근을 통해서 자연을 이해하고자 노력한다. 효과가 있다면 그는 그게 진실이라고 생각한다. 훌륭한 정원사는 과학에 지나치게 몰입하지 않지만, 과학자 못지않게 실용주의적 성향을 지녔다.

사실 과학은 정원사들에게 존경받을 만한 이렇다 할 업적을 쌓지 못했다. 기적 같았던 살충제가 결과적으로 저주를 불러오지 않았는가. 과학이 만들어놓은 정원 풍경, 특히 식물과 토양의 관계는 불완전하기 짝이 없다. 과학은 활력 있고 복합적이던 정원의 모습을 아주 단순하고 화학적인 모형으로 바꿔놓았다. 전통적인 정원은 인간이 이해하기 어려운 토양의 신비를 간직하고 있었으나 과학은 토양의 비옥도가 질소, 인산, 칼리의 함량에 달려 있다는 단순한 이론을 만들어냈다. 부족한 성분은 비료로 보충해주면 그만이었다. 그 이론은 거짓이라고는 말할 수 없지만, 매우 지엽적이며 위험하다. 그것이 95퍼센트의 성과를 이끌어낼 수 있을지는 몰라도 다른 모든 것을 해결해주지는 못했다. 정원사들이 아직도 속속들이 이해하지 못하듯이, 토양은 신비의 대상이자 생태적인 복합체다. 우리가 얼마든지 기름지게 만들 수 있지만 과학자들이 제시하는 흑백 풍경 속에서는 불가능하다. 반면 초록 엄지의 토양은 5퍼센트의 부족함이 채워져, 다채로운 빛깔로 살아 있다. 봄이면 정원사는 흙을 한 줌 들어 냄새를 맡아볼 것이다. 심지어 그것을 맛보기도 할 것이다. 또한 흙을 손으로 문질러보고 그것이 어떤 색깔로 마르는지 지켜볼 것이다. 그의 오감은 어떤 실험실에서 분석한 결과보다 더 정확하게 흙의 상태와 비옥도를 판별해낼 수 있다.

얼마 전 〈월스트리트 저널〉은 '생태역학적 영농bio-dynamic farming'에 관한 흥미로운 기사를 실은 적이 있다. '유기농organic agriculture'의 한 분파라고 할 수 있는 이 영농방식은 갖가지 신비스런 이론과 기법에 토대하고 있다. 씨 뿌리는 시기를 결정할 때 달의 형상을 고려한다든지, 수사슴 방광을 이용해 퇴비를 만든다든지, 작물의 생장을 촉진하는 데 우주의 여러 가지 힘을 활용한다든지 하는 따위가 그 예다. 쓴웃음을 짓게 하는 글이었다. 나는 이전에도 생태역학과 관련된 글을 읽은 적이 있다. 루돌프 슈타이너Rudolf Steiner(오스트리아 태생의 철학자, 교육자, 예술가이자 신비사상가. 1861~ 1925.—옮긴이)를 떠올리게 하는 이 음산한 이론을 읽고 나서 고소를 금치 못했다. 하지만 기사에서 인용한 농부들의 말 중에는 이상한 느낌을 주는 것도 있었다. 달의 차고 기욺이 바다의 물리적 현상은 물론 여성의 생체리듬에도 영향을 끼치는데, 식물의 생장에 영향을 주지 않는다고 할 수 있을까? "장미는 어쩌면 이렇게 완벽할까?"라는 물음을 던진 어느 농부는 "세상에서 일어나는 현상을 물질적인 것으로만 설명하는 건 충분치 못하다"고 말을 이었다. 자신의 생태역학 영농기법이 효과를 발휘하고 있다는 사실만으로도 그에겐 충분한 설명이 되었으리라. 그 농부는 만월이 되었을 시점에 씨앗을 뿌리고, 개울가에 묻어두었던 동물의 해골과 함께 동지를 지나며 숙성시킨 퇴비를 주어 작물이 풍성해졌다고 말했다. 작물을 본 기자도 그 말에 수긍하는 것 같았다. 실제로 생태역학적 영농 방식으로 농사를 짓는 대부분의 농가가 화학비료나 살충제를 사용하지 않고도 평소보다 훨씬 생산성 높고 건강한 작물을 재배하는 것으로 알려졌다. 기사에 실린 농민들의 인터뷰는 스스로를 닭이라고 생각하는 형을 둔 남자에 관한 우디 앨런Woody Allen의 이야기를 떠올리게 했다. 정신과 의사가 남자에게 형을 정신병원에 수용할 것을 권유하자, 그는 "나는 그렇게 하고 싶지만, 우리에겐 그의 달걀이 필요합니다."라고 말하며 의사의 권유를 거절했다는 이야기다.

초록 엄지는 황당하게 들릴 수도 있는 이와 같은 생태역학 이론을 무시하지 않는다. 민들레에 암소 가죽을 덮어씌워 퇴비를 만드는 특이한 이야기를 듣더라도 비웃기보다는 그 퇴비로 자란 당근을 맛보겠다고 말할 것이다. 효과가 있는 방법이라면, 그는 무엇이든 알고 싶어 한다. 그것이 루돌프 슈타이너의 방식이든 지방 농촌지도자의 처방이든 노벨상 수상자의 이론이든. 그는 '제설제'를 강도 높게 처방해서 훌륭한 아스파라거스를 키워냈다는 이웃 할머니의 재배 비법에 대해서도 관심을 가질 것이다. 그리고 그 아이디어를 직접 실천에 옮겨볼 것이다. 그는 결과물을 직접 눈으로 확인했을 뿐만 아니라, 그 지방 특유의 원예 지식이 가장 좋은 것이라는 사실을 잘 알고 있기 때문이다.

초록 엄지가 어떤 사람인지 이런저런 관점에서 이야기를 해왔지만, 아직도 잘 이해되지 않는 부분이 있다. 초록 엄지는 보통 사람들과 달리 끈기 있고 공손한 상위 5퍼센트의 모범생이라고 생각해볼 수도 있다. 그는 장미의 아름다움을 물질유형적 이론으로는 설명할 수 없다는 것을 알고 있으며 이상하게 들리는 이야기에도 귀를 기울인다. 사람들 사이에 떠도는 이런저런 이야기는 오랫동안 나름의 근거를 가지고 전해져오는 것이기 때문이다. 사소해 보이는 동네 아주머니들의 이야기 속에도 때때로 정원 가꾸기에 대한 경험이 제법 잘 정리돼 담겨 있는 경우가 많다.

무엇보다 초록 엄지에 대한 가장 그럴싸한 설명은 그가 의심이 많다는 것이다. 그는 추상적인 이론에 의존하다보면 또 다른 과잉경작의 위험에 빠질 수 있다는 사실을 알고 있다. 그것이 과학적인 것이든, 점성술에 의한 것이든 사람이 자연에 대하여 만들어놓은 모든 이론들은 완전하지 못하다고 생각한다. 또한 그러한 이론들이 진실되고 실효성이 있다 하더라도, 그것은 자연의 다른 표현 방식에 불과하다고 믿는다. 훌륭한 정원사는 그러한 불완전한 이론이 참되고 조화로운 것이라고 쉽게 혼동하는 실수를 저지르지 않는다.

● ● ●

초록 엄지가 일하는 모습을 한동안 지켜보면, 그가 이론보다는 경험을 우선시해서 자신의 일을 처리한다는 사실을 눈치챌 수 있다. 또한 그는 과학자나 엔지니어라기보다는 예술가로서 자연에 접근한다. 그는 정원에서 일어나는 자연 법칙을 존중하지만, 뜻밖의 일이 일어날 수 있다는 사실도 충분히 인지한다. 그는 운 좋은 일이 생길 거라는 기대를 저버리지 않으며, 정해진 원리를 따르기보다는 그때그때의 상황에 대처하는 데 더 익숙하다. 또한 이론적 분석보다는 시행착오를 경험하는 것에 더 흥미를 느낀다. 어떤 문제에 부딪히면 이런저런 시도를 해본다. 으아리꽃의 아래쪽에는 어떤 식물을 심을까? 일단 그는 이것저것 심어본 뒤, 결과에 따라 또 다른 것을 시도한다.

    초록 엄지의 독창적인 문제해결 방식은 자연을 그대로 모방하는 것이다. 초록 엄지의 정원 세계에는 그의 문화적 취향도 고려되지만, 기본적으로 그는 자연도태의 역할을 수행한다. 퀸 엘리자베스 장미를 그의 정원에서 계속해서 키울 것인지는 장미의 내한성보다 그 꽃이 다른 것들과 조화를 이루는지에 따라 결정된다. 그는 으아리꽃과 함께 퀸 엘리자베스 장미를 심어보지만, 산만하게 느껴진다. 부유한 느낌을 주는 진분홍빛 장미는 아주 서민적인 농가 분위기의 으아리꽃과 계급투쟁이라도 벌일 듯하다. 그래서 이듬해에는 퀸 엘리자베스를 방출시킨다. 다른 곳에 옮겨심을지, 아니면 내던져버릴지는 알 수 없다. 그의 정원은 부유층 귀부인과 같은 근사한 장미에게 알맞은 곳이 아니다. 어느 겨울 그는 종묘 카탈로그에서 우연히 골든 스플렌더 Golden Splendor라는 이름의 소박하고 매력적인 백합을 발견한다. 밝고 담백한 노란 색깔의 그 꽃은 으아리꽃과 완벽히 조화를 이룰 것 같다.

그해 7월 두 꽃은 같은 시기에 꽃을 피운다. 꽃의 색깔과 분위기 모두 조화로운 풍경은 정원사를 만족시키고, 이제 그 식물들의 조합은 정원의 한 모습으로 자리잡는다.

그가 정원을 가꾸는 방식은 진화의 과정과도 비슷하다. 적자생존의 현상을 따른다는 말은 아니다. 진화는 이중적인 율동의 과정이다. 자연의 무차별적인 창조적 본성은 초록 엄지와 함께 무한한 새로운 조합들을 만들어내고, 그 상황에서 가장 적합한 것이 선택된다. 이처럼 낭비적이고 사치스러워 보이는 과정을 거쳐 장미의 현란한 아름다움이 만들어진다. 그리고 장미는 화려한 아름다움을 얻는 대신, 실리와 유용성은 포기한다. 평범한 꽃들이 벌을 더 많이 끌어들이는 자연의 역동적인 변화는 이처럼 목표를 미리 정해놓고 진행되지 않는다. 새로운 상황에 적응하는 것은 차후의 문제다. 정원사는 예술가처럼, 그의 작은 세계 속에서 새로운 것을 시도하고, 또 잘못된 것을 가려내 도태시키는 두 가지 기능을 수행한다.

초록 엄지는 그 지역 고유의 특성에 기초한 자연선택의 과정을 지휘하며 자신의 공간에서 신과도 같은 존재가 된다. 하지만 그가 전지전능과 절대권능의 영역을 침범하는 것은 아니다. 정원에서 그의 존재가 신과 같은 것이라면, 아마도 인간과 다른 신들의 뜻에 따라 권능이 크게 약화된 그리스의 신일 것이다. 유대교의 신과는 달리 지혜·예술·전술의 여신인 아테나Athena는 타협하고, 회유하고, 때로는 다른 신과의 싸움에서 지기도 한다. 인간은 아테나와 비밀을 나누어 갖기도 한다. 초록 엄지는 그의 정원에서 일어나는 모든 일들을 자신의 뜻대로 조종할 수 없다는 것을 알고 있다. 그는 이 점을 다행으로 생각한다. 만약 그가 자신의 정원에 대해 절대적인 지배권을 행사할 수 있게 된다면, 그곳은 오히려 무기력하고 빈약해져서 재미 없는 공간으로 변질되고 말 것이다. 문화에 대항하는 자연의 힘, 새로운 생각을 제어하는 자연의 현실이 쉬지 않고 그를 고민에 빠뜨린다. 그 덕에 정원은 인간의 부분적인 역할만을 허용하면서 자신의 특성을 유지할 수 있다.

우리는 초록 엄지가 평범 이상의 어떤 능력으로 정원을 가꾼다고 말할 수도 있을 것이다. 그것은 키츠Keats가 셰익스피어의 천재성을 설명하면서 말했던 '부負의 능력'(사실이나 이성과 같은 기성의 관념으로부터 자유로운 불확실성, 신비, 의혹 가운데서 자신의 존재를 드러낼 수 있는 능력)과도 같은 것이다. 초록 엄지는 자연이 가지고 있는 불확실성을 편안하게 받아들인다. 그는 자연의 신비 속에서 자신의 섣부른 통제나 예단을 자제한다. 실재하는 세상의 웅성거림에 쉽게 묻히지 않는, 무너지지 않는 질서에 순응하는 것이 정원을 잘 가꾸는 방법이라고 할 수 있다. 이런 점에서 셰익스피어가 '초록 엄지다운' 능력을 가졌다고 생각해도 좋지 않을까?

초록 엄지의 자연에 대한 접근 방식이 예술가와 닮았다고 해서, 그가 자신의 정원을 하나의 예술 작품으로 생각하고 있다는 의미는 아니다. 그는 예술 작품이라는 어휘가 함축하는 종결 또는 완성의 의미를 정원에 적용시키지 않는다. 훌륭한 정원사라고 해서 모두가 훌륭한 정원설계사는 아닌 (그 반대의 경우도 마찬가지이지만) 이치와 같다. 초록 엄지는 하나의 정원을 완성시킬 수 있다고 생각하지 않는다. 어느 정도는 길들여둘 수 있을지 모르지만, 그것은 한시적이라는 사실을 알기 때문이다. 산뜻하게 깎아놓은 산울타리는 곧 다시 무성해지고 정원 안길은 잡초로 뒤덮이는가 하면, 비가 내리면 붓꽃은 스러져버리고 말 것이다. 이처럼 한순간도 머물러 있기를 거부하는 대상을 가지고 예술 작업이 이루어질 수 있을까? 만약 그가 예술가라면, 아마도 그는 끌로 돌덩이의 몸체를 다듬어내는 조각가와 비슷할 것이다. 그가 다루는 물체의 비타협성에도 불구하고 정원사는 자신이 지닌 '부의 능력'을 이용하여 정원을 가꿔나간다.

정원은 예술 작품 그 이상이다. 그것은 본질적으로 불안하고, 부침을 반복하는 자본주의 시장경제와도 같다. 호황이 최고조로 오른 상황에서도 언제고 경기가 폭락할 가능성이 있는 것처럼, 어느 한 해 다년초 화단의 꽃들이 유난히 풍성하다면 대체로 그 이듬해엔 빈약한 꽃들을 피우게 마련이다. 기력이 소진된 다년생 풀꽃들은 포기 나누기가 필요하고, 그 이후 두 해쯤은 자신을 추스르지 않으면 안 되기 때문이다. 봄에 전정을 해주지 않으면 쑥부쟁이, 풀협죽도, 참제비고깔은 너무나 많은 싹을 올릴 것이다. 그것이 여름에는 초본식물들의 인플레로 이어져서 개화의 값어치를 크게 떨어뜨린다. 정원에서는 끊임없이 새로운 부가 축적되고 사라진다. 그래서 정원의 균형은 결코 오래가는 법이 없다. 어느 한 곳에서는 영양이 부족하고, 다른 곳에서는 지나치게 넘친다. 날씨에 따라 물의 공급도 크게 변동한다. 과연 누가 이토록 이기적이며 요란스러운 집단이 조화롭게 공존하도록 훌륭히 지휘할 수 있을까? 정원사의 소임은 정원 식물들이 각자 원하는 것을 끊임없이 추구하는 동안 식물로부터 원하는 것을 얻어내는 일이다. 비유에 다소 무리가 있지만, 정원사를 강력한 권한을 가지고 있으나 전능하다고는 볼 수 없는 연방준비은행의 의장이라고 생각해보자. 그가 할 수 있는 일은 정원의 순환이 만들어내는 굴곡을 부드럽게 완화시키는 것이다. 맹렬한 부처꽃의 기세는 누르고, 억눌려 있는 초롱꽃의 기력은 키워준다. 그리고 탐욕스럽게 퍼져나가는 '실버 킹' 쑥 무리를 정리해준다.

완벽주의를 추구하는 사람들에게 정원은 만족스럽지 않은 공간일 것이다. 거기에서는 너무나 많은 것들이 우리의 통제 영역을 벗어난다. 우리가 할 수 있는 일이라고는 최종적인 파국을 막는 일 정도다. 정원에서의 성공은 한순간에 불과하다. 다년초 풀꽃들이 일제히 꽃을 피우는 6월의 한 주, 또는 까막 무서리의 기습 직전 붉게 농익은 토마토들이 9월의 풍악을 울리는 며칠이 바로 그런 순간이다. 당신이 초록 엄지와 같이 시간에 따라 일어나는 변화로부터가 아니라 한 군데에 머물러 있는 공간으로서 정원을 대한다면, 당신은 쉽게 실망할 것이다. 정원은 결코 완성되지 않는다. 오늘 잡초를 뽑는다고 해도 내일 그들은 되돌아온다. 당신이 섬멸해버린 진딧물의 다음 세대 무리들이 복수를 위해 곧 몰려온다. 당신이 애써 심은 것들은 조만간 시들어버리고 만다. 정원의 많고 많은 것들 중에서 초록 엄지에게 그나마 위안을 주는 것은 퇴비더미다. 퇴비는 언제고 자연에 대한 의무를 다한다. 이번 계절의 죽음과 실패로부터 새봄의 참신한 소생의 희망을 되살려낸다.

• • •

  나를 초록 엄지의 정원사라고 할 수 있을까? 아니다, 아직은 아니다. 나는 겨우 과잉경작의 큰 실패를 범하는 단계로부터 벗어났지만 과소경작의 실패를 피하는 수준은 벗어나지 못했다. 초록 엄지의 정원사가 오도된 진보적 관념 때문에 자신의 일년초 화단에 잡초를 심거나 우드척 소굴에 불 폭탄을 퍼붓겠는가? 나는 아직도 전지가위를 과감하게 사용하는 데 미숙하고, 툭하면 농약 분무기를 작동시킨다. 나는 내 정원이 어느날 완벽하게 완성되어 그 모습 그대로를 영원히 간직할 수 있게 되기를 기대했다. 하지만 늘 기대를 저버리는 정원에 대해, 때때로 미칠 듯한 기분을 느낀다. 정원은 잠깐 동안만이라도 완성된 모습으로 조용히 있어주지 않는다. 셰익스피어와는 달리, 나는 '사실과 이성만을 성급하게 좇는' 성향을 가졌다고 하는 편이 옳을 것이다. 정말로 성급하다.

  그래도 나 역시 초록 엄지처럼 보고 느끼는 순간이 있음을 안다. 나도 그가 느끼는 것과 같은 편안한 마음으로 정원 식물들 사이를 오갈 때가 있다. 정원에서는 때때로 압도당하는 기분을 느낀다. 꿈을 일깨우는 느낌. 나는 대부분의 다른 정원사들도 이런 기분을 종종 경험하리라고 생각한다. 그것은 당신이 7월의 어느날 오후, 정원에서 여러 가지 사소한 일들을 부지런히 하는 시간일 수도 있다. 당신은 원추리의 스러진 꽃대를 잘라주고, 잡초를 뽑고, 열매를 맺기 시작하는 토마토를 솎아내고, 두 번째 꽃을 보기 위해서 긴 줄기의 네페타nepeta(민트과에 속하는 식물로 개박하, 꿀풀 등 약 250개의 품종이 있음.—옮긴이)를 다듬어주기도 한다. 이마에 땀방울이 맺힐 만큼 열심히 일을 하지만 일한 티는 별로 나지도 않고 내내 꾸물거리기만 한 느낌이다. 연장이 손에서 가볍게 느껴진다. 이제 다른 무슨 일을 해야 할지 당신의 손은 잘 알고 있다. 참제비고깔의 꽃을 잘 피우려면 곁순들을 따주어야 하고, 으아리꽃에게는 넝쿨줄기를 올릴 지지대를 만들어주어야 한다. 일손이 바빠지면서 일상의 잡념 따위는 까마득하게 잊혀진다. 그것은 마벨Andrew Marvell이 〈정원The Garden〉이라는 시에서 표현한 마음과도 같은 것이었다. "초록빛 그늘의 초록빛 생각에/ 온갖 잡념을 모두 날려버린다."

초록빛 생각과 초록빛 일손. 정원사에게 고상함이 있다면 그것은 자연의 경이로움에 사로잡혀 무장해제된 낭만주의자나, 공허하기만 한 몰아沒我 · 무아無我의 경지에 빠져 있는 선승의 숭고함과는 전혀 다른 것이리라. 정원사는 그만의 특별한 환상 속에서도 자기 자신을 잃지 않는다. 자신의 몸은 더욱 소중히 여긴다. 지난 7월의 어느날 오후처럼 당신은 여전히 몸을 움직여 자연이 말하는 이야기를 듣고, 그와 여러 가지 대화를 나누고, 그를 자극시키기도 하면서 여름의 정원을 가꾸고 있다. 이 시간은 그리 오래 지속되지 않겠지만, 자연을 통해서 찾아내는 초록 엄지의 길은 때때로 이처럼 명쾌한 특징을 나타낸다. 이것이 우리가 쉽게 따를 수 있는 '제2의 천성'이다. 그것은 아주 단순 명쾌하다. 꾸준한 몸놀림. 그것이 바로 정원에서의 우아한 기품이다.

가을

제8장
가을걷이

 9월이 끝자락에 다다라 중추절 보름달이 떠오를 쯤이면, 정원은 달콤하지만 우울한 계절로 발걸음을 옮긴다. 이제 누구나 원숙한 풍요로움 속에 찾아들기 시작하는 종말의 조짐을 예감할 수 있다. 몇몇 열대성 일년초만은 서리 내릴 때가 가까워질수록 더욱 극성스레 꽃을 피운다. 달리아와 금잔화, 토마토와 바질은 다가오는 겨울과 휴면에 대해서는 아랑곳하지 않는 모습이다. 일년생 식물들은 9월이 되어도 내적 전환을 이행할 아무런 채비도 하지 않는다. 서리가 바로 내일 내릴지도 모르는데 아무런 대비가 없다. 이와는 달리 요행을 바라지 않는 다년초 식물들은 생장 속도를 낮춘다. 그들의 관심은 꽃과 잎으로부터 멀어지고 뿌리와 고이 간직해둔 녹말로 옮겨간다. 일년초 식물들은 앞으로 닥쳐올 위험에 대비하고 훗날을 위해 저축하는 데에는 관심이 없다. 점차 약해지는 햇빛에 미련 없이 자신을 내던지는 그들의 모습은 천진난만해 보일 정도다. 공중에 매달려 있는 다모클레스의 칼처럼, 언제라도 서리가 내릴 수 있는 계절에 저토록 보란 듯이 꽃을 피우는 달리아보다 더 무모한 게 있을까? 다가오는 겨울이 연습 삼아 살짝 뱉어보는 숨결에 불과한 9월의 무서리에도 단 하룻밤을 견디지 못하고 검은 파김치가 되어버릴 자신의 운명을 달리아는 알고나 있을까?

유난히도 밝은 중추의 보름달은 때 이른 서리를 예고한다. 자연의 섭리는 천연덕스럽기만 하다. 첫 무서리가 내리고 난 뒤에는 으레 몇 주 동안 쾌청한 날씨가 이어지기 때문이다. 딱 한 번 9월의 서리를 맞은 토마토가 버팀대 위에 마치 검은 상장喪章처럼 매달려 있는 광경을 보면, 잔인하다는 느낌이 든다. 첫 서리가 그리 일찍 내리지만 않았어도 꽤 오래 살았을 텐데. 이미 벌어진 일이지만 미련은 좀처럼 가시지 않고, 원망스런 마음이 든다. 구름 한 점 없이 맑게 갠 밤하늘에 둥근 달이 떠오르며 공기 중에서 느껴지던 온화한 기운이 사라지고 금속성의 차가움이 느껴지는 저녁. 우리는 일년생 식물들을 궁지에서 구해줄 방도가 없는지 서둘러 찾아보게 된다. 조금이나마 남아 있을 땅의 온기가 달아나지 않도록 낡은 침대보나 방수포 같은 것으로 토마토, 호박, 오이 따위의 채소들을 덮어준다. 은색의 달빛이 쏟아져내리는 밤이 되면, 정원은 마치 유령이 모여든 것처럼 보인다. 땅은 자기 본래의 모습을 잃어버리고, 땅과 외계의 공간 사이에 아무것도 존재하지 않는 느낌이 든다. 침대보를 뒤집어쓴 연약한 일년생 식물들은 마치 우주복을 입고 있는 것 같다.

운이 좋으면, 정원은 며칠 간의 때 이른 추위를 가까스로 견뎌낼 수 있다. 그리고 뒤이은 얼마 동안의 따스한 날씨 덕분에 정원의 모든 것들이 무르익어 풍성해진다. 우람한 꽃을 피웠던 해바라기는 한낮에 조는 듯 고개를 숙인다. 이제는 더이상 해를 쳐다볼 수 없을 만큼 무거워진 씨앗 꼬투리는 꽤나 큼직하다. 어치들이 해바라기 씨앗 꼬투리를 위아래로 타고오르며 통통하게 살찐 씨앗들을 쪼아먹는다. 이제 계절의 색조는 오렌지 빛깔의 노란색으로 완연하게 변한다. 푸르죽죽하던 호박덩이, 해바라기와 노랑데이지, 사탕단풍나무 잎새는 모두 색깔을 바꾼다. 몽골 연필이나 스쿨버스의 색깔이 그렇듯, 이들의 노란색은 새 학기가 시작된다고 알리는 공식적인 빛깔이 아닌가?

이제 여름날처럼 꾸물거릴 시간이 없다. 가을의 정원에서 해야 할 작업들이 남아 있기 때문이다. 추수는 최고의 일이지만, 최소한의 작업에 불과하다. 새로운 밭 두럭을 만들고, 나무와 관목들을 심고, 두엄을 뿌리고, 낙엽을 긁어모으고, 겨울을 날 피복식물들을 심는 따위의 또 다른 많은 일들이 기다리고 있다. 여름에는 손과 가위만 가지고도 일할 수 있지만, 가을에는 삽과 쇠스랑을 써서 팔과 허리를 부지런히 움직여야 한다. 제법 쌀쌀하지만 삽상한 날씨 덕에 즐겁게 땀을 흘릴 수 있다.

나름대로 정원 일을 계속해나가고 있지만 해가 남쪽으로 더욱 기울어지고 가을이 깊어지면서, 내 마음은 이제 정원에만 머무르지 않게 된다. 정원 칼럼니스트들과 종묘원의 할인 판매 소식이 지금 바로 새로운 정원 프로젝트를 시작하도록 부추기지만, 나는 그런 것에 마음을 빼앗기지는 않는다. 해마다 이때가 되면 이듬해에 더 멋진 것들을 오랫동안 꽃피우기 위해서는 지금 새로운 것들을 심어야 하지 않을까 생각하게 된다. 하지만 나는 극기하는 마음으로, 그런 욕심을 스스로 억제한다. 침체에 빠져 있는 원예 업계에서는 우리의 생각이 잘못되었다는 것을 지적하면서 가을이야말로 새로운 것들을 심기 좋은 시기라고 설득한다. 하지만 나무라면 몰라도, 10월에 다년초 식물을 심는 것은 위험하다. 이듬해 5월에 새로 심는 게 좋다. 겨울 한파가 내습하기 전, 새로 심은 식물들이 자리잡을 시간이 부족한 탓이다. 그들은 그해 겨울을 나지 못한다. 그것만이 이유는 아니다. 이제 대지가 상점 문을 닫고 휴식을 준비하는 마당에, 자연의 순행 일정을 거슬러서 내 욕심을 챙기고 싶지가 않은 것이다.

제임스 프레이저 경은 《황금가지 *The Golden Bough*》에서 북아메리카 원주민인 에스키모들이 전통적으로 이어온 시합을 하나 소개한다. 그들은 가을마다 그해 가을에는 여름과 겨울 중에서 어느 쪽이 더 큰 기운을 발휘할 것인지 알아보기 위해 경기를 한다. 부족 사람들은 각각 '뇌조패'와 '오리패'로 나뉜다. 겨울에 태어난 사람들로 구성되는 뇌조패와, 여름에 태어난 사람들로 구성되는 오리패가 맞붙어 시합을 하는 것이다. 이들은 바다표범 가죽으로 짠 끈으로 줄다리기를 벌인다. 뇌조패가 이기면 그들은 겨울이 빨리 오리라고 생각한다. 오리패가 시합에 이겨서 조금은 싱거운 결과가 초래될 수도 있다. 승리의 함성은 그다지 확신에 차보이지도 않는다. 나는 가을의 정원사들이 오리패 사람들과 같은 심정이 아닐까 하고 생각한다. 그래도 9월에는 토마토에 우주복을 입히는 식으로라도, 어느 정도 겨울의 기운을 물리칠 수 있다. 하지만 가을이 무르익고 나면, 오리패를 위해 잡아당기던 끈을 놓아버리고 뇌조패 쪽으로 합세하지 않을 수 없게 된다.

● ● ●

북쪽지방에 토착화되지 못한 열대성 일년초 식물을 뺀 모두는 가을 정원에서 자연의 섭리에 따라 겨울을 준비한다. 받아들일 수 있는 햇빛이 적어지면서 광합성 작용이 약화되면 초목들은 자신들이 가진 나머지 에너지를 열매와 씨앗을 성숙시키는 데 모두 쏟아붓는다. 정원사에게 정원의 녹색 세상은 이제 다소 만만하게 느껴지기 시작한다. 잔디 자라는 속도가 눈에 띄게 떨어지고, 뽑아도 뽑아도 하루가 무섭게 새싹을 올리던 잡초들도 맥을 못춘다. 마침내 정원사는 정원의 초록색 행렬을 앞질러, 자신의 힘으로 그들의 행진을 밀어낼 수 있게 된다.

5월 이후 녹음으로 우거졌던 정원과 숲의 초록빛 색채도 퇴조하기 시작한다. 과일들은 자신의 고유한 색조를 띠며 성숙해 각자의 독특한 개성을 표출한다. 시들어 말라가는 줄기 사이로 울긋불긋한 토마토가 모습을 드러내는가 하면, 땅 위로는 주황색 당근이 어깨를 내민다. 또한 노랑과 갈색 그리고 울새 알처럼 다채로운 색깔을 띠는 늦호박들이 버려진 옷가지마냥 사위어내린 잎새와 줄기들 사이로 얼굴을 비춘다.

일년초가 자라는 곳은 다르지만 나무숲의 가을 색조는 엽록소가 빠져나가는 낌새가 완연하다. 이제 열매를 성숙시킨 나무들은 각자의 독특한 빛깔로 동물들에게 신호를 보낸다. 과일을 그들의 먹잇감으로 주는 대신 씨앗을 퍼뜨리려는 것이다. 식물들은 9월이 지나기 전에 모든 에너지를 쏟아부어 이런 과정을 서둘러 진행한다. 자신의 비밀을 고스란히 적어넣은 작은 씨앗을 누군가가 세상 밖으로 가져가주기를 기대하며. 그 작은 알갱이 속에는 그들이 아는 모든 비법과 행동요령, 유언 등이 들어 있다. 그들이 지닌 모든 유전적 정보는 겨울을 날 수 있을 만큼 충분히 견고하고 아담한 병 속에 밀봉되어 미래의 대양 위에 던져진다. 견과 형태의 씨앗일 경우, 이들의 유전 정보는 동물의 망각에 의존해야 한다. 도토리를 옮겨다 숨겨놓은 다람쥐들이 상당 부분을(베아트릭스 포터Helen Beatrix Potter(1866~1943. 영국의 작가, 삽화가, 식물학자로서 호수지방의 자연 보존을 위한 활동과 함께 'Peter Rabbit'이라는 동물 캐릭터를 만들어낸 것으로 유명함.—옮긴이)의 추정에 따르면 다람쥐들은 자신이 숨겨놓은 도토리 중 절반 정도는 찾지 못한다고 한다) 잊어버리기 때문에 참나무 숲이 존재할 수 있는 것이다.

  동물들로서도 부족한 게 없다. 정원이 숙성시켜놓은 열매의 향기와 빛깔이 그들을 기다리고 있다. 동물들도 겨울을 나기 위해서는 준비가 필요하다. 우드척, 너구리, 사슴, 다람쥐 그리고 두더지들은 여름의 무기력증으로부터 벗어나 가을의 결실을 차지하기 위한 최후의 큰 싸움에 뛰어든다. 그들은 탄수화물, 지방, 단백질에 대한 모든 권리를 가지고 있다고 생각하며 달려든다. 그래서 그들의 공격은 서리 피해에 필적할 만큼 파괴적이다. 지난해 나는 옥수수를 심었지만 단

몇 통도 수확하지 못했다. 어느날 한밤중에 너구리들이 담을 넘어 들어와 내가 차려준 식탁 위에서 게걸스런 파티를 벌였기 때문이다. 녀석들은 하나도 남겨놓지 않고 옥수수 대궁을 쓰러뜨렸다. 다 먹지도 않을 거면서 옥수수마다 한 입 두 입씩 찝쩍거린 탓에, 밭은 완전히 초토화되었다. 똥까지 큰 무더기로 싸놓고 가다니 염치가 없어도 유분수지. 사슴이나 우드척의 야간 좀도둑질과 비교해보면, 그 광경은 마치 '맨슨 패밀리Manson Family(1960년대 미국의 캘리포니아 지역에서 찰스 맨슨Charles Manson이라는 인물에 의해 결성된 반체제 범죄집단으로 집단의 지시에 따르지 않는 구성원을 살해하는 등의 잔인한 행동으로 사회적 지탄을 받았으며, 맨슨은 현재 종신형으로 수감 중에 있음.—옮긴이)'의 무참한 소행과도 같았다.

하지만 너구리의 만행은 정도의 차이는 있을지언정 추수의 계절에 일상적으로 벌어지는 일일 뿐이다. 동물의 침입을 막아내는 것도 보통 일은 아니었지만, 균류 및 박테리아와의 싸움도 힘겨웠다. 잘 익은 것일수록 쉽게 썩어나가는 법. 한껏 무르익은 과일은 동물들과 내가 함께 할 수 있는 것보다도 훨씬 더 빨리 균류와 박테리아에 의해 무너져내린다. 병리역학자들이 잘 알고 있듯이, 우리 인간이 이겨내야 하는 생존경쟁의 대상 중에서 가장 위협적인 것이 미생물이다. 너구리나 우드척, 사자와 호랑이와 곰 등은 박테리아나 균류, 바이러스에 비하면 아주 하찮은 것에 불과하다. 현미경으로 이들을 들여다보면 우리 인간이 자연을 지배하고 있다는, 질병을 정복했다는 주장이 얼마나 허황된 것인지 알 수 있다.

정원의 미생물들은 잘 익은 과일들을 맛없게 만들고, 땅바닥에 떨어져 그대로 썩도록 한다. 박테리아의 침투로 말캉하게 곪아가는 토마토, 곰팡이 때문에 썩어들어가는 호박, 바이러스에 전염돼 검은 반점이 생긴 사과······. 이 모든 것들은 세균이 아무 제지 없이 내가 가꾼 것들을 쟁취했다는 표식이다. 어느 생물학자의 표현을 빌리자면, 미생물들은 과자 한 접시를 모두 차지하기 위해 과자에 먼저 침을 발라놓는 어린애나 다름없다. 그들은 썩는 과정에서 역겨운 냄새를 풍김으로써 동물조차 자신을 피하게 만든다. 썩으면서 알코올 성분을 만들어내는 과일을 좋아하던 동물들이 도태된 것도 이런 이유 때문일 것이다.

 이러한 측면에서 생각해보면, 가을 정원은 공포를 불러일으키기에 충분하다. 가을비가 자주 내리는 해에는 더욱 그렇다. 축 처진 넝쿨에 매달린 토마토는 땅에 닿기 무섭게 썩어 들어간다. 하루만 지나도 물컹물컹 망가져버리는 것이다. 농익은 양배추의 밑동 부분에 손가락을 넣어보면 끈적거리는 갈색 고름덩어리가 만져진다. 겉으로 보이지는 않지만, 양배추는 아래쪽으로부터 위로 썩어 올라갔음을 알 수 있다. 그것은 땅에서 옮아온 것이었다. 공중으로 퍼져나가는 세균 포자들은 모든 방향으로 침투해 들어가지만, 부패는 흙과 가까운 쪽부터 시작된다. 이 계절의 대지는 땅이 베풀었던 것을 되가져갈 수 있음을 정원사에게 상기시킨다. 땅 위에 어지럽게 널브러진 채소의 잔해들은 점차 검게 썩어 주저앉는다. 그리고 마침내 색깔과 형태는 뭉개져서 땅속으로 완전히 사라져버린다.

월트 휘트먼Walt Whitman은 인간이 감히 대지를 접하고 있다는 사실에 경탄을 금치 않았다. 나아가 대지는 겹겹이 옷을 입은 인간의 육체마저 쉽사리 부패시킬 수 있다는 점에 대해서도 놀라워했다. 그는 〈이 퇴비This Compost〉라는 시에서 "어떻게 이 땅은 병 들지 않을 수 있을까?"라고 묻는다.

> 대지 당신 안으로 그들이 병들어 죽은 시신들을 모두 쓸어넣고 있지 않은가?
> 모든 대륙이 죽어서 썩어가는 것들을 받아들여 쉬지 않고 처리해내고 있지 않은가? (…)
> 이 얼마나 신묘한 일인가!
> 풀밭 위에 내가 눕더라도 아무런 병에도 걸리지 않는다는 것이,
> 모든 풀의 새싹들이 언젠가 전염병으로부터 죽었던 것들로부터 솟아오른다는 것이,
> 나는 어머니 지구에게 그저 놀랄 뿐이다, 침잠하고 인내하면서,
> 그토록 신선한 것들을 부패한 것으로부터 싹 틔워내다니…

가을걷이는 대지가 진행하는 부패, 우리가 쟁취한 것을 망가뜨리는 일을 일시적으로 지연시키는 행위다. 그래서 우리는 동물들이 먼저 그것을 가져가기 전에 모든 생산물을 거두어들이고 온갖 기법을 활용해 세균의 활동을 방지한다. 요리를 하고, 통조림을 만들고, 피클을 만들고, 냉동시키고, 훈제를 만들고, 절이고, 설탕에 잰다. 이들은

자연의 부패에 대항해서 우리의 문화가 오랜 시간 경험으로 검증해온 질병 예방 기법이자, 채마밭을 가꾸는 데 없어서는 안 될 유용한 도구다. 수확물을 보존하는 가장 효과적인 방법은 사실 정원 가꾸기의 원칙에 기초를 두고 있다. 포도주나 사과발효주 또는 온갖 종류의 치즈를 만들 때 우리는 세균을 배척하기보다는 우리에게 유용한 것들을 골라내어 부패 과정을 이용한다. 정원은 스스로 썩는 것으로부터 다시 살아난다.

• • •

자연은 야만적이다. 물론 그렇더라도, 그것은 그 계절이 들려주는 이야기의 일부에 불과하다. 가을걷이는 수확과 부패, 성취와 망가뜨림만을 의미하지는 않는다. 거기에는 그 계절이 우리에게 아무 대가 없이 안겨주는 풍요로움이라는 선물이 있다. "넘쳐나는 가을, 커진 풍요로움으로 가득한"(셰익스피어, 〈소네트 97〉중에서). 가을의 흥건한 풍요로움은 우리를 황홀하게 만든다. 티 없이 맑고 상쾌한 날들이 이어지는 10월 어느날 오후, 된서리를 걱정하며 추위에 강한 몇몇 채소를 제외한 다른 것들을 서둘러 거두어들이고 있을 즈음이었다. 몇 달 전 겨우 한 줌에 불과했던 씨앗들이 만들어낸 '실체'는 이토록 완전하고도 명백하다. 우리는 호박, 오이, 토마토 따위를 거두어들인 바구니를 쌓아올리고 상추와 근대를 따서 자루에 집어넣는다. 송아지의 머리통만큼이나 큰 해바라기 머리들을 잘라내고 모두 집 안으로 들여놓으면, 그들은 부엌을 가득 채워버린다. 거두어들이는 양도 감동적이지만, 수확을 하면서 확인하는 그 모든 것들의 '무게'란! 그것들을 옮겨나를 때 어깨에 전해지는 하중이 아니라, 가을이 지니고 있는 중력의 무게……. 해바라기를 성숙시켜 고개를 숙이게 하고, 정원을 둘러싼 사과나무들의 가지가 아래쪽으로 휘어지게 만드는 힘 말이다. 플리니Caius Plinius Secundus(AD 23~79. 'Pliny the Elder'로 잘 알려진 고대 로마의 저술가. 자연주의 철학가이자 군지휘자로서 자연에 관한 현존하는 가장 오래된 백과사전이라고 할 수 있는 《Naturalis Historia》를 저술하였음. —옮긴이)는 사과가 모든 것 중에서 가장 무겁다고 말했다. 소로 역시 짐을 끄는 수소들은 사과가 실린 짐을 쳐다보기만 해도 땀을 흘리기 시작한다고 말했다.

올 가을 내가 밭에서 기른 겨울 호박을 봤더라도 수소들은 땀을 흘렸을 것이다. 나는 호박을 뒤덮고 있던 무성한 잎사귀들이 시든 뒤에야 호박의 크기를 알 수 있었다. 내가 이제까지 길렀던 채소 중에서 가장 큰 것으로, 무게가 무려 30파운드에 육박했다. 나는 이 호박 종자를 '조상전래'의 신토불이 채소(상업적으로는 더이상 재배되지 않는 재래 품종들)를 전문으로 하는 아이다호의 한 회사로부터 구할 수 있었다. 시블리라고 불리는 이 호박은 아메리카 인디언들이 초기 이민자들에게 전해준 품종 중 하나로 알려져 있다. 나는 이 품종이 왜 상업적 가치를 인정받지 못했는지 나름대로 추측해보았다. 어느 모로 보아도 못생긴 외양 때문이 아닌가 싶었다. 시블리 호박은 빛바랜 암록의 칙칙한 색깔에 온통 무사마귀가 돋아나 있다. 지저분한 얼음덩이 같다고 할까. 그래도 호박을 보고 있자면 기분이 좋았다. 양쪽 끝부분이 치켜올라간 데다 허리 부분이 불룩하게 나와 있어서, 짐이 가득 실린 곤돌라나 바이킹족의 배 같았다. 혹은 부처의 배를 가진 초승달이랄까.

무엇으로부터 이렇게 커다란 덩어리가 만들어지는 걸까? 흙이라고 할 수도 있겠지만, 그것은 맞는 말이 아니다. 흙은 지난 5월, 내가 여기에 호박을 심을 때보다 양이 줄어들지 않았다. 이만한 덩어리의 물체를 만들어내기 위해 그와 비슷한 양의 다른 물질이 필요하다면, 우리는 푹 꺼진 구덩이에 들어앉은 시블리 호박과 만났을 것이다. 하지만 현실은 그렇지 않았다. 내게 그것은 기적처럼 느껴졌다.

플랑드르Flanders(현재의 벨기에 서부, 네덜란드 남서부와 프랑스 북부 지역을 포함하는 북해 연안에 자리했던 중세의 국가.—옮긴이) 사람이었던 반 헬몬트Van Helmont라는 17세기 과학자가 이 놀라운 기적을 일찍이 증명해냈다. 그는 버드나무 묘목 한 그루를 흙 200파운드가 담긴 용기에 심었다. 그리고 5년 동안 다른 아무것도 주지 않고, 오직 물만 주었다. 그러고 나서 무게를 재본 결과 나무는 169파운드, 흙은 199파운드 14온스였다. 나무를 키우는 데 고작 흙 2온스가 소모된 것이었다. 그것은 진정 '커진 풍요로움'이었다.

시블리 호박을 수확하기 전, 반 헬몬트의 실험에 대한 글을 읽기 전까지만 해도 나는 정원을 가꾸는 일이 하나의 제로섬 게임이라고 생각했다. 내가 원하는 것을 생산해서 수확하려면 그에 상응하는 무언가를 영양분 형태로 넣어주어야 한다고. 커다란 호박이 자라면서 그 흙으로부터 섭취한 것을 되돌려주지 않으면 거기서는 결국 아무것도 자라지 못하리라고 생각했다. 하지만 거대한 호박이 고갈시키는 흙 속의 자양분은 무시해도 좋을 만큼 적은 양이었다. 퇴비 한 줌을 넣어주는 것만으로 결손을 쉽게 보충할 수 있다. 부족해진 양은 내 호박이 얻어낸 것에 비해 훨씬 적다. 호박을 따지 않고 썩도록 내버려두었다면, 정원의 수지는 아마도 흑자가 될 것이다. 내가 그것을 심기 전보다 땅의 비옥도나 크기가 증가할 테니까. 물론 수분의 양도 늘어나리라. 경이로운 사실은 내 호박이 지구 전체의 물질경제 손익에 있어서 전체 양을 증가시키는 데 기여했다는 점이다. 다시 말하면, 그것은 하나의 선물인 셈이다.

이러한 사실이 새삼 뉴스가 될 수는 없다. 반 헬몬트가 이미 300년 전에 그 사실을 밝혀냈으며, 셰익스피어도 그러한 사실을 분명하게 인지하고 있었기 때문이다. 또한 '풍요의 풍경을 그렸던 르네상스시대의 화가들'도 마찬가지였다. 하지만 이것은 지구의 자원 고갈에 대한 우려가 커지고 있는 근년에 들어와서 잊혀지는 것 같다. 오늘날 우리는 지구가 공급해줄 수 있는 한정된 에너지와 생산력 따위의 온갖 자원들을 사용해버림으로써 지구의 기력이 쇠잔해지고 있다는 부동의 믿음을 가지고 있다. 지구를 하나의 폐쇄적인 체제로 인식하는 것이다. 이를 단적으로 나타내는 것이 '지구호 우주선spaceship Earth'이라는 은유다. 그와 같은 인식은 이 우주선에 공급해줄 수 있는 자원이 점차 소진되고 있다는 상상, 점차 더 많은 양의 자원이 에너지로 전환됨으로써 우리는 결국 그것을 모두 써버리고 말리라는 비극적 전망을 가능케 한다.

우리 시대에 폭넓게 공유되는 엔트로피 개념에 몰입된 사람들은 '성장의 한계'라는 논리를 편다. 한정되어 있는, 재충전할 수 없는 자원의 소비를 가급적 줄여야 한다고 그들은 주장한다. 우리가 하나의 우주선에서 살고 있다면, 그것은 옳은 말일 것이다. 하지만 열역학의 두 번째 법칙에 의하면, 물질이 에너지로 전환되면서 엔트로피가 증가하는 법칙은 폐쇄 체제에만 적용된다. 환경문제 전문가인 배리 코모너Barry Commoner는 지구의 생태계가 폐쇄적인 체제가 아니라고 지적한다. 값을 치르지 않아도 제한 없이, 사실 무한정의 새로운 에너지가 태양열 형태로 지구에 지속적으로 쏟아져내리고 있기 때문이다. 지구에 도달하는 햇빛이 광합성을 통해 새로운 물질을 창조하는 것이다. 에너지가 전환되어 식물이 자라난다. 다시 말해서, 적어도 여기 지구상에서만큼은 엔트로피가 원상태로 회복될 수 있는 것이다.

그렇다고 해서 우리의 자원을 마구 낭비해도 괜찮다는 말은 아니다. 우리의 환경 문제를 지구가 내생적으로 가지고 있는 한계나 우리 인류가 안고 있는 부담으로 인식하기보다는 우리의 기술과 행동양식, 경제제도와의 관련 속에서 파악해야 한다. 필요한 모든 것은 주어져 있다. 지구생태계에 광합성이라는 공짜 점심이 제공되는 것이다. 어떤 의미에서 보면, 고대인들이 추수의 풍요로움을 하늘이 내려주는 선물이라고 믿었던 것은 지극히 올바른 생각이었다. 내가 호박에 비치는 달 그림자를 보며 외계의 존재 같다고 생각한 건 지나치친 비약이 아니었으리라.

1900년대의 끝자락, 새천년을 앞둔 가을을 보내며 이 세상에 너무

늦게 태어난 것이 아닌가 하는 생각도 들지만 가을걷이를 하면서 대단히 유익한 가르침을 받았다는 충만함이 가득 차올랐다. 그 가르침을 통해, 정원에 대한 추론이 충분히 가능해졌다. 이제 이곳 나의 정원에서는 열역학의 두 번째 법칙은 무효화된다. 여기서는 매년 적어지는 것이 아니라 더 많아진다. 이곳에서는 결코 늦지 않았다. 아직도 이르다고 할 수 있다. 여기에서는 볼품없는 시블리 호박 한 덩어리로부터도 세상을 새롭게 할 수 있는 힘이 탄생한다.

● ● ●

10월 하순이 되면 웬만한 가을걷이는 끝나기 때문에 된서리가 내린다고 해도 크게 걱정되지 않는다. 일년생 식물들의 죽음도 이제 더 이상 안타깝지 않다. 오히려 해방되고 있다는 느낌이다. 처음으로 된서리가 내린 날의 아침 정원은 그나마 남겨져 있던 푸른 기운이 거의 다 사라진 채 검은 색조로 가득하다. 널따란 덤불을 만들었던 호박 넝쿨에서부터 위쪽으로 자라오르던 강낭콩과 토마토에 이르기까지, 빵빵했던 공기가 갑자기 빠져나간 듯 모든 것들이 축 늘어져 있다. 물론 봄부터 지금까지 정원을 받쳐주던 것은 사실 공기라기보다는 물이다. 목본류木本類 식물을 제외하면, 정원은 물이 만들어내는 정교한 구조물이라고 할 수 있다. 수액이 가득한 세포들이 무수하게 층층이 쌓여 식물의 형태를 만들어낸다. 서리는 유리 조각같이 예리하고 투명한 얼음 결정체를 만들어 각각의 세포벽에 구멍을 냄으로써 수분을 배출시킨다. 서리는 이렇듯 모든 세포를 파괴하지만 온도가 다시 올라가기 전까지는 식물의 형태나 색깔에 큰 변화가 없다. 따스한 햇살이 내리고 온도가 올라가면, 으스러졌던 조직이 한꺼번에 검은 빛깔로 무너져내리는 것이다.

어떤 날 아침엔 땅이 꽁꽁 얼어붙지만, 온화한 날에는 그래도 일을 할 수가 있다. 이 계절의 땅은 점차 거칠게 불어오는 가을 바람에 문을 열기도 하고 닫기도 하는데, 12월 들어서 추위가 차츰 매서워지면 땅은 문을 굳게 잠가버린다. 하지만 나는 땅이 문을 잠그기 전부터, 정원이 이제 내 마음 밖으로 벗어나고 있음을 느낀다. 10월에 이미 화단의 꽃들은 스러져버렸기 때문이다. 아직도 쑥부쟁이와 하늘바라기, 루드베키아 따위의 꽃들이 다년초 화단에서 용감하게 자태를 뽐내고 있기는 하다. 또 금어초와 같은 일년생 화초도 11월 초입까지는 몇 떨기 꽃을 피워 명맥을 유지해나간다. 하지만 숲이 단풍으로 물들기 시작하면서부터, 나의 눈길은 더이상 화단의 늦둥이 꽃들에게 머물지 않는다.

뉴잉글랜드의 가을 나무들은 서리만큼이나 급진적으로 정원의 모든 것들을 바꾸어놓는다. 날씨가 제법 차가워지면서 새로운 자연 법칙이 정원에 적용되기 시작한다. 들려오는 소리와 바람결의 느낌이 달라진다. 단풍나무, 히커리, 참나무가 곱게 물들고 낙엽을 떨구면서, 봄부터 이제까지 지켜왔던 원칙들은 차츰 무용지물이 된다. 여름 내내 녹음의 벽을 만들어 땅을 둘러싸던 나무들이 정원 식물들을 달래듯 뒤늦게 정원과 친숙한 관계를 만들어내려 애쓴다. 나무들이 거대한 풍경의 옷을 벗으며 자신들이 크게 차지했던 자리를 내주면 정원의 풀꽃들은 좀더 멋진 자태를 드러낸다. 여름 동안 얌전했던 야외 공간은 보다 웅장한 모습을 띠기 시작한다. 장관을 이루던 다년초 화단의 꽃들도 숲이 알록달록 물들기 시작하자 서서히 모습을 감춘다. 마치 화려한 들러리들에 묻혀버린 신부가 슬그머니 그 자리를 벗어나듯. 뉴잉글랜드의 가을 숲에 대해 소로는 이렇게 말했다. "이런 장관이 단 한 번만 펼쳐진다면, 그 풍경에 대한 이야기는 대대로 이어지다가 마침내 하나의 전설이 될 것이다."

이제 숲 전체는 하나의 화원이 된다. 히커리는 숲의 애기원추리를, 사탕단풍나무는 짙붉은 달리아를, 스칼렛 참나무는 숲의 장미를 꽃피워낸다. 제일 먼저 낙엽을 떨구는 물푸레나무는 4월에 잎을 지우는 수선화 꽃잎마냥 잔디 위에 떨어져 흩어진다. 몇 주 뒤에는 노르웨이산 단풍나무가 스커트 모양을 닮은 샛노란 빛깔의 단풍잎을 자신의 발목 주위에 떨어뜨린다. 이제 남녘으로 기울어 비스듬히 비치는 햇살은 서쪽으로부터 동쪽으로 수 마일씩 불붙어 타내려오기 시작하는 진홍빛 단풍 숲 위로 스며든다.

10월 중순이 되면, 정원의 담장은 맹렬한 반항에 직면한다. 숲속의 흔한 풀들이 담을 넘어 꽃밭으로 침투한 뒤, 잡동사니 꽃들을 피워서 우리의 눈길을 끈다.

하지만 나는 이것에 대항해서 정원을 지켜내려고 애쓰지 않는다. 나는 새삼 소로의 생각에 동조하고 싶어진다. 훌륭한 글이지만 그렇게 유명하지는 않은 〈가을의 색조 *Autumnal Tints*〉라는 수필에서 소로는 이렇게 주장한다. "비교해보면, 우리의 정원 가꾸기는 아주 하찮은 규모다. 정원사는 뽑아낸 잡초 사이의 몇 포기 쑥부쟁이를 돌보고 있다. 그 쑥부쟁이와 장미들을 그대로 놓아두면 스스로 보란 듯이 잘 자라고 별다른 손길도 필요하지 않을 텐데, 왜 좀더 고상하고 폭넓은 시야를 확보하지 못하는 것인가? 큰 정원으로 들어가라. 타락한 구석으로 슬그머니 숨어들어서는 안 된다. 가두어놓은 몇 가지 풀꽃이 아닌, 숲의 아름다움을 음미해보라." 10월의 숲이 펼쳐내는 호화로운 사치 속에 빠져들다 보면, 다년초 화단의 모습은 조금 우스꽝스러워 보인다. 마치 바다 한가운데 있는 분수처럼 숲과는 다른 색깔을 토해내는 것이다.

이 수필을 쓰기 전까지, 소로는 가을에 대해서는 이렇다 할 글을 쓰지 않았다. 이 수필은 그의 생애 마지막 몇 달 동안에 쓴 것이다. 《월든》은 일년 동안의 생활을 날짜 순으로 쓴 글이지만, 가을에 관한 내용은 불과 몇 단락에 지나지 않는다. 은유적인 의미에서 볼 때, 《월든》이 봄에 관한 책이기 때문일 것이다. 이 책은 소생과 새로운 기대 그리고 반항에 관해 이야기하고 있는데, 가을은 이 책이 간곡하게 권고하는 것들을 잠식하는 성향을 지녔다. 《월든》에서 가을에 관한 것을 너무 많이 이야기했다면, 그것은 된서리처럼 그 책의 흐름과 정신을 무너뜨리고 말았을 것이다. 소로는 그의 스승 에머슨과 같이, 죽기 전까지 대부분의 시간을 글을 쓰는 데 몰두했다. 그가 폐결핵으로 죽기 불과 몇 달 전에야 그는 가을 낙엽에 관한 주제를 찾아들었다. "참으로 아름답게 그들은 무덤으로 간다"고 소로는 썼다. "얼마나 우아하게 그들은 스스로 쓰러져 땅 속에 묻히는가……. 그들은 우리에게 어떻게 죽어야 하는지 가르쳐준다. 사람은 누구나 인간의 불멸성에 대한 굳건한 믿음을 가지고, 그들 낙엽처럼 우아하고 원숙하게 죽을 수 있는 날이 올지 궁금해한다. 그들이 화창한 늦가을 어느날 평온하게 자신의 머리털과 손톱을 내버리듯, 인간도 자신의 몸뚱이를 벗어 던질 수 있을지 의심한다."

가을은 반항의 계절이 아니다. 당신은 자연의 순항 일정에 대하여 시비를 걸 수도 있고, 지칠 때까지 줄다리기를 할 수도 있다. 하지만 오리패가 결코 그 시합을 이길 수는 없다. 그런 자연의 순리를 생각한다면, 나는 지금이라도 내가 하던 일을 중단할 수 있을 것 같다. 한동안 정원을 보살피는 일로부터 벗어나 소로를 따라 더 큰 정원으로 들어가보고 싶은 느낌이 들기도 한다. 정원을 포기하겠다는 의미가 아니다. 단지 정원에 대한 나의 집착 역시 일시적인 것에 불과하며, 언젠가는 종말을 고하게 되리라는 점을 스스로 깨우치기 위해서이다. 소로는 〈가을의 색조〉에서만큼은 야생의 도덕적 우위를 옹호하는 평소의 주장을 펼치지 않는다. 그는 콩코드의 초원 위에 서 있던 단풍나무들이 숲속의 단풍나무 못지 않게 자신을 감동시킨다고 언급했다. 그렇다, 이 수필의 진정한 주제는 '운명'이다.

결코 죽지 않는 정원은 틀림없이 지겨워질 것이다. 정원 역시 때로는 시간과 공간의 벽, 단절과도 같은 모종의 변화를 필요로 한다. 정원에 겨울이 찾아오지 않는다면, 그곳은 정말로 따분한 공간이 되고 말 것이다. 땅이 휴식으로부터 깨어나 풍기는 그윽한 향기를 잃어버릴 테니까. 가을의 서리와 성숙해진 이후의 죽음과 부패 없이는, 해마다 상큼한 흙내음으로부터 시작되는 새 봄을 기대할 수 없을 것이다. 나 역시 이 길목을 가로막고 싶은 생각은 없다. 그래서 나도 이 가을, 맨 마지막으로 정원을 빠져나올 것이다. 걸어나온 정원의 문은 열어 놓은 채로.

제9장
한 그루 나무 심기

    요즈음 나는 한 그루의 나무, 진정한 나무 한 그루를 심는 일에 대해 생각했다. 나무를 심어본 경험이 없어서가 아니다. 그간 나는 스무 그루가 넘는 나무를 심었다. 하지만 그들은 모두 작은 종류의 나무였다. 도로를 가리기 위해 심은 스트로브 잣나무들, 왜성 과일나무 몇 그루, 한두 그루의 사과나무와 산수국 한 그루 그리고 '즉각적인 만족을 주는 나무'라고 선전하는 수양버들 Salix babylonica 한 쌍……. 전부 다 쉽게 모습을 식별해낼 수 있는 나무들이다. 오랫동안 나는 나무라는 것이 29.99달러 정도의 작은 묘목을 사서 자동차로 운반해온 뒤, 농원 어딘가에 심고 자라는 모습을 지켜보면 만족할 수 있는 것이라고 생각했다. 실제로, 차에 실을 수 있는 정도였던 버드나무는 심은 지 채 3년도 안 되는 기간 동안 벌써 열기구 풍선 크기만큼 자랐다.

나무랄 데 없는 나무였지만, 내 버드나무는 어떤 '엄숙함'을 결여하고 있는 것 같았다. 농장에는 그러한 요소를 보태줄 만한 게 별로 없었다. 농장에서 가장 큰 나무는 찻길 어귀에 심은 물푸레나무 두 그루였다. 그 나무들은 15피트나 자랐지만, 그럼에도 불구하고 별반 자태가 드러나는 편이 아니다. 보통 주택보다 큰 몸집을 가졌으면서도 그들이 거기에 있는지조차 거의 모를 정도다. 물푸레나무는 나무 둥치가 30피트가 되기 전까지는 옆 가지를 거의 벌리지 않는 다. 또한 물푸레나무는 나뭇가지를 활짝 펼치더라도 잎이 무성하지 않아 나무 아래쪽으로 대부분의 햇살을 투과시켜준다. 5월이 돼야 새 잎을 내고 9월 말이면 이미 낙엽을 떨구기 때문에 나무 그늘을 펼치는 기간이 가장 짧은 편에 속한다. 이 훌륭한 물푸레나무들은 자신을 크게 드러내지 않은 채 성긴 나뭇가지 사이로 찾아드는 햇살을 다른 식물들에게 나눠주면서 함께 즐겁게 살아간다. 그리고 사람들에게는 기꺼이 좋은 땔감과 가구, 야구 방망이, 도끼 따위의 연장에 들어갈 목재를 공급해준다. 물푸레나무는 우리가 살아가면서 어떻게 남을 배려할 수 있는지에 대해 생각하게 만든다.

뉴잉글랜드 지역의 농가를 떠올리면, 집 근처에 서 있는 몇 그루 우뚝한 참나무나 단풍나무 등이 그려질 것이다. 그런데 내가 사들인 곳은 식민시대부터 개발했지만, 그런 종류의 농장은 결코 아니었다. 1920년대부터 꽤 오랫동안 낙농을 하면서 가족이 겨우 입에 풀칠을 하는 정도의 생활을 꾸려오고 있었다. 집 옆에 서 있는 한 쌍의 사탕단풍나무가 안락한 성취감을 느끼게 해주었을 것도 같다. 그러나 매티어스 가家 이후에 살았던 사람들도 그가 이 땅에서 느꼈던 기분을 가졌는지는 알 수 없다. 그 나무는 매티어스 씨에게 이곳에서 자신의 가문을 계속 이어갈 수 있으리라는 기대를 불러일으켜주었을 것이다. 하지만 그의 자녀들은 이 울퉁불퉁하고 조각진 쐐기 모양의 땅에서는 농사에 대한 재미를 느끼지 못했던 것 같다. 매티어스가 죽고 난 뒤, 농장은 조각조각 나뉘어 여러 사람들에게 팔려버렸다.

읍내 사람들 중에서 매티어스 씨에 대해 좋게 말하는 사람은 아무도 없었다. 한 이웃은 나에게 "얼마나 못됐는지, 자기 자신마저 증오했을 정도였다"고 이야기했다. 하지만 사람들 모두 그가 만들었던 사과술은 지역에서 최고였으며, 가장 인기 있었다고 입을 모았다. 그가 심었던 여섯 그루의 사과나무는 '진정한' 나무였고, 지금도 농원에서 단연 아름답다. 이제 반백 년 이상 나이를 먹은 이 나무들은 비바람을 견뎌내면서 이곳이 쇠락해가는 모습을 지켜보았으며, 야생의 기질을 키우면서 스스로 외형을 변화시켰다. 어떤 나무들은 그들을 심었던 사람들의 신화적인 모습을 간직한 기념비처럼 보인다. 하지만 그 사과나무들은 심미적인 고려 없이 심어졌음이 분명했다. 그들은 순전히 좋은 술을 빚는 재료를 확보하기 위한 실용적인 목적으로 심어진 것들이었다. 농부들은 지하의 알뿌리 저장고에 수백 갤런짜리 술독을 두었다.

이 농장은 뉴잉글랜드 지방의 품위 있는 농장들과는 분명히 달랐다. 농장을 가꾸었던 이들은 후세를 위해 참나무를 심을 만한 여유나 선견지명이 없었던 듯하다. 우리가 그 농장을 샀을 때는 애팔래치아

산록에서나 느낄 법한 분위기를 지니고 있었다. 뜰에는 아무런 장식도 없었다. 폐타이어와 녹슨 농기계들만이 나뒹굴 뿐, 즐거움을 위한 것은 자취조차 찾아볼 수 없었다. 이 농장을 물려받은 조 매티어스Joe Matyas에겐 그늘 한 자락을 만들 만큼의 여유도 없었던 듯싶다. 설령 있었다 하더라도 아마 그것은 농장 허드렛일을 도맡았을 그의 자녀들을 위한 것이었으리라. 그들에게 그늘자리를 만든다는 것은 사치로 여겨졌을 것이다.

큼직한 나무 한 그루가 없는 농원은 거친 느낌이 들었다. 시어스 로벅Sears Roebuck(19세기 말부터 미국에서 영업을 시작한 상품 판매점으로 북미지역 최대의 백화점 체인점으로 성장했으며, 다양한 형태의 판매망을 갖추고 있음.—옮긴이)의 작은 체인점 하나가 덩그러니 놓여 있는 듯한 기분이었다. 내가 나무를 심으려 한 것은 이러한 분위기를 부분적이나마 부드럽게 바꾸고 싶었기 때문이다. 내가 '부분적'이라는 말을 쓴 것은, 나무를 심는다는 것이 매우 복합적인 행위라는 사실을 깨닫기 시작한 탓이다. 그 복잡한 동기 중 하나는 미적인 것이었다. 한 그루의 큰 나무는 풍경을 변화시킨다. 거리에 따라 보이는 모습뿐 아니라 3차원적 공간 자체도 달라진다. 내가 마음속으로 생각하고 있는 사탕단풍나무만 하더라도, 주위에 독특한 빛과 기운을 뿌려준다. 이 나무가 만드는 그늘은 짙지만 언제나 달콤하다. 결코 무겁게 짓누르지 않는다. 단풍나무가 만들어내는 공간은 사람들로 하여금 거기에 깃들고 싶도록 만든다. 숭엄한 참나무와는 달리, 단풍나무가 제공하는 공간은 친숙하고 정감이 느껴진다. 단풍나무는 아주 크게 자라더라도 사람 곁에서 멀어지지 않는다. 단풍나무는 아래쪽으로 나뭇가지를 늘어뜨려 우리가 쉽게 나무에 오를 수 있도록 해준다. 상상 속에서 우리는 그 나무를 타고 오른다. 단풍나무는 천국을 상상하게 만들고, 여름이면 시원한 바람을 모아서 활짝 열린 창문으로 불어넣어준다.

단 한 그루의 나무가 정원을 규정하고, 그 땅을 완전히 새로운 곳으로 변화시킬 수 있다. 나는 벌써 단풍나무 그늘 아래 들어서 있는 내 모습을 마음속에 그려보고 있다. 물론 하룻밤 사이에 이루어질 수 있는 일은 아니다. 내 생애가 끝나기 전까지 완성할 수 없을지도 모른다. 하지만 나는 핵심을 제대로 보고 있지 않은가? 지금 새롭게 나무를 심는다면 아마도 나는 그 나무의 수관樹冠이 드리우는 그늘은 보기 어려울 것이다. 하지만 나의 후손 혹은 다른 낯선 사람들의 자녀는 그 그늘에 들 수 있겠지. 나무를 심는 것은 언제나 하나의 이상향을 세우는 사업이다. 내게 있어 나무를 심는 일은 미래에 대해 내기를 거는 것과도 같다. 내가 그 결과를 반드시 알아야 할 필요는 없었다.

이렇게 생각하는 것만으로도 나는 도덕적 책임을 다하고 있다는 느낌이 들었다. 10월 어느날 아침, 나무를 사기 위해 종묘원으로 가던 중 나는 이 시대의 어느 누구도 더이상 훌륭한 나무를 심지 않는다는 사실을 새삼 실감하면서 나름대로 결론을 내렸다. 그 누가 다음 세기의 어느 여름날, 1989년에 심은 나무의 그늘 아래 앉아 있는 모습을 상상할 수 있을까? 요즈음 우리 모습을 보건대, 결코 많은 숫자는 아닐 것이다. 이 나라의 정원사들은 한때 오늘날 우리가 다년초 풀꽃을 열심히 심는 것과 같은 열정으로 나무를 심었다. 이제 우리는 고작해야 넓은 잔디밭 위에 몇 가지 관상용 수종을 듬성듬성 심는 정도다. 이는 일할 수 있는 공간이 작아졌을 뿐 아니라, 평균 7년에 한 번씩은 옮겨 살아야 하는 현대인들의 문화적인 병리가 미래에 대한 기대를 저버리게 한 결과라는 생각을 하지 않을 수 없다(바이마르 공화국 시절의 독일인들은 참나무처럼 천천히 자라는 단단한 나무는 심지 않았다는 내용의 글을 읽은 적이 있다). 얼마 전 남부 캘리포니아에 있는 헌팅턴 식물원을 방문하면서 나는 그곳 분위기를 압도하는 우람한 삼나무 세 그루에 무척 깊은 인상을 받았다. 그 나무들은 헨리 헌팅턴이 20세기 초엽 멕시코시티의 차풀테펙 공원Chapultepec Park(멕시코시티 인근에 자리하고 있는 1,600에이커 면적의 공원으로 1200년대에 아즈텍족의 근거지가 되기도 했던 역사적인 곳이다. ─옮긴이)에서 채취한 씨앗으로 발아시킨 것이었다. 그들은 이제 자신만만한 나이가 되었다.

러셀 페이지는 "나무를 심는 것은 보다 나은 세상을 꿈꾸는 이에게 그 세상의 몸체와 생명을 모두 주는 것이다."라고 비망록에 적었다.

이처럼 거창하게 부풀어오르는 벅찬 생각으로 나는 묘목을 사러 갔다. 나는 종묘원 매니저인 존에게 사탕단풍나무처럼 그늘을 만들어주는 나무를 사고 싶다고 말했다. 마치 고장난 자동차의 후드를 열어본 뒤 오후 내내 작업을 해야겠다고 하소연하는 정비공마냥, 그는 머리를 가로저으며 얼굴을 찌푸렸다. 그는 사탕단풍나무가 이 지역에서 수난을 당하고 있다면서, 다른 나무를 선택하라고 진지하게 충고했다. 현미경으로나 볼 수 있을 만큼 작은 크기의 '배 삽주벌레'라는 해충이 뉴잉글랜드 지역을 휩쓸고 있다고 했다. 4월에 돋아나는 잎 순을 먹고사는 삽주벌레 때문에 5월에 무성하게 자라야 할 잎새들은 아무 쓸모도 없이 쪼그라들고 병든다. 피해를 심하게 입은 나무는 힘을 다해 새순을 돋아내지만, 이것이 몇 해 동안 계속되면 기진한 나머지 말라죽어버린다. 이들이 주는 피해는 산성비로 인해 더욱 증폭되는 것 같다고 존은 말했다.

이상향을 향해 순항하던 배가 풍랑에 휩싸인 듯한 기분이 들었다. 존의 말을 듣고 나니, 길가에 죽어 있는 단풍나무를 본 기억이 되살아났다. 19세기에 기념비적으로 심어졌던 그 나무들은 지난해까지만 해도 아무 일 없는 듯 보였는데, 지난 봄에는 새 잎을 내지 않았던 것이다. 그때는 오하이오 지역에서 몰려오는 공장 오염물질 때문이 아닐까 생각했다.

존은 나에게 노르웨이산 단풍나무를 추천해주었다. 도시에서 잘 자라는 수종이므로 문명이 주는 스트레스를 이겨내리라는 것이었다. 그는 몇 종의 토착 단풍나무도 소개해주었다. 장방형의 큼직한 수관을 만드는 수종으로, 가을이면 샛노랗게 물드는 것도 있었다. 하지만 나는 노르웨이산 수종을 골랐다. 존은 나에게 높이 15피트, 굵기는 2.5인치쯤 되는 단풍나무 여남은 그루를 보여주었다. 그중 한 그루는 129달러에 배달료 10달러를 별도로 지불해야 했다. 제법 컸지만 솔직히 보잘것없는 모습으로, 허약한 장대 위로 가지 몇 개가 달려 있을 뿐이었다. 그것은 내가 그렸던 상상 속의 나무와는 거리가 멀었다. 나의 실망스런 마음을 읽어낸 존은 그 묘목의 어깨 높이쯤을 집으며 말했다.

"이 노르웨이산 나무들은 아주 빨리 자라죠. 10년 안에 근사한 나무를 보시게 될 겁니다. 20년이면 아마도 웬만한 그늘은 만들어줄 거예요."

2010년이나 돼야 '웬만한' 그늘을 만들어줄 거라고? 갑자기 의욕이 싹 가셨다. 나는 자신감에 찬 눈초리로 새로운 세기의 시작을 응시하던 헨리 헌팅턴이 아니라 답답한 농장의 모습을 술로 이겨내려는 조 매티어스가 되어버린 느낌이었다. 사과나무나 버드나무만으로도 족하지 않을까……. 이 집에서 몇 년이나 살지 알게 뭐야? 하지만 그때 나는 '대의'에 강렬하게 이끌리고 있었다. 나의 고결한 욕구가 미래에 대한 긍정적인 결론을 이끌어냈다. 나는 존에게 바로 다음날 그것을 배달해달라고 말했다.

• • •

나는 그날 저녁 시간을 나무심기에 관한 글을 읽으며 보냈다. 내가 펼쳐본 책 모두 내가 떠맡아야 할 막중한 책임감에 대해 이야기했고, 나에게 깊은 인상을 주었다. 나무심기에 있어서 결정적으로 중요한 것은 '자리 선택과 구덩이 파기'였다. 잘못할 경우 수십 년 동안 후회하게 될 것이다.

큰 나무를 심을 자리는 책임감을 가지고 진지하게 정해야 한다. 집이나 전깃줄에 너무 가깝게 자리잡으면 훗날 반드시 다른 사람이 낭패를 당하고 말 것이다. 큰 나무를 심는 일은 한 곳의 미래에 그늘을 들이는 일이다. 따라서 우리는 그 그늘의 영향을 미리 주의 깊게 살펴

야만 한다. 나는 한나절 동안 긴장을 늦추지 않고 농원을 둘러보며, 집채만한 크기의 물체가 들어갈 공간을 두루 살펴보았다. 내 살아 생전에 충분히 자라지도 못할 나무의 자리를 물색하는 것이 이렇게 힘들다니. 나는 다 큰 나무가 드리울 그림자를 상상하며 목초지 여기저기에 50피트쯤 원을 그려보았다. 수십 년 이후에나 완전한 모습을 갖출 나무의 그늘을 미리 가늠해보는 일은 쉽지 않았다. 그것은 그림자의 그림자를 예측하는 것만큼이나 감을 잡기 어려웠다.

나는 아무것도 없는 목초지 중간으로 자리를 정했다. 집과 내 사무실과 아내의 작업실로 사용하는 외양간의 중간 지점이었다. 농원의 중심을 이루는 곳으로, 외양간과 찻길에서뿐만 아니라 집의 몇몇 방에서도 잘 보였다. 그곳에는 어떤 그늘이나 그림자도 들지 않아서, 뙤약볕이 쏟아져내리는 한여름에는 무척 무덥고 건조했다. 우리는 하루에도 대여섯 번씩 그곳을 오갔는데, 단풍나무를 심으면 외양간으로 오르는 길에 그늘을 만들어줄 것이다. 나무는 집과 외양간 양쪽 모두에서 보기 좋은 위치에 있었다. 아침이면 햇살이 나무 잎새 사이를 뚫고 집에 찾아들고, 저녁의 붉게 물드는 태양이 외양간에서 보이는 나무의 모습을 운치 있게 만들어주리라. 나무는 농원의 풍경을 재창조해낼 것이 분명했다.

다음날 아침 일찍부터 나는 구덩이를 파기 시작했다. 이 역시 엄숙한 과제가 아닐 수 없었다. 이곳에 살게 될 사람들에게 두고두고 영향을 미치게 될 나무의 자리를 고르는 일처럼 구덩이를 파는 것은 나무가 앞으로 커나가는 데 아주 중요한 바탕을 만드는 일이었다. 구덩이를 파는 일에 대해서 이미 나는 뉴욕식물원의 랠프 스노드스미스Ralph Snodsmith의 강의에 세뇌된 상태였다. 나는 얌전하지만 때로는 괴팍하기도 한 그의 강의를 들은 적이 있었다. 녹색 메르세데스를 몰고다니던 그는 매 시간 초록색 옷에 초록색 넥타이를 매고 강의했다. 그는 경험으로 체득한 몇 가지 확고한 원칙을 강조했다.

"목질부는 위로, 체관부는 아래로."

"뿌리와 나뭇가지의 비율에 유의하십시오."

그는 15분에 한 번씩 구덩이 파기의 중요성을 강조했다. 그는 중간시험과 마지막 평가에서도 반복해서 말했다.

"50센트짜리 구덩이에 5달러짜리 나무를 심는 것보다 5달러짜리 구덩이에 50센트짜리 나무를 심는 것이 더 낫습니다."

얼마만한 크기로 땅을 팔지에 대해서 논란이 없는 것은 아니지만, 대부분의 책자들은 뿌리덩이만큼의 깊이와 그 두 배쯤의 폭으로 구덩이를 파라고 일러주었다. 그렇다면 나는 깊이 3피트, 폭 6피트 정도로 파내야 했다. 좋은 땅이라면 조금 덜 파도 괜찮다. 책에 실린 구덩이의 횡단면 그림은 거기에서 파낸 흙을 쌓아놓은 둥근 흙더미를 거꾸로 뒤집어놓은 것과 같은 모양이었다. 그 그림에서는 돌무더기 같은 것은 볼 수 없었는데, 내가 판 구덩이에서는 흙보다 돌이 더 많이 나왔다. 어떤 것들은 너무 커서 피라미드를 쌓으면서 돌을 옮기듯 두 손으로 들어내지 않으면 안 되었다. 나는 구덩이 옆을 파보았다. 빙하가 땅을 밀고 내려오며 이 땅을 민주적으로 고르게 만들기라도 한듯, 매한가지로 돌이 많았다. 이민 초기 이 지역에 정착했던 한 사람은 땅을 둘러보고 나서 실망한 나머지 자신의 심경을 2행연구二行聯句의 시로 표현하기도 했다. "자연은 자신의 모든 기력을 소진하고 말았네/ 그 많은 돌을 만들어내기 위해서."

채광을 위해서 굴을 판다는 표현이 더 정확할 정도였다. 조 매티어스와 뒤를 이어 이 농장을 가꾸었던 사람들이 측은하게 느껴지기도 했다. 내가 이 땅을 일궈서 생계를 꾸려나가야 할 처지라면, 나 역시 이곳에 나무를 심지는 않았을 것이다.

어느 곳에든 나무를 심을 때는 그곳에 대한 애정을 느낀다. 그런데 이 땅에선 신물이 날 정도로 많은 돌 때문에 사랑보다는 미움이 더 많이 생겨났다. 한 농장의 나무는 농부가 지닌 '땅에 대한 오랜 애정'의 표시와도 같다고 웬델 베리가 말한 적 있다. 아마 그 말이 맞을 것이다. 하지만 조 매티어스는 어땠을까? 애정보다는 미움 쪽에 마음이 기울었으리라.

구덩이를 파는 일은 한나절로는 부족했다. 서두르지 않고 자주 쉬면서, 삽자루에 의지해 이런저런 생각에 빠지기도 했던 탓이다. 한 그루의 단풍나무가 새롭게 합류하게 될 농원의 나무 사회를 바라보며, 나는 그들도 나름대로 사회적, 자연적 역사를 만들고 있다는 생각에 이르렀다. 필사적으로 살아남은 오래된 사과나무들은 조 매티어스의 손길을 기억할 것이며, 그들의 나이테는 지난 50년 동안의 기후가 어땠는지에 대한 연대기적 기록을 가지고 있을 것이다. '온실 효과'로 인해 유난히 덥고 건조했던 1988년에는 아주 좁은 결이 만들어졌다는 것은 어린아이조차 식별해낼 수 있으리라.

이곳에 내가 머문 기간이 얼마 되지는 않지만, 나는 자연이 만들어 낸 중요한 사건들이 나무에 어떤 흔적을 남겼는지 지켜볼 수 있었다. 한 사과나무는 1987년 10월 4일에 이곳을 지나쳤던 폭풍 때문에 큰 나무줄기 하나가 부러져나가는 거친 상처를 입었다. 이 폭풍은 변덕스럽게도 허리케인만큼 세력을 키운 뒤 대서양을 가로질러 10여 일 뒤인 16일 영국을 강타했다. 그 바람에 18세기의 귀중한 자연 유산 중 하나인 수천 그루의 참나무와 느릅나무가 쓰러졌다. 1989년 7월 10일에는 찻길 쪽에 있던 물푸레나무가 벼락을 맞아 40여 피트 위쪽의 나무 둥치가 잘려나갔고, 나무껍질마저 벗겨졌다. 그 나무가 회생할 수 있을지 지금으로서는 알 수 없지만, 그 정도로 그친 게 천만다행이었다는 생각을 하지 않을 수 없다. 이 토네이도가 콘월 지역을 휩쓸고 지나가면서 읍내에서 가장 오래된 나무 수천 그루의 둥치가 부러지고 뿌리가 뽑혔기 때문이다. 7월 9일까지만 하더라도 단풍나무가 줄지어 늘어서 있던 읍내의 거리는, 19세기부터 만들어진 뉴잉글랜드 지방의 마을 풍경을 잘 간직하고 있었다. 하지만 7월 11일의 모습은 마치 간밤에 벌채가 이루어진 개척 변방의 전초기지처럼 보였다. 콘월의 풍경은 내 생전에는 예전의 모습으로 회복되기 어려울 만큼 망가져버렸다. 빠른 회복을 기대하며, 이 고장 사람들은 이번 가을에 새로 나무 심을 준비로 부산하다. 내가 심는 나무도, 다음 세기까지 깊은 상흔을 간직하게 할 1989년의 재앙을 기념하는 새 세대의 수많은 나무 중 하나가 될 것이다.

조 매티어스의 사과나무들처럼 단풍나무는 이 농장의 역사를 새로

쓸 것이다. 지금으로부터 50년쯤 후, 여기서 삽에 의지해 생각에 잠겨 있을 그 누군가에게 이 단풍나무가 어떤 의미를 전해줄지는 전혀 알 수 없다. 하지만 앞으로 이 농장이 보다 세계주의적인 시기를 맞이하리라는 사실은 추측할 수 있다. 이곳의 새로운 소유자들은 넉넉한 여유를 가지고 순전히 관상 목적으로 나무를 심는 사람들일 것이다. 시간이 지나고 이 단풍나무의 의미가 후세 사람들에게 전혀 다르게 받아들여진다면 어떨까? 알 수 없는 일이다. 그때가 되면 사람들이 나무를 양도할 수 없는 고유의 권리를 가진 존재로 인식하게 될 수도 있다. 이를테면 사람들의 주거 영역으로부터 50피트 정도 떨어진 자리에서 나무가 자랄 수 있는 권리 같은 것이 생겨날지도 모르는 일이다. 어쩌면 석유자원이 모두 고갈되어 성숙한 단풍나무의 아름다움보다는 땔감으로서의 가치가 더 커질지도 모른다.

　이쯤 되면 내가 이런저런 생각을 거두고 땅을 파는 데 전념했으리라고 생각했겠지만 그렇지 않았다. 나는 조 매티어스의 행위에 대해 내가 지나치게 편파적인 생각을 가졌던 게 아닌가 하는 생각이 들었다. 그가 농장의 나무를 베어내는 일은 내가 지금 나무를 다시 심으려고 하는 것만큼이나 의미있는 일이었을지도 모른다. '나무가 있는 곳'으로서보다는 '나무가 없는 곳'으로서의 이곳이 보다 진실한 역사적 의미를 지닐 수도 있을 것이다. 이 농장의 경제적 가치에 결정적으로 기여한 것은 사과나무보다는 목초지였을지도 모르는 일이고. 뉴잉글랜드 지역의 한계 농지를 경작하던 매티어스의 가치판단 기준을 지금 나의 잣대로 재단할 수는 없는 일이다. 뉴잉글랜드 지역에 정착하기 시작한 농부들에게 농토 안의 나무는 경작에 지장을 주는 존재로 제거되어야 마땅했을 것이다. 마치 큰 잡초처럼, 이곳에 백인들이 들어와 살기 시작한 이후 대부분의 세월 동안은 나무를 베어내는 일이 문명화 과정으로 인식되었다. 오늘날 우리가 나무를 심는 것과 마찬가지로, 벌목은 도덕적·사회적 책임을 다하는 일로 여겨졌다.

오늘날에는 이런 풍경을 발견하기 쉽지 않다. 하지만 과거에는 이처럼 도덕적 만족감을 느끼기 어려운 휑한 풍경을 얼마든지 볼 수 있었다. 《우연, 풍자, 그리고 연대성Contingency, Irony, and Solidarity》이라는 책에서 리처드 로티Richard Rorty는 윌리엄 제임스William James가 애팔래치아 산촌 지역을 여행하면서 방문했던 농장의 느낌에 대해 이야기한다. 그는 농부가 살고 있는 오두막과 내팽개쳐진 정원과 더러운 돼지우리를 보고, 나무를 베어내 농토를 개간한 그 농장이 처음에는 마치 '종양을 앓고 있는 환자처럼 음산하게' 느껴졌다고 했다. 하지만 농부로부터 "우리는 이 골짜기에서 농토를 개간하여 땅을 경작하지 않으면 행복해질 수 없다."는 말을 듣고 새삼스러운 깨달음을 얻었다는 것이다.

나는 그 상황 이면에 자리하고 있는 깊은 의미를 미처 깨닫지 못하고 있었다. 나에게는 벌채를 해서 개간하는 행위가 그저 아무것도 남겨놓지 않고 발가벗겨버리는 것으로, 건장한 힘과 말 잘 듣는 도끼만 있으면 그만인 일이라고 생각했다. 하지만 그 일을 해낸 사람들에게 있어서 음산한 모습으로 남아 있는 나무 그루터기는 그들이 쟁취한 승리를 상징하는 것이었다. 간단하게 말하면, 나의 눈에는 추하게만 비쳐지는 그 모습이 그들에겐 도덕적 인식을 되살려내는 상징이었으며, 투쟁을 통해 이룩해낸 의무의 이행이자 성공의 찬가나 다름없었다.

18세기와 19세기에 뉴잉글랜드 지방을 여행했던 영국 사람들도 제임스가 그곳 농가에서 받았던 첫인상을 그대로 느꼈던 듯싶다. "그 모습이 참으로 야만적이다"라고, 어느 유럽인 여행자는 처음으로 본 미국의 풍경을 이야기했다. 초기 개척시대의 농민들은 숲을 불살라서 나뭇잎이 떨어지고 검게 불탄 나무 둥치가 그대로 남아 있는 땅에 씨를 뿌렸다. 대부분의 방문자들에게 뉴잉글랜드의 들녘은 '황량하고 보기 싫은 모습'으로 비쳤다. 왜 그랬을까? 아마도 18세기 유럽인들이 숲에 부여하기 시작한 새로운 가치, 즉 숲이란 중요하고 아름다운 것이라는 인식 때문이었을 것이다. 오늘날 우리가 열대우림을 등한시하는 브라질 사람들을 걱정하는 것처럼, 유럽인들은 마구잡이로 처녀림을 침범해 들어가는 미국인들의 태도를 걱정했던 것이다.

그렇다면 누가 옳을까? 나무와 도끼에 대한 이야기에서 어느 쪽이 진실한 것일까? 조 매티어스보다는 내가 나무에 대해 더 많이 깨우쳤다고 쉽게 말할 수 있을 것 같다. 하지만 그 역시 쉽사리 결론 내릴 수 없는 좀더 복잡한 이야기가 될 듯싶다.

우연하게도, '진실한' 이라는 말의 어원은 '나무' 라는 고대 영어로 거슬러 올라간다. 고대 영어인 앵글로색슨어에서 '진실' 이라는 단어는 '깊게 뿌리내리고 있는 하나의 생각'이라는 뜻이었다. 바로 이와 같은 맥락에서(미래로 보내는 사절, 역사의 저장고, 대지에 대한 경모의 표시, 심미적 즐거움의 원천 등등이라고 할 수 있는) 나무 심는 것을 나는 '진실해진다'는 의미로 받아들이고 싶다. 이는 문화에 깊이 뿌리내리고 있으며, 우리에게도 큰 공헌을 하고 있는 것 같다. 하지만 조 매티어스가 나에게 주의를 주는 것처럼, 아무리 깊게 뿌리내린 생각이라 할지라도 때때로 그 생각은 뿌리째 뽑혀버릴 수 있다.

• • •

물론 조 매티어스의 나무와 나의 나무만이 이 농원에 그늘을 드리우고 있는 것은 아니다. 뉴잉글랜드 지역에서 내가 발견한 '의미 있는 나무'로는 인디언의 나무를 시작으로 대여섯 가지 사례를 들 수 있다. 이들 나무의 역사와 특별한 의미를 살펴보는 것도 가치 있는 일이다.

콘월에 인디언들이 살았다는 기록은 없지만, 그들은 이곳 숲에서 정기적으로 사냥을 했다. 지금 우리가 만든 대부분의 길은 그들이 다니던 길이었다. 인디언들은 자연의 풍경 속에는 온갖 정령들이 깃들어 있으며, 나무는 결코 거역해서는 안 되는 신성한 영혼의 숨결을 지녔다고 믿었다. 어떤 나무의 그늘에 들면 통찰력을 얻을 수 있다고도 생각했다. 나무들은 눈과 귀를 가지고 모든 것을 느낄 수 있다고 믿었기 때문에, 꼭 필요한 경우가 아니면 나무를 베어내는 일은 금기시했다. 불가피하게 나무를 베는 일이 생기면, 그들은 나무에게 그를 베어내야만 하는 이유를 설명하고 용서를 구했다.

아메리카 인디언들만 나무의 신성성을 믿었던 건 아니다. 그보다 훨씬 전, 고대에 살았던 사람들도 여러 가지 형태로 나무를 숭배했다. 프레이저는 《황금 가지》에서 고대 그리스, 로마, 동양뿐 아니라 북유럽 곳곳의 사례를 제시하고 있다. 오랜 역사 동안 숲에는 온갖 영혼과 귀신, 정령, 악마와 요정들이 깃들어 살고 있었으며, 신 또한 그곳에 거처를 마련했다. 흥미로운 건 단 한 가지 나무, 예수의 나무인 참나무가 다른 그 어느 것보다도 숭배의 대상이 되었다는 사실이다. 참나무의 오랜 수명이 그 이유가 되었는지도 모르겠다. 참나무는 다른 나무들보다 오래 살아남아 인간의 수명을 초월한다. 프레이저는 참나무의 특별함에 대해 또 다른 설명을 제시한다. 참나무가 벼락을 잘 맞는 이유는, 하늘 세계와 가장 특별한 관계를 맺고 있기 때문이라는 것이다.

일신교는 사람들에게 하나님이 창조한 삼라만상은 두려워하지 않되 그 하나님은 두려워하도록 가르치며, 청교도들은 이와 같은 가르침을 극단적으로 몰고간다. 그들은 신을 사랑하면서 동시에 그가 창조한 천지만물은 몹시 싫어할 수 있다. 청교도의 나무는 인디언의 나무와 무척 다르다. 청교도의 눈에 신세계의 숲은 '무시무시한 야생의 자연' 이자 '거칠고 황량한' 하나의 '음산한 공간' 이었다. 그곳에서 사람들은 길을 잃거나 죽임을 당하거나, 심지어 예수와 문명으로부터 버림받는다고 생각했다. 그리고 숲은 원주민의 생활이 이루어지는 곳을 의미했다. 숲은 악마와 불확실성이 투영된 곳으로서 질서와 빛, 진정한 문명을 믿고 있는 청교도의 생각과는 전면적으로 배치되는 장소였다. '감금되었던 사람들의 이야기' (문명화되지 않은 사람들에게 붙잡혀 감금당했던 사람들에 관한 이야기를 설화체로 쓴 작품으로, 영국에서는

16~17세기에 유행했으며 미국에서는 인디언들에게 붙잡혔던 백인들에 관한 내용을 중심으로 18~19세기에 인기를 끌었다.—옮긴이) 속에서 청교도들은 인디언을 악마의 화신으로, 나무 역시 인디언과 함께 죄악을 저지르는 공범자로 취급하고 있다. 붉은 얼굴의 인디언들이 포로가 된 백인 여성을 나무에 붙들어매고, 그녀의 아기는 또 다른 나무에 매달아 고문했다는 이야기가 있다. 이런 야만적인 나무를 잘라서 쓰러뜨리는 일은 하나님을 믿는 사람에게는 아주 정당한 행위였다. 그것은 음산하게 울부짖는 야생의 자연세계를 뒤로 밀쳐내는 일이었다.

청교도들이 숲에 대해 강경한 감정을 가지게 된 것은 극히 현실적인 이유도 있었다. 신세계에서 농토를 마련하기 위해서는 산림 벌채가 필요했고, 숲에 대한 증오를 정당화시킴으로써 그 작업을 가속화했다. 인디언이 나무를 숭배한다는 점도 숲에 대한 그들의 반감을 더욱 부채질한 것 같다. 인디언의 숭배 대상인 나무들은 이교도의 우상에 불과했다. 기독교의 오랜 전통으로 뿌리내린 나무에 대한 적의는 그들의 행위를 정당화시켰다. 그들은 나무를 경쟁자로 바라보았다. 중세의 교황들은 정기적으로 나무 숭배 금지 칙령을 발표했다. 또한 신성시되는 숲을 파괴하라고 명령하기도 했다. 그러나 일방적인 금지만으로는 이교적 행위를 완전하게 없애버릴 수 없었다. 기독교는 숲이 있던 자리에 위용을 자랑하는 높다란 고딕식 성당을 지음으로써, 하나님을 위한 신성한 건물의 숲을 만들었다.

미국의 후기 식민주의자와 연방주의자들이 행사하는 권위는 세속적인 것이었지만, 결국 청교도의 나무와의 싸움을 승리로 이끌 수 있도록 해주었다(미국의 풍경에 대한 청교도 및 식민주의적 태도에 관한 설명은 윌리엄 크로넌William Cronon이 쓴 생태역사에 관한 저술인 《땅의 변화 Changes in the Land》와 존 스틸고John R. Stilgoe가 쓴 《1580~1845년 보통의 미국 풍경Common Landscape of America 1580~1845》에 잘 나와 있다). 나무의 신성성이 소멸되면서 식민 개척자들에게 나무는 이제 하나의 상품 또는 잡초와 같은 것으로 인식되기에 이르렀다. 그들은 소나무를 범선의 돛대로, 참나무는 나무 술통으로 바라보기 시작했다. 모든 것이 그런 식이었다. 식민주의자들에게 산림 벌채는 곧 진보를 의미했다. 그들은 나무를 쓰러뜨려 농토를 확장하면서 그곳에 대한 자신의 권리를 키워나갔다.

1738년, 현재 콘월 지역의 토지 500에이커가 처음으로 경매에 붙여졌다. 당국은 토지를 불하받은 사람이 적어도 3년 안에 6에이커 이상의 면적을 개간해야 하며, 이를 이행하지 않는 경우에는 그 토지에 대한 소유권을 박탈한다는 조건을 제시했다. 토지세 납부 실적에 따르면, 1820년에 이르러서는 극히 일부를 제외하고 모든 지역이 개간된 것으로 나타났다. 조 매티어스가 1919년 이 언덕배기의 토지를 구입했을 당시 근방은 남김없이 발가벗겨진 상태였다. 하지만 그 즈음부터 농사를 포기하는 농가가 나타나기 시작했으며, 경작 여건이 나쁜 지역부터 언덕진 후사토닉 계곡 쪽으로 숲의 면적이 늘어났다. 식민시대 영농방식을 고수했던 최후의 농부 중 한 사람으로서, 조는 농장으로 밀려 내려오는 숲을 막아내기 위해 적지 않은 노력을 기울였을 것이다. 나무보다는 도끼가 필요한 상황에 설 수밖에 없었으리라. 휘트먼의 〈큰 도끼의 노래 Song of the Broad-Axe〉에서처럼, 그에게도 도끼는 새로운 미국의 힘이 솟구쳐오르는 원천으로 느껴졌을 것이다.

　　도끼를 치켜들어라!
　　꿈쩍도 않던 숲이 부드럽게 움직이기 시작한다,
　　그들은 앞으로 나아간다, 그들은 일어나서 만들어낸다,
　　오두막을 짓고, 텐트를 치고, 물건을 내리고, 측량을 한다,
　　도리깨질, 쟁기질을 하고, 땅을 파고, 삽질을 한다,
　　지붕을 잇고, 레일을 깐다, 버팀목을 세우고, 널을 댄다, 문설주를 세우고, 윗가지를 엮는다, 벽널을 댄다, 박공을 만든다,
　　성채, 천정, 응접실, 학교, 풍금, 전시관, 도서관…
　　주도들 그리고 나라의 수도…
　　형체들이 그 모습을 드러낸다!

나무의 상징적 의미가 지금껏 이야기한 것처럼 차례차례 변화한 것은 아니고, 식민시대의 사고가 대부분의 기간 동안 이곳 풍경을 지배했다. 하지만 이와는 다른 시각에서 나무를 바라보았던 흔적들이 어렴풋하게 남아 있다. 물푸레나무 두 그루는 많은 나무들이 사라졌던 18~19세기, 나무에 새로운 의미를 부여하기 시작했던 영국의 영향을 받아 심어진 듯하다. 매티어스 혹은 그 이전 사람이 심은 것으로 보이는 이 물푸레나무들은 기본적으로 정치적 의미를 지닌다. 이 나무는 차도가 시작되는 곳에 우뚝 서서 보초를 선다. 그들은 농장의 경

계가 어디에서부터 시작되는지 알려주는 동시에 이 땅의 소유자가 의도하는 바를 나타낸다.

나무에 사회적 또는 정치적인 의미를 부여하려는 시도는 발원지로부터 다른 나라로 넓게 확산되었다. 키스 토머스의 역사서인 《인간과 자연세계Man and the Natural World》에 따르면, 17~18세기 귀족들은 그들의 영역에 대한 항구적인 권리를 선언하기 위하여 야물게 자라는 나무들을 줄 맞춰 심기 시작했다. 한 남성 잡지의 편집자는 독자들에게 이런 질문을 던진 적이 있다.

"당신이 소유한 토지가 이렇게 계속 자라나는 증인들에 의해 경계와 영역이 지켜지면서, 그것이 대를 이어 보존될 수 있다면 그보다 더 즐거운 일이 어디 있겠는가?"

나무를 심는 것은 애국적인 행위로 간주되어 또 다른 혜택을 가져다주었다. 영국 정부가 해군 함정의 구축에 필요한 단단한 목재를 수급하는 데 어려움을 겪고 있었기 때문이다.

'정치적인 나무Political Tree'가 탄생한 것이었다.

당시 영국 귀족들은 나무에 대해 큰 애착을 보였다. 그들은 나무를 심는 일뿐 아니라 나무에 대한 그림을 그리고, 시를 쓰고, 지루할 정도로 오랜 시간 이에 대한 담론을 나누었다. 영국을 방문한 워싱턴 어빙Washington Irving(19세기 초 미국의 저술가이자 수필가, 전기집필자, 역사가. —옮긴이)은 나무가 마치 동상이나 애마라도 된다는 듯 그들이 개별적인 나무의 속성에 대해 이야기하는 광경을 보고 무척 놀랐다고 한다. 땅의 소유자들은 그곳에 자라는 나무가 어떤 종류인지 구별할 수 있었고, 나무의 고상함과 자태를 그들의 사회적 지위와 동일시했다. 에드먼드 버크Edmund Burke는 당시의 귀족들을 지칭하여 '한 나라에 그늘을 드리우는 거대한 참나무들'이라고 부르기도 했다.

나무에 대한 이런 정치적 상징성을 귀족계급에서만 발견할 수 있는 건 아니었다. 영국의 명예혁명 기간 동안 지방에서 활동했던 반군들은 왕당파의 영지에 있는 나무들을 베어버렸는데, 혁명 후 이를 복구하는 운동이 전개되면서 나무를 심는 일은 왕권에 대한 충성심을 표현하는 행위가 되었다. 1600년과 1800년 사이 수백만 그루의 단단한 나무들이 영국 땅에 심어졌다.

미국에서 대륙의 수목을 베어내는 데 힘을 쏟고 있을 무렵, 영국에서는 역사상 첫 번째로 (아마도 가장 큰 규모의) 식목운동이 전개되고 있었다. 비록 정신적이기보다는 사회적인 의미가 짙었지만, 나무를 숭배하는 인식도 싹을 틔웠다. 토머스의 지적처럼 18세기 영국의 식목 규모를 보면 그것이 단순한 여가였다거나 윤택한 경제력 때문에 이루어진 것이 아니라, 뜻대로 유산을 상속할 수 있는 시스템과 정치적 안전을 확보하려는 과정에서 비롯된 것임을 알 수 있다. 의심의 여지 없이, 이는 대규모 식목운동이 왜 하필 영국에서 일찌감치 시작되었는지를 설명해주는 한 가지 이유다.

영국의 큰 나무 대부분은 이 시기에 심어졌다. 그들은 영국의 오랜 보수주의 전통을 나타낸다. 19세기 초에 영국을 방문했던 체코의 작가 카렐 차페크Karel Čapek는 영국의 나무에 대한 인상을 이렇게 적었다.

이 나라의 나무들—어깨가 넓고, 근사하고 고풍스러우며, 넉넉하고 자유로울 뿐 아니라 거대하고 장엄한—은 영국의 '왕당파 보수주의 Toryism'에 커다란 영향을 미친 것 같다. 나무들은 귀족적인 속성, 역사적 감각, 보수주의, 관세, 골프, 상원 그리고 특이하고 고색창연한 요소들을 간직하고 있는 것처럼 느껴진다. 내가 만약 철제 발코니와 회색 벽돌로 지어진 집들이 즐비한 거리에 살고 있었다면 아마도 광폭한 급진주의자가 되었으리라. 하지만 햄튼 코트 Hampton Court의 공원에 있는 오래된 참나무 아래에 앉으면 제법 오래된 것들의 가치와 나이든 나무들이 지닌 고귀한 사명이 무엇인지 알 수 있을 것 같다. 그 나무 아래에서 나는 전통의 조화로운 포용, 시대를 초월하여 유구하게 존속되는 모든 것들의 정통성에 대해 경외하는 마음이 생긴다.

키스 토머스는 사람들이 나무를 숭배하는 것은 자신의 사회를 진심으로 숭배하는 것과 마찬가지라고 결론내렸다. 어쨌든 사람 손으로 심은 나무는 야생의 나무와는 다르다. 18세기 영국에 심어진 나무들은 나라의 큰 유산이 되었다. 1987년 10월 영국을 강타한 허리케인에 나무들이 피해를 입자 나라 전체가 큰 충격에 휩싸였던 것도 이와 같은 맥락에서 이해할 수 있다.

오늘날 정치적 의미의 나무가 가장 잘 뿌리내린 곳은 중동지역이라고 할 수 있다. 영국에서 배워온 것인지는 모르지만, 유대 민족주의 운동인 시온주의는 팔레스타인 지역에 정치적 상징성이 매우 강한 나무를 들여왔다. 이스라엘 사람들은 그 땅에 대한 영유권을 확인하는 수단으로 사막에 나무 수백만 그루를 심었다. 그들은 나무를 뽑아내는 일을 범죄로 규정하며, 웨스트뱅크 지역 주민들이 공유지에 나무를 심기 위해서는 당국의 허가를 받아야 한다. 이스라엘에 대한 팔레스타인 사람들의 저항, 이른바 '인티파다'가 시작되었을 때, 팔레스타인 사람들은 이스라엘인의 나무에 불을 놓았다. 이스라엘 사람들은 그 행위의 정치적 의미를 간과할 수 없었다. 과거 '돌의 전쟁'(구약성서 속 이야기로 팔레스타인 전사 골리앗과 나중에 이스라엘의 왕이 된 다윗의 싸움. ―옮긴이)과도 같은 '나무의 전쟁'이 전개되었다. 이에 대한 보복으로 이스라엘군은 불도저를 몰아 팔레스타인 사람들의 올리브 농장을 유린했다.

• • •

19세기부터 영국과 미국에서는 정치적인 나무가 퇴조하고, 사회적인 의미보다 정신적 의미가 더 큰 '낭만적 나무 Romantic Tree'가 점차 확대되었다. 그것은 대체로 우리 시대의 사람들이라고 할 수 있는 워즈워드, 에머슨, 소로, 그리고 뮤어 John Muir(미국의 자연주의 작가로 야생 자연에 대한 적극적인 탐사 활동을 전개하였으며, 시에라 클럽을 설립하는 등 자연·환경 보호를 위한 선구적인 활동을 시작하였음. ―옮긴이)의 나무들이다. 에머슨은 나무로부터 미국의 고상한 생각, 정신적인 요체를 이끌어낼 수 있다는 점을 지적하면서 "숲에서 우리는 이성과 믿음을 되찾게 된다"고 썼다. 자립적이고, 변함 없으며, 늘 하늘을 향해 있는 낭만의 나무와 더불어 사색에 잠기면, 우리는 상업적인 문화로부터 오염된 정신을 정화하고 스스로 영겁의 경지에 도달할 수 있게 된다. 나무는 역사로부터 비켜나, 우리로 하여금 일상의 번뇌와 우연의 불확실성을 뛰어넘어 '상위의 섭리'로 나아갈 수 있게 해준다. 소로는 나무가 인간을 '보살펴왔다'고 말한다. 나무는 우리에게 정신적, 정서적인 위안을 준다. "두 개의 마을이 있다고 해보자. 하나는 나무가 우거져 있는 곳이다. 다른 마을은 나무가 없이 삭막한, 목매달아 자살할 수 있는 나무만 한두 그루 있는 하찮은 마을이다. 후자의 마을에 살고 있는 건 굶주린 사람들과 사이비 광신도 그리고 한심스런 주정뱅이일 것이다."

19세기 후반 미국에서는 낭만적인 나무와 식민시대의 나무가 팽팽하게 맞섰다. 휘트먼이 큰 도끼를 축복하던 바로 그 시기에, 소로는 벌목꾼에 의해 베어진 소나무를 애도하고 있었다. "무대 위로 천천히 올라와 200년 동안 하늘을 향해 솟아올랐던 한 그루의 나무가 오늘 오후 삶을 마쳤다. 마을에서는 왜 조종을 울려주지 않는가?" 19세기 초 시어도어 루스벨트Theodore Roosevelt의 산림전문가였던 기포드 핀쇼Gifford Pinchot는 '실용적 나무Utilitarian Tree'라는, 나무에 대한 새로운 은유를 제안했다. 그는 '정신적 대상으로서의 나무'와 '상품으로서의 나무'의 화해를 시도했다. 쓰임새에 맞게 나무를 베어서 활용하되, 분별 있는 안목으로 그들을 보호하는 것이다. 하지만 핀쇼의 시도는 효과를 거두지 못했다. 소로의 나무가 휘트먼의 도끼보다 대중적으로 강력한 힘을 발휘했던 것이다. 오늘날 대부분의 사람들은 나무나 숲을 소로의 시선으로 바라본다. 낭만적 나무는 사실 거울에 비친 청교도의 나무와 다름 없다. 청교도가 자연을 새로 꾸미기 위해서 나무를 잘라낸다면, 낭만주의자들은 문화를 새롭게 만들기 위하여 나무를 심는다. 양쪽 모두 자연과 문화를 대립하는 것으로 인식한다. 다만 그들은 서로 다른 쪽 편을 들 뿐이다.

사람들이 나무에 부여하는 은유는 분명 그 시대의 나무들과 큰 관련성을 가질 것이다. 청교도의 나무들은 조작된 신앙심에 의해 마구 잘려나갔다. 평화로운 시대에는 정치적인 나무가 심어졌지만, 혁명의 시기에는 (아무런 의식도 치르지 않고) 무참히 쓰러졌다. 그렇다면 낭만적인 나무는? 이 나무의 운명은 사람의 발길로부터 벗어난 공원이나 야생의 자연 속에서 발견된다. 일반적으로 낭만적인 나무는 심는 것이라기보다는 보존하는 것이다. 나무의 정신적 권위는 인간으로부터 독립해 있음으로써, 그것의 원초적인 독특성으로부터 생겨나기 때문이다. 미국이 세계 문화에 가장 크게 기여한 것 중 하나는 야생 자연 공간을 창조한 것이었다. 바로 나무와 자연에 대한 낭만적 생각에 힘입은 성과였다.

나의 나무는 여러 가지 은유 중 어디쯤에 있는 걸까? 아마도 정치적 나무와 낭만적 나무 사이 그 어디쯤인 듯하다. 나무 심는 일을 할 때, 나는 정치적 은유의 맥락에서 행동한다. 미래의 시간에 내 흔적을 남기고 싶다는 마음으로. 하지만 나는 나무를 후세에 전해주는 것만으로 만족하기 때문에, 생각은 이미 낭만적 나무 쪽으로 옮겨가는 것이다. 내가 여기에 큰 나무를 심자고 생각을 굳힌 것은 그 그늘 아래에서 에머슨의 생각을 즐겨보고 싶기 때문이다. 내가 나무에 대해 가졌던 감정들 중 딱히 성향을 꼬집어 말할 수 없는 것들은 대부분 낭만주의적이다. 조 매티어스의 농장에 관한 나의 감정 역시, 소로가 느꼈을 감정과 다르지 않다. '나무 한 그루 없이 하찮아 보이는 이 황량한' 풍경으로부터, 소로는 이 땅의 주인은 아마도 사이비 광신도나 한심스런 주정뱅이일 것이라고 결론내렸으리라.

하지만 나는 더이상 독선적으로 대상의 성격을 규정하지 않으려고 한다. 조는 하나의 은유를 품고 미국에 정착해 나라를 세우는 역사적 소임을 다하며 살았던 것이다. 그 시대에 중요한 것은 도끼였다. 인정하기 어렵겠지만, 자연에 대해 우리가 부여한 의미가 조가 부여했던 의미보다 더 정당하다거나 더 오랫동안 살아남으리라고는 말할 수 없다. 나무에 대한 다음의 은유를 생각하면, 조의 은유가 그랬듯 우리의 은유 또한 덧없는 것일 수 있다.

역사로부터 한 가지 배운 것이 있다면, 나무가 문화 영역 바깥에 고요히 서 있다는 19세기의 인식조차 에머슨과 소로 그리고 영국의 낭만주의 시인들이 만들어낸 문화적 산물이었다는 사실이다. 그것은 확실히 위대한 창작으로, 탁월한 자연 문학이라고 할 수 있는 야생 자연공원을 우리에게 안겨주었다. 그리고 우리는 교통 체증을 무릅쓰며 캠핑을 떠난다. 하지만 이것이 부동의 진실이라고 오해해서는 안 된다. 식민시대의 나무나 정치적 또는 낭만적 나무는 모두 어떤 중요한 역사적 임무를 수행하는 데 유용했다는 사실, 그 이상도 이하도 아니다.

나는 그러한 인식의 산물들이 얼마나 쓸모 있을까 생각했다. 나는 정원 일을 하면서 문화와 자연을 서로 상충하는 것으로 인식하는 낭만주의적 견해는 별 도움이 되지 않는다는 점을 깨달았다. 나무에 대한 낭만적 은유는 우리를 자연의 관찰자 또는 숭배자로서의 역할에만 국한시킨다. 그럴 경우 자연에 들어와 어떤 행위를 하는 것은 자연을 문화로 더럽히는 일이 된다. 사람들이 흔히 사용하는 단어를 생각해보자. 인간이 '강탈' 하기 전까지 대지는 '처녀지'다. 그 낭만적인 관념은 나무를 경외하고 보존하도록 나를 고무시킨다. 그렇지만 새로운 나무를 심도록 독려하지는 않는다. 가격표가 달려 있던 종묘원의 말라빠진 묘목이 그토록 애처롭게 느껴졌던 이유는 내가 지닌 그 숭고한 낭만적 나무의 이미지 때문이었다.

나무에 대한 정치적 은유는 그나마 조금은 도움이 된다(그것은 나로 하여금 먼 목표를 응시하도록 도와준다). 하지만 미래 세대를 위해서 나무를 심는다는 거창한 생각 자체가 주제 넘은 건 아닐까? 이제 나무에 대한 몇 가지 새로운 은유를 실제로 사용해볼 수 있을 것 같다.

• • •

잠시 화제를 돌려보자. 공론적인 나무들이 만들어내는 숲 이야기는 그만둘 때다. 자신을 심어주길 간절하게 기다리는 한 그루 나무가 있잖은가.

구덩이를 판 뒤 나는 그곳에 집어넣을 흙을 준비했다. 구덩이를 채우는 흙에 대해서도 전문가들의 의견은 두 개로 나뉜다. 보다 최근의 의견은 스노드스미스의 견해와는 반대로, 흙의 상태가 크게 나쁘지 않다면 별달리 개량할 필요가 없다는 주장이다. 너무 기름진 흙에 심으면 나무가 튼튼하게 자라는 데 오히려 해가 된다는 얘기다. 그러나 내 땅은 워낙 거칠었기 때문에, 나는 흙을 부드럽고 기름지게 만들어 넣어주는 전통적인 방법을 따르기로 했다. 쇠스랑으로 구덩이 안쪽의 흙을 부드럽게 부숴준 뒤에, 6입방피트 정도의 초탄과 40파운드짜리 가축분뇨 두엄 두 포대 그리고 퇴비를 어느 정도 집어넣었다. 화학비료는 어린 나무의 뿌리를 태워버릴 수 있기 때문에 쓰지 않았다. 나는 구덩이 안으로 들어가서 쇠스랑으로 그 안에 집어넣은 것들을 골고루 뒤섞은 후 일부는 나중에 쓸 수 있도록 한쪽에 몰아놓았다. 그리고 구덩이 벽면을 울퉁불퉁하게 만들어서 나무 뿌리가 한군데로 뭉치지 않도록 했다.

다음 작업은 호스를 끌고와서 구덩이에 물을 채우는 일이었다. 구덩이에 들어간 물은 충분한 습도를 유지하고, 땅 속의 공극을 제거하여 흙을 고정시켜줌으로써 뿌리가 썩지 않게 한다. 나는 습기가 흠뻑 스며들도록 충분히 물을 뿌려준 뒤, 구덩이 깊이를 다시 재보았다. 나무를 심는 데 있어 구덩이의 깊이는 매우 중요하다. 너무 깊게 심으면 뿌리가 질식하고, 너무 얕게 심으면 뿌리가 노출된다. 뿌리덩이 맨 윗부분의 높이와 땅 높이가 같아야 한다. 구덩이 아래쪽 흙이 흔들어진 상태라면, 그것을 충분하게 안정시켜줄 필요가 있다.

자, 이제 스노드스미스 식 50달러짜리 구덩이가 마련되었다. 단풍나무를 심을 시간이 온 것이다. 나는 몇몇 사람의 도움을 받아 뿌리덩이가 다치지 않도록 묘목을 조심스레 옮겨서 구덩이 속에 집어넣었다. 그리고 뿌리덩이를 감싸고 있던 삼베 끈과 철사 줄을 풀어냈다.

삼베 끈은 곧 썩어서 없어질 테지만, 풀어내는 편이 더 좋겠다고 생각했다. 아내가 나무를 수직으로 세워서 붙들고 있는 동안 나는 미리 준비해둔 흙으로 뿌리 주위를 채우기 시작했다. 얼마만큼 흙을 채우고 나서 다시 물을 뿌리고 땅을 밟아주었다. 흙 속으로 공기가 들어가지 않도록 하기 위해서였다. 구덩이를 채운 흙의 높이를 땅 표면에 맞춘 뒤, 나는 구덩이 둘레를 빙 돌아서 6인치 높이로 턱을 만들어주었다. 빗물이 모여 뿌리 쪽으로 스며들 수 있도록. 그러고 난 뒤 또다시 물을 듬뿍 뿌려주고 습기가 쉽게 증발되지 않도록 짚을 깔았다.

땅에 심고 나면 나무는 언제나 크기가 작아진 듯 보인다. 갑자기 내 단풍나무도 3피트 정도 키가 줄어들었다. 심기 전보다도 보잘것없었다. 거기에다 존이 알려준 대로 나무의 머리 부분을 잘라내면 나무는 더욱 왜소해질 터였다. 묘목원에서 뿌리를 잘라냈기 때문에 나무둥치와 균형을 잡기 위해서는 나무를 심은 뒤에 윗부분의 약 3분의 1정도는 잘라주어야 했다. 동의하지 않는 사람도 있지만, 나무의 수관 부분이 너무 크면 잎이 필요로 하는 수분과 영양분을 공급하느라 뿌리에 부담이 된다는 게 상식이다. 낙엽을 떨구는 늦가을에 나무를 심는 것도 그 때문이다. 잎이 없으면 물도 적게 필요하니, 봄이 되어 새잎이 돋아나기 전까지 뿌리는 기력을 회복할 수 있다. 뿌리와 줄기의 알맞은 비율을 만들어주기 위해 나는 사다리를 놓고 올라가 그렇지 않아도 보잘것없는 나무 줄기 몇 개를 더 잘라주었다. 내키지 않았지만, 원예적인 관점에서는 바람직한 일이었다.

마지막 작업은 나무가 새로운 환경에서 첫 해를 잘 이겨낼 수 있도록 보호조치를 취해주는 일이다. 이 점에 대해서도 논란의 여지는 있지만, 지나친 보호는 바람직하지 않다는 게 최근 유행하는 사고다. 나는 이곳 땅이 매우 거칠다는 점을 고려해, 다소 동정심을 발휘하는 과거의 방식을 선택했다. 겨울의 눈과 바람을 막을 수 있도록 나무의 몸통을 싸주고, 들쥐 따위가 나무 둥치 아랫부분을 갉아먹지 못하도록 창문에 덧대는 철제 망사를 잘라서 양말을 신기듯 말아주었다. 그리고 마지막으로 낯선 땅에 처음으로 뻗어내리는 뿌리가 흔들리지 않도록 버팀목을 세웠다.

주위가 어둑해지고 나서야 비로소 나는 뒤로 물러나 내가 이루어낸 일을 감상할 수 있었다. 그날도 그랬지만 10월의 구름 없이 맑게 갠 날에는 밤이 되면 기온이 급격하게 떨어졌다. 석양빛은 그날 밤의 된서리를 예고했다. 양말을 신고 줄로 동여맨 버팀목에 기대어 서 있는, 제법 돈을 들여 심은 나의 단풍나무는 혼자서 그 밤을 견뎌내기엔 너무 허약해보였다. 마치 나무 한 그루 없는 평원에 산책용 신발을 신고 홀로 서 있는 수척한 노인처럼. 그건 우리가 상상할 수 있는 낭만적인 나무의 모습과는 거리가 멀었다. 앞으로 얼마 동안은 이곳을 찾는 방문자가 나무를 보고 감탄하기는커녕, 내가 일부러 힌트를 주기 전까진 존재 자체도 인식하지 못할 것이다. 하지만 그곳에 서서 오랫동안 나무를 바라보면 볼수록, 나는 더 많은 것을 볼 수 있었다. 시간이 흘러 점점 어두워졌지만, 나는 나무가 미래에 어떤 모양을 만들어낼지 상상할 수 있을 것 같았다. 가녀린 나뭇가지마저 잘려나가 앙상하기 이를 데 없었지만, 나는 가지들이 봄마다 새 가지를 치고 순을 내서

품을 벌려나가는 모습을 그려볼 수 있었다. 나무는 매년 여름 수많은 가지와 잎새들로 빽빽한, 거대한 타원형 수관을 펼쳐낼 것이다.

● ● ●

외양간 작업실 책상에 앉아 있으면 새로 심은 나무가 잘 보인다. 아직 잎은 없어도 자리를 잘 잡은 것 같다. 그토록 많은 감상을 견뎌내기엔 너무나 연약해보이지만, 인간 세계에 존재하는 나무들의 운명은 어쩔 도리가 없다. 마치 쇠붙이가 자석에 달라붙듯이 우리의 온갖 생각과 은유는 나무에게로 달려간다. 나무는 인간이 만들어낸 것도 아닐 뿐더러, 우리가 그들에 대해 부여하는 의미와는 전혀 무관하게 존재한다. 하지만 나무는 우리가 만들어내는 은유와 오래 전부터 결혼한 사이이기 때문에, 우리는 그들이 독자적인 존재라고 전혀 생각하지 않는다. 우리는 항상 나무에 부여한 은유(신이 존재하는 곳, 하나의 상품, 초월적 자연의 한 부분, 또는 숲 생태계를 이루는 한 요소 따위의)가 나무들의 진정한 모습이라고 생각해왔다. 그렇다면 현대적 상황에 알맞은 새로운 은유는 어떤 것일까? 나무의 은유는 매우 중요하다. 그것이 대체적으로 나무의 운명을 결정하기 때문이다.

최근 들어 나무에 관한 뉴스가 부쩍 많아졌다. 과학자들은 그들이 어려움에 봉착해 있다고 경고한다. 또한 그들의 건강은 우리 자신의 건강과 상상 이상으로 밀접하게 관련되어 있다고 주장한다. 산림 벌채는 우리 지구의 대기 변화에 치명적인 영향을 미치게 될지도 모른다. 현재 나무의 새로운 의미를 도처에서 발견하게 되는 것은 전혀 이상한 일이 아니다. 미술 전시관에서, 잡지 표지에서, 제품의 로고와 광고에서, 정치 연설에서 나무에 대한 새로운 은유가 탄생한다. 우리는 직감적으로 우리가 나무와 자연 모두에게 부여했던 과거 은유의 심도가 낮아지면서 새롭고 강력한 은유가 만들어지고 있음을 느낄 수 있다. 내가 심었던 단풍나무가 성숙할 즈음이면, 그 나무에 대한 은유는 오늘날과는 크게 달라질 것이다.

새로운 은유는 어떤 것들일까? 일단의 철학자와 환경운동가들은 최근 내 나무를 포함한 자연이 '권리'를 가지고 있다는 새로운 개념을 발전시키고 있다. 그들은 서양 역사의 헤게모니가 특권계급으로부터 재산보유자로, 백인 남성으로, 최근에는 여성으로 끊임없는 투쟁의 과정을 거쳐 이동하는 것으로 본다. 그들은 이제 그 영역을 자연까지 아우르는 보다 큰 범주로 확대시킬 것을 제안한다. 그들은 몹시 진지한 표정으로 노예제도 폐지 이전의 아프리카계 미국 흑인의 상태와 오늘날 자연의 상태를 비교해보라고 이야기한다. 이런 맥락에서 자연보호의 명분을 얻은 급진적 행동주의자들과 '어스 퍼스트Earth First!' 같은 단체들은 산림벌채꾼에 대항하여 나무를 방어하는 투쟁을 벌이기도 한다. 나무가 인간과 동등한 권리를 가진다는 사실을 받아들이게 된다면, 나무를 방어하는 일이 벌목꾼이나 원목처리공장에서 일하는 사람들의 생계를 위협한다고 해도 크게 문제될 것 없다는 논리다. 법률학자인 크리스토퍼 스톤Christopher D. Stone은 《나무들도 소송을 해야 할까?Should Trees Have Standing?》라는 책에서 숲과 호수와 산에 소송을 제기할 수 있는 권리가 부여되어야 한다고 주장했다. 이

것이 그리 급진적인 생각이라고는 할 수 없을 것 같다. 기업이나 선박들은 이미 '법인'으로서의 지위를 부여받고 있다. 나무라고 그러한 대접을 못 받을 이유는 없잖은가? 스톤의 논지는 윌리엄 더글러스 William O. Douglas 판사에 의해서 이미 그 법리가 받아들여졌고, 최근 들어 자연지역 보호와 관련한 몇몇 건의 소송이 제기되어 승소하기도 했다.

그렇다고 내 나무를 소송의 대상으로 만들고 싶은 생각은 없다. 자연의 권리를 주장하는 사람들은 분명 내 나무를 포함하는 그밖의 자연 모두와 최상의 이해관계를 가질 수 있을 테지만, 나는 나무가 권리를 가지는 세상에선 인간 권리를 상당부분 포기해야 하지 않을까 걱정이 된다. 자연에서는 어떤 종에 대한 권리가 개별적인 개체보다 훨씬 더 중시된다. 서양의 역사를 통해 어렵게 성취된 개인의 권리가 자연의 세계에서는 제대로 통용되지 않는 것이다. 급진적인 환경주의자들이 우리에게 강요하는 '생태중심주의적' 관점에서 볼 때, 몇 마리 남지 않은 회색 큰곰은 그 어떤 인간보다 더 큰 관심의 대상이 된다. 진보주의적 사고를 자연세계에 확대 적용하다보면, 우리는 진보주의의 본질 자체를 부정하는 결과를 초래할 수도 있다.

물론 나의 견해는 실제적인 측면에서의 이의제기일 뿐이다. 자연에 관한 새로운 진실을 발견해냈다고 생각하는 사람들에게는 전혀 영향력을 행사하지 못하는. 나무가 권리를 향유하고 있다는 은유를 받아들일 수도, 거부할 수도 있지만 그러한 은유가 이 나라에서 인정받게 된다면(나는 그렇게 되지 않을까 우려하고 있지만), 그것은 소로의 낭만적 유산과 우리의 진보주의적 전통이 결합된 결과일 것이다. 그러나 그 어떤 생태중심주의적 논의에도 불구하고, 자연의 권리를 주장하는 사람들은 인간중심주의의 함정으로부터 벗어날 수가 없다. 권리야말로 인간이 만들어낸 것으로, 그것을 부여하는 것도 거두어들이는 것도 사람의 일이니까.

'권리'가 기초가 되는 좀더 그럴싸한 은유를 찾을 수는 없을까? 실은 나무에 대한 새로운 과학적 설명들이 나에게 기대 이상의 희망을 품게 해주었다. 그것은 인간이 나무에 대해 가지고 있던 오래 전의 예리한 통찰을 돌이켜보게 한다.

나무를 숨쉬는 지구의 한 기관이라고 생각해보자. 나무는 동물, 부패물질, 문명이 배출하는 이산화탄소를 들이마시고 신선한 산소를 공급한다. 나무는 우리가 이제껏 알던 것보다 훨씬 더 정교하고 상호의존적인 범지구적 체계 속의 극히 중요한 기관이다. 지구는 우주선이 아니라 살아 숨쉬는 생명체이며, 나무는 지구의 허파나 다름 없다.

하와이에서는 화산 경사면에 설치된 가스분석 장비를 이용해 지구가 일년 단위의 리듬으로 호흡하고 있음을 실제로 관찰했다. 숲이 왕성하게 숨을 쉬는 여름이면 북반부 지역의 이산화탄소 양이 줄어든다. 탄소동화작용이 줄어드는 반면 화석연료 소비가 증가하는 겨울이 되면 이산화탄소의 양은 다시 늘어나고, 그 양은 매년 조금씩 증가하고 있다. 우리 시대에 지구는 호흡이 점점 더 힘들어질 것이다. 더욱 뜨거워지는 문명의 숨결을 따라 숲이 소화하기 어려울 만큼 이산화탄소 배출량이 늘어났기 때문이다. 이로부터 나무에 부여할 새로운 은유(위대한 힘과 아름다움 그리고 중요성을 가진)가 생겨난다.

나무는 우리의 생태 건강을 나타내주는 과학적 지표로 간주된다. 인간의 행위가 환경에 어떤 피해를 미치는지 직접 드러나기 훨씬 전부터 나무들이 징후를 나타내기 때문이다. 생태학자들은 온실효과를 가장 먼저 감지한 것이 숲이라고 말한다. 서늘한 기후에서 자라는 수종이 온난화되는 기후 속도를 따라잡지 못해서, 북쪽으로 자신의 영역을 이동하기도 전에 병들어 죽는다. 이미 뉴잉글랜드 숲에서는 산성비의 영향이 나타나고 있다. 여러분은 내가 두말 않고 노르웨이산 단풍나무를 사왔던 일을 기억할 것이다. 내가 심었던 나무에는 새로운 세상에 적응하기 위한 초기의 노력이라는 의미를 부여할 수 있을 것이다. 나무는 광부들이 탄광으로 가지고 들어갔던 카나리아와 같은 것이다. 카나리아는 사람들보다 훨씬 빨리 갱도 안의 유해한 가스를 감지하고, 광부들에게 보이지 않는 위험을 예고해주었다.

선택을 해야 한다면, 나는 '소송하는 나무Litigious Tree'보다는 '허파 나무Lung Tree'나 '카나리아 나무Canary Tree'를 택할 것이다. 나무에 대한 후자의 두 은유는 우리의 사소한 국지적 행위와 지구 전체 건강의 관련성을 깨닫게 하는 것은 물론, 나무를 보존하고 새로운 나무를 심도록 우리를 북돋워준다. 무엇보다 중요한 점은 '허파의 은유'가 우리와 나무의 상보적인 관계를 새롭게 설정해준다는 사실이다. 그것은 낭만적인 은유의 상위성相違性을 극복하고, 우리가 함께 공유하는 실존적 평면을 향해 나아가도록 한다. 지구가 하나의 생물체이고 나무가 허파 역할을 한다면, 그것이 자연의 바깥에 존재한다는 생각은 더이상 사리에 맞지 않는다. 나무가 문화의 바깥쪽에 존재한다는 생각도 마찬가지로 도리가 아니다. 마침내 모든 내연적·외연적 은유가 시들어버리는 것이다. 잘된 일이다.

이러한 새로운 은유 중에서 어떤 것이 우위를 지켜나갈 수 있을지 예측하기는 불가능하다. 그것은 그들이 얼마나 유용한지에 달려 있을 것이다. 뿐만 아니라 언제나 거듭 변화하는 자연과 우리의 대화에 달려 있다. 과학자일 수도, 그렇지 않을 수도 있는 한 사람의 새로운 소로가 나타나서 우리가 전혀 예상할 수 없는 전혀 다른 나무를 만들 수도 있다. 하지만 이것만은 분명하다. 지금으로부터 100년 후 내 단풍나무가 어떻게 될지 알 수 있다면, 나는 자연의 운명에 대해 아주 많은 것을 알 수 있으리라.

얼마 전, 나는 내 나무가 전해줄 소식으로 내가 무엇을 원하고 있는지 생각해보았다. 첫 눈이 내린 이른 겨울 아침이었다. 갓 떠오른 태양은 유난히 밝은 빛을 뿌리며 단풍나무의 길고 선명한 그림자를 신선한 눈밭 위에 드리웠다. 그림자는 서쪽의 목초지를 곧바로 가로질러 달려가다 작은 언덕 위에서 꺾어진 뒤 숲속 깊은 곳으로 잦아들어, 나는 그만 자취를 놓쳐버리고 말았다.

내 단풍나무의 건강에 관한 식물학자의 보고서는 분명 쓸모가 있을 것이다. 노르웨이산 단풍나무는 서늘한 기후에서 자라는 수종이다. 이 나무가 지금으로부터 100년쯤 후인 2091년의 열기에 신음하고 있다면, 온실효과가 더욱 진행되었다는 것과 그것의 진행을 우리가 막지 못했다는 사실을 알게 될 것이다. 그러나 과학자의 설명보다 더 많은 것을 알려주는 건 아마도 그 시대로부터 받게 될 한 장의 편지일 것이다. 그 편지는 일상 언어로 내 나무를 간단히 묘사할 것이다. 그것으로부터 나는 2091년에 살고 있는 사람들이 한 그루의 나무를 어떻게 바라보는지 알게 될 것이다. 그 편지는 자연이 어떤 취급을 받고 있는지도 잘 알게 해주리라. 만약 그 편지가 조 매티어스에게 친숙한 방식으로(아니면 소로의 방식으로) 그 나무를 그리고 있다면, 그것은 걱정스러운 일이다. 우리가 자연에 대한 과거의 은유에서 벗어나지 못했으며, 우리가 처한 곤경으로부터 우리 스스로를 탈출시키지 못했음을 의미하기 때문이다.

하지만 그 편지는 새로운 은유에 대한 분명하고도 강력한 증거, 그 시대에 있어서만큼은 진실하다고 할 수 있는 증거를 보여줄지도 모른다. 처음에는 낯설고 이해하기 어려우리라. 하지만 결국 그것의 의미는 분명해질 것이다. "그래, 그런 나무도 있을 수 있구나! 우리가 왜 미처 다른 생각을 하지 못했을까?"라고 말하겠지. 그렇다면 마침내 새로운 진실이 뿌리를 내리고, 우리가 보다 튼튼한 발판 위에서 자연과의 관계를 만들어나갈 수 있으리라는 희망을 가지게 될 것이다.

제10장
미완의 정원: 또 다른 정원의 개념

요 몇 년 사이 읍내에서 가장 큰 뉴스는 1989년 7월 10일, 월요일에 이곳을 강타한 토네이도에 관한 것이었다. 토네이도는 버크셔스에서부터 후사토닉 강 계곡 아래로 내려온 뒤 동쪽으로 진로를 바꾸어 콜츠푸트Coltsfoot 산을 넘었다. 하늘을 음산한 회녹색으로 물들인 토네이도는 하늘 위를 선회해 자취를 감추기까지 약 15분 간의 적지 않은 시간 동안 언덕에서 언덕으로 미친 듯 휘몰아쳤다. 폭풍은 농장 물푸레나무의 껍질을 벗겨낼 만큼 강력했다. 읍내 쪽 피해는 훨씬 더 컸다. 회오리바람은 거대한 지우개처럼 미끄러져 지나가며 숲 전체를 지워버렸다. 폭풍이 지나간 길 주위로는 지우개를 거칠게 문질러댄 듯 나무 윗부분이 잘려나갔다. 하룻밤 사이에 읍내의 모습은 알아보기 어려울 만큼 망가져버리고 말았다.

치명적 피해를 입은 지역 중 하나가 읍내에서 가까운 '캐시드럴 잣나무숲Cathedral Pines'으로 오래된 스트로브잣나무가 유명한 곳이었다. 이 숲은 1800년경부터 사람의 간섭을 받지 않았기 때문에, 뉴잉글랜드 지역에서는 가장 오래된 잣나무 군락지라고 할 수 있었다. 이 숲은 42에이커로 이 지방의 성지와도 같은 곳이다. 초기 이민자들에게 신세계의 숲이 어떤 모습이었을지 상상해볼 수도 있는 그런 곳. 1985년에 연방정부는 이곳을 '국가자연유산'으로 지정했다. 무더운 여름날 캐시드럴 잣나무숲에 들어서면 마치 어두침침한 대성당 안으로 발을 들여놓은 듯하다. ('Cathedral'은 대성당이라는 뜻.—옮긴이)찾아드는 햇살에 수없이 많은 솔 바늘이 뿜어내는 시원하고 상큼한 기운이 담겨 있다. 200년 가까이 푸른 하늘과 거리를 두어온 숲속 그늘진 땅은 부드럽고 폭신하다. 폭풍은 오후 5시경 이곳에 당도해 불과 몇 분 만에, 미사일처럼 굵고 키가 150피트나 되는 거대한 나무들을 뒤흔들었다. 힘없는 밀집인형처럼 픽픽 쓰러진 나무들은 높은 곳에서 떨어뜨린 연필들마냥 뒤엉켜 널브러져 있었다. 바람소리가 워낙 요란스러웠기 때문에 숲 가장자리에 사는 사람들조차 폭풍이 지나간 뒤 밖에 나와보고서야 그 참상을 발견했다. 다음날 아침, 하늘은 맑았다. 한 세기 이상 하늘을 보지 못했던 땅 위로 햇살이 찾아들었다.

관청의 수석 행정관은 신문과의 인터뷰에서 "그것은 너무도 처참한 광경"이라고 말했다. 읍내의 다른 사람들과 마찬가지로 깊은 상실감을 느끼고 있던 콘월의 한 주민은 이를 '비극'이라고 표현했다. 하지만 며칠 지나지 않아, 그런 반응들이 이해는 될지언정 비과학적이고 인간중심적인 짧은 생각이라는 사실을 깨달았다. 주정부의 환경담당관은 〈하트포드 쿠란트 Hartford Courant〉지의 기자에게 "그것이 우리에게는 재난이지만 생태학적으로는 잘못된 상태라고 할 수 없다. 그것은 자연의 한 현상에 불과하다."라고 말했다. 캐시드럴 잣나무숲을 소유하고 있는 국제자연보호협회 The Nature Conservancy는 "월요일의 폭풍은 이 숲을 생성하고 변화시키는 지속적인 자연의 연결고리 중 하나에 불과한 것"이라는 보도자료를 발표했다.

오래지 않아 두 가지 견해로부터 비롯된 논쟁은 격화되었다. 〈뉴욕타임스〉 지면을 통해서 국제자연보호협회는 그 숲을 '자연의 상태'로 유지시킨다는 조건하에서 관리권을 위임받고 있다는 점을 들어, 숲에서 발생되는 '자연적인 과정'을 따라갈 수 있도록 그대로 내버려두어야 한다는 입장을 견지했다. 하지만 지역 공무원과 주민들은 결코 수긍할 수 없었다. 쓰러진 나무들이 눈에 거슬리는 것은 물론, 화재 위험까지 안고 있었기 때문이다. 여름 가뭄이 드는 해에 그곳에 불이라도 나면, 숲 주변의 가옥은 물론 다른 지역까지 큰 피해를 입힐 것이 불보듯 뻔했다. 콘월 지방 사람들은 그 숲의 잔해를 깨끗하게 치워내고, 그곳에 새 나무를 심길 바랐다. 그래야만 적어도 다음 세대의 후손들에게 옛 모습을 닮은 숲을 보여줄 수 있었다. 또 다른 사람들은 100만 보드풋 boardfoot(두께 1인치에 넓이 1평방피트인 널빤지의 부피.—옮긴이)에 달하는 목재에 눈독을 들이기도 했다. 그들에게 옹이 없이 곧고 길게 자란 좋은 목재를 내버려두는 것은 매우 아까운 일이었다.

신문들은 이해관계가 서로 다른 사람들 간의 논쟁을 유도하면서, 환경문제와 관련한 고전적인 분쟁 사례로 보도했다. 한쪽에는 순수주의 환경론자들이 있었다. 그들은 이 숲의 형성에 대한 인간의 그 어떠한 개입도 비자연적이라고 생각했다. 한 순수주의자는 지방언론에 "누군가 그 숲의 잔해를 치워내려고 한다면, 아마도 그곳에 콘도를 지을 속셈일 것이다."라고 말했다. 다른 쪽에는 현실적 이해관계를 중시하는 사람들이 있다. 그들은 안전(화재 위험), 경제학(버려지는 목재), 미학(처참한 광경) 등 갖가지 단어로 자신의 입장을 표현했다.

사람들은 지방에서 벌어지는 이 싸움을 무척이나 즐기고 있었지만, 나는 곧 그 모든 것에 대해 의기소침해졌다. 환경문제에 대한 이 다툼은 또 다른 고전적 전형이 되는 것이었다. 이 싸움은 환경 문제에 접근하는 우리의 잘못된 태도를 드러내는 적절한 사례였다. 양측은 서로 상대방의 견해를 풍자적으로 비판하기 시작했다. '너무도 처참한 광경'이라는 행정관의 말에 대해 〈뉴욕타임스〉의 독자 투고란에는 그의 인간중심주의를 조롱하는 글이 실렸다. 이에 대항해 그 행정관은 자연에 대한 불간섭을 주장했던 예일대학교의 과학자를 '상아탑에 살고 있어서' 현실을 제대로 모르는 사람이라고 꼬집었다.

두 진영은 아주 멀리 떨어져 있는 듯하지만, 실제로는 그들이 인식하는 것보다 훨씬 많은 공통 기반을 가지고 있다. 양쪽 다 인간과 자연이 서로 조화되기 어려운 존재이며, 어느 한쪽의 승리는 다른 쪽의 손실을 불러일으킨다는 전제로부터 출발한다. 다시 말하면, 양편 모두 '야생의 윤리관' 즉 인간과 자연의 관계가 제로섬 게임을 닮았다는 가정을 받아들인 것이다. 이는 미국에서 환경문제에 관련하여 주목할 만한 최초의 다툼이라고 할 수 있는 헤츠 헤치 댐Hetch Hetchy Dam(미국 캘리포니아의 시에라 네바다 지역에 건설된 댐으로 샌프란시스코 일대 240만 주민에게 수자원 및 전력을 공급한다. 1900년대 댐 건설 과정에서 환경이 파괴됐다는 논란이 제기되었고, 현재는 1923년에 완공된 댐의 철거를 둘러싸고 논쟁이 끊이지 않는다.—옮긴이) 건설을 둘러싼 1907년의 사건 이후로 폭넓게 퍼진 생각이지만 아직까지 충분히 검증된 것은 아니다. 댐 건설에 반대한 존 뮤어는 이를 주도했던 기포드 핀쇼를 '사원 파괴자'라고 불렀다.

그해 여름 내내 강도를 높여나가면서도 별다른 성과를 내지 못했던 내 고장의 작은 논쟁을 지켜보면서, 나는 지난 한 세기 동안 이 나라에서 성취된 '야생의 윤리관' 자체가 문제의 일부는 아닌가 하는 의문을 갖기 시작했다. 또한 자연을 다루는 데 있어 다른 윤리관을 형성할 수 있는 가능성에 대해서도 생각해보았다. 야생의 자연이라는 관념 대신, 정원이라는 관념에 바탕을 둔 새로운 윤리관을 세워보고 싶었다(나는 이 장의 생각들을 발전시켜 〈하퍼스 매거진〉의 1990년 4월호에 게재된 환경 윤리에 관한 토론의 사회를 맡기도 했다. 이 토론에는 제임스 러브록James Lovelock, 프레더릭 터너Frederick Turner, 대니얼 보트킨Daniel Botkin, 데이브 포먼Dave Foreman 그리고 로버트 야로Robert Yaro가 참여했다. 이 글을 쓰는 데는 웬델 베리, 르네 두보스Rene Dubos, 윌리엄 크로넌, 윌리엄 조던William Jordon 3세, 앨스턴 체이스Alston Chase의 저술로부터 많은 도움을 받았다).

● ● ●

캐시드럴 잣나무숲을 조사한 산림전문가들은 이곳에서 가장 오래된 나무들이 1780년부터 자라기 시작했다는 사실을 밝혀냈다. 이 지역에 정착한 제1세대 이주자에 의해 벌목된 이후 숲이 새롭게 조성되었다는 의미이다. '처녀림 그대로 자라난 숲'은 아니었던 것이다. 쓰러진 나무들의 나이테로 미루어 1840년 이후 생육 상태가 현저하게 좋아졌다는 사실도 알 수 있었다. 그해 이 숲에서 잣나무들이 경쟁 없이 잘 자라도록 다른 수종을 간벌했다는 의미인지도 모른다. 콘월 지방에 오랫동안 살았던 칼훈 가 사람들은 벌목으로부터 이 숲을 보호하고자 1883년에 이 땅을 사들였다. 그리고 그들은 그곳의 자연 상태 그대로 유지해줄 것을 조건으로 숲을 1967년 국제자연보호협회에 기증했다. 이후 토네이도가 그곳을 지나가기 전까지 숲은 하이킹이나 주말 나들이 장소로 인기가 높았고, 적지 않은 사람들이 이 숲에서 결혼식을 치렀다.

캐시드럴 잣나무숲은 어떤 의미로도 야생의 자연이라고는 할 수 없었다. 그 숲이 써온 자연의 역사는 여러 시점에서 콘월의 역사와 교감을 이뤘다. 이 숲도 모든 나무를 베어낸 뒤, 100년쯤 후에 선택적 벌목을 했던 이민 초기의 육림 방식으로 생겨났다. 그리고 사람들은 또 다른 방식으로 숲의 역사에 영향을 끼쳤다. 산불이 났을 때 주민들이 지체 없이 진화하려 애썼으리라는 것쯤은 쉽게 짐작할 수 있다. 우리는 보통 간과하지만, 산불 진화는 에머슨보다 미국의 풍경에 더 큰 영향을 끼쳤다. 이런 면에서, 캐시드럴 잣나무숲은 상당 부분 사람이 만들어냈다고 할 수 있다.

그럼에도 논쟁을 벌이는 양측 모두 캐시드럴 잣나무숲의 실제 역사를 무시한 채, 그것이 마치 야생의 숲인 양 생각하고 있었다. 그들은 그곳을 백인에 의해서 전혀 교란되지 않은, 통상적 의미에서의 야생으로 인식했다. 낭만주의 시대 이후로, 우리는 그와 같은 곳을 인간 세상의 혼란으로부터 도피할 수 있는 안식의 장소로써 소중히 여겼다. 그곳에서 우리는 세상사의 번거로움을 초탈하고, 소로가 '상위의 섭리'라고 불렀던 것을 찾아낼 수 있었다. 캐시드럴 잣나무숲에서 보냈던 어느 오후 시간, 나는 그런 느낌으로 충만해졌다. 숲의 이름조차 범신론적 이미지를 풍겼다. 과학이 이와 같은 것들을 설명하는 '생태계'라는 어휘를 만들어내기 훨씬 이전부터, 우리는 '교란되지 않은 자연'이야말로 기적과도 같은 자연세계의 질서와 균형을 찾아나갈 수 있는 장소라는 사실을 느낌으로 알고 있었다. 인간 세상에서는 꿈에 불과한 것을 자연은 해내고 있음을 감지했던 것이다. 인간이 있는 그대로 자연을 내버려두면, 자연은 건강한 균형 상태를 유지할 수 있을 것이다. 이와 같은 자연의 법칙을 순수하게 따르는 야생의 자연은 역사를 뛰어넘는다.

이는 설득력 있고 여러 모로 훌륭한 생각이다. 야생의 자연이라는 관념은 우리의 문화에서 금기와도 같은 존재다. 그 관념이 자연 위에 군림하면서 자연을 망가뜨리는 인간의 성향을 그나마 제어해주고, 옐로스톤이나 요세미티 공원과 같은 장엄한 공간을 남겨둘 수 있도록 우리에게 영감을 불어넣었다. 하지만 동시에 야생의 자연이라는 관념은 인간과 자연 사이에 큰 쐐기를 박아놓았다. 자연세계의 무궁한 순환을 바탕으로 한 인간 역사는 시간과 우연이라는 요소에 줄곧 영향받으면서 예측하기 어려운 미래를 향하여 달려 가고 있다. 이와는 달리 자연의 역사는 이미 정해져 있는 명확한 법칙에 순응한다. 인간의 법칙들을 자연과 비교해본다면 보잘것없는 2류에 불과하다고 말할 수밖에 없다. 우리는 콘월 읍내가 미래에 어떻게 변화할지 알 수 없지만, 자연은 분명 캐시드럴 잣나무숲의 미래를 계획하고 있을 것이다. 그 숲을 그대로 내버려두면(과학에서 '숲의 천이遷移/forest succession' 라고 말하는) 엄격한 자연의 법칙에 따라 그 계획을 착오 없이 실행해나가리라. 균형을 회복하는 자연적 과정이 진행되면서, '새로운 극상림極上林/climax forest' 이 나타나게 되리라고 생각해볼 수 있다.

자연이 캐시드럴 잣나무숲에 대한 계획을 가지고 있다는 생각은 우리에게 위안을 준다. 또한 그러한 생각은 그 숲을 그대로 내버려두어야 한다는 주장에 설득력을 부여하고, 과연 그 계획이 어떤 것일까 궁금증을 불러일으킨다. 토네이도에 의해 날아가버린 옛 잣나무숲의 미래는 어떤 모습일까? 나는 그것을 그려보기 위해 산림생태학에 관한 여러 가지 야외 교본과 모범이 되는 저술들을 살펴보았다.

19세기 소로에 의해 정립된 '숲의 천이'에 대한 고전적인 이론에 따르면, 하나의 소나무 숲이 돌연 파괴되면 그 뒤를 이어 단단한 나무들이 자라난다. 참나무가 대표적이다. 다람쥐들이 소나무 숲 어딘가에 숨겨둔 도토리의 존재를 잊어버린 덕분이다. 도토리가 틔운 싹은 그늘에서도 잘 견디기 때문에, 어린 참나무들은 햇빛이 잘 들지 않는 소나무 숲에서도 쉽게 자랄 수 있다. 소나무 씨앗이 싹을 틔우기 위해서 많은 햇빛을 필요로 하는 것과는 대조적이다. 그래서 소나무가 사라지면 참나무들이 새로운 숲에서 우위를 점하게 된다. 새로운 소나무가 싹을 채 틔우기 전에 참나무들이 햇빛을 독점해 그 숲을 평정한다.

이것이 내가 책을 통해 알아낸 것이었고, 나는 캐시드럴 잣나무숲 역시 이와 같이 예견된 과정을 겪게 될 것인지를 확인해보기 위해 직접 탐문에 나섰다. 나는 산림생태학자와 국제자연보호협회 소속 전문가와 이야기를 나누었다. 그들은 소나무 숲의 천이에 관한 고전적인 이론이 아마도 기본적으로 캐시드럴 잣나무숲에도 적용될 수 있으리라는 견해를 가지고 있었다. 하지만 (그 이론이 잘못된 것이어서가 아니라) 상황은 다르게 전개될 수도 있었다. 근처에 참나무가 없다면 어떻게 될 것인가? 다람쥐들이 멀리까지 도토리를 가져다 숨겨놓지는 않기 때문이다. 참나무 대신 히커리나무 열매가 숲 전체에 숨겨져 있을지도 모르는 일이다. 그리고 보면 숲 주위에 살고 있는 사람들에 의해 심어진 나무들이 그 대상이 될 수도 있다. 토종이 아닌 외래종 나무가 뛰어들 수도 있다.

캐시드럴 잣나무숲에 대한 자연의 의도가 과연 무엇인지를 탐색하는 과정에서 내 머릿속에 반복해서 떠오른 생각은 '상황에 따라 모든 것이 달라질 수 있다'는 것이었다. 숲의 천이라는 말은, 우리가 만들어낸 은유에 불과했다. 그리고 종종 자연은 그 이론을 무시한다. 캐시드럴 잣나무숲의 미래를 결정할 요소는 헤아릴 수 없을 만큼 많다. 이 숲의 미래를 변화시킬 요소로 작용할 수 있는 몇몇 작은 사례들을 살펴보기로 하자.

천둥번개를 동반한 폭풍 또는 지나치는 차안에서 버려진 담배꽁초가 다음 여름에 산불을 일으킨다고 가정해보자. 그것이 숲의 토양을 크게 황폐화시켜 숲의 회복 시기를 수십 년쯤 지연시킨다고 치자. 아니면 그날 밤 비가 내려서 불길이 잡히는 바람에 작은 참나무들은 불타 죽고, 상대적으로 불에 강한 소나무 씨앗들이 살아남아 경쟁없이 잘 자랄 환경이 만들어졌다고 가정해보자. 결국 소나무숲이 다시 탄생할까? 아마도 그럴 수 있을 것이다. 하지만 그 이듬해 사슴 떼가 나타나면 어떻게 될까? 그들이 여린 소나무 새순들을 모두 먹어치우면 가문비나무가 잘 자라는 환경이 만들어질 수도 있다. 가문비나무는 사슴의 입맛에는 맞지 않기 때문이다.

불이 나지 않은 상황도 생각해보자. 불이 나지 않으면, 쓰러진 나무들이 썩어서 그들의 영양분을 흙으로 되돌려주기까지 수백 년이 걸릴 수 있다. 기력이 떨어진 땅에서는 나무가 잘 자라지 못한다. 하지만 50년 이상 땅 속에서 휴면상태를 유지할 수 있는 가시나무 씨앗들은 쉽게 싹을 틔울 것이고, 100년 동안 가시나무 잡목이 그곳을 뒤덮을지 모른다. 아니면 1997년 여름, 앞뜰에 있는 노르웨이산 단풍나무로부터 잘 익은 씨앗꼬투리가 산들바람에 날려와서 싹을 틔울 수도 있다. 기억하겠지만 노르웨이산 단풍나무는 유럽 수종으로 19세기 초 들여온 뒤 가로수로 많이 활용되었다. 외래종 나무가 이곳에서 번성한다면 캐시드럴 잣나무숲은 독특한 모습을 한, 우스꽝스러운 이름의 야생 공간으로 변화될 것이다.

그러나 결과는 훨씬 더 나빠질 수도 있다. 이듬해 봄에 예년과 달리 많은 비가 내려서 가파르게 경사진 이 숲의 표토가 모두 쓸려가버렸다고 생각해보자. 지금 이 숲에서 목숨을 부지하고 있는 건 19세기에 들어온 인동덩굴을 포함한 외래종 잡초뿐이다. 극성스러운 인동덩굴은 모든 나무들을 질식시키고 말 것이다. 이곳에서 숲은 더이상 찾아볼 수 없을지 모른다.

다시 말하자면, 아무도 캐시드럴 잣나무숲이 어떻게 될 것인지 이야기할 수 없는 것이다. 그 이유는 산림생태학의 과학적 수준이 일천한 탓이 아니라, 자연 스스로도 어떤 일이 일어날지 모르기 때문이다. 자연은 이곳에 대한 거창한 계획을 가지고 있지 않다. 무수히 많은 변수의 복잡한 상황(인위적인 것도 있지만 대부분 인위적이지 않은 변수들)이 캐시드럴 잣나무숲의 미래를 결정하게 될 것이다. 그리고 미래가 어떤 모습이든, 그것이 예전과 똑같은 방식으로는 펼쳐지지 않을 것이다. 숲의 천이에 관한 이론이 설명해주듯이, 자연은 고유의 행로를 가지고 있을지 모른다. 하지만 우연한 사건들이 그 행로를 변환시킴으로써 무수히 많은 갈래 길을 만들어낸다.

최근 과학은 우연이라는 요소가 인간 역사 못지 않게 자연의 역사에서도 커다란 역할을 한다는 사실을 규명해내고 있다. 오늘날 산림생태학자들은 자연 천이의 이론은 놀라우리만치 예측하기 어려운 자연의 변화 과정을 설명하는 데 있어서 작은 위안거리에 불과하다는 사실을 인식하고 있을 것이다. 극상림이라고 하는 개념조차 때로는 바뀔 수 있다. 오늘날 북아메리카 지역의 여러 곳에서 장년기의 참나무 숲이 단풍나무에 의해 침범당하는 설명하기 어려운 상황이 벌어지고 있다. 절정에 이른 가든파티를 스컹크가 망쳐놓는 꼴이다. 많은 생태학자들은 이제 생태계라는 개념마저도 무척이나 가변적이고 불안정한 자연세계에 인간이 부여한 하나의 은유에 지나지 않는다는 분방한 생각을 받아들인다. 생태계라는 개념은 매우 유용하지만, 그 어느 생태학자도 자연 속에서 독립된 생태계를 규명해내는 데 성공하지 못했다. 진화의 과정 또한 우리가 생각했던 것만큼 논리적으로 확고하지 않다. 현대의 고생물학에서도 우리 인간을 포함하는 모든 종들의 진화가 어떤 자연법칙에 따르는 필연적 결과라기보다는 연속적으로 일어나는 우연한 사건들의 결과라는 스티븐 제이 굴드Stephen Jay Gould의 '오직 역사' 이론이 지지를 받고 있다. 단 하나의 우연적 요소만 추가되거나 삭제되어도 결과는 크게 달라질 수 있다. 행성이 공룡을 멸종시키는 데 실패했다면, 또는 피카이아Pikaia라고 불리는 '작은 척색벌레chordate worm(동물계 척색동물 문에 속하는 고생대 척추동물의 하나로 영장류의 사람 속에 속하는 포유 강 동물들은 이 척색동물 문에 속한다.—옮긴이)'가 버제스 멸종Burgess extinction(캐나다 브리티시컬럼비아 주 남부의 버제스 지역에서 캄브리아 중기의 대폭발과 함께 혈암층이 형성되면서 많은 고생대 생물체들이 멸종된 것.—옮긴이)을 통하여 모두 죽어버렸다면 인류의 탄생은 불가능했을 수도 있다.

  몇몇 학문 분야에 걸쳐서 '오직 역사' 이론이 힘을 얻고 있는 와중에도 자연에 대한 우리의 은유는 아직도 시계처럼 논리적이고 안정적이며, 역사와는 관계 없는 것에 머물러 있다. 그러나 생물체 혹은 증권시장 같이 변화무쌍한 속성이 담긴 은유가 훨씬 적절할지도 모른다. 우연과 우발성은 자연의 도처에서 발생한다. 그것은 정해진 목표가 있는 것도, 미래로 나아가는 불변의 통로가 만들어져 있는 것도 아니다. 스스로의 의지로 변화시키거나 타파할 수 없는 정해진 법칙이 있는 것도 아니다. 자연은 우리 생각보다 훨씬 더 인간과 닮았다(혹은 인간이 자연과 닮았다고 표현할 수도 있다).

이제까지의 공부를 통해서, 나는 적어도 모든 것이 변화한다는 사실을 깨달았다. 이러한 생각은 누군가를 걱정스럽게 만들지도 모르지만, 나는 이것이 진실로 좋은 깨달음이라고 믿는다. 우리 대부분은 자연을 '확실성을 보장해주는 최후의 보루'라고 여긴다. 야생은 역사와 우연의 영역 너머에 존재하는 것으로, 급속하게 위축되고 있는 형이상학적 절대가치를 창출해주는 근원으로 인식하는 것이다. 우리는 자연이 제공해주는 초월적 가치에 따라서 행동하고 관점을 조정해왔다. 예측가능성을 포기한다는 것은, 신성한 질서를 지닌 자연이란 넓은 바다 속에 내려진 마지막 닻을 들어올리는 일이나 다름 없다. 우리는 이제 활짝 열린 망망대해의 길 없는 항로를 마음껏 항해할 수 있게 되었다.

자연의 세계에서 시간과 우연의 요소가 지배적인 힘을 발휘한다는 발견은 우리의 사고를 자유롭게 해준다. 우연성이란 자연의 역사에 참여할 수 있는 초대장이기 때문이다. 인간의 간섭이 없으면 자연도 변화되지 않는 결정론적 속성을 지니고 있어야만, 인간이 시도하는 변화가 비자연적인 것이라고 할 수 있다. 하지만 조그만 변화가 캐시드럴 잣나무숲의 미래에 큰 영향을 미칠 수 있고 그 숲의 역사가 무수히 많은 우연적 요소에 의해 만들어지는 것이라면, 그것을 결정짓는 여러 가지 요소들 중 하나로 우리의 몫을 챙기지 못할 이유가 없지 않은가? 왜냐하면 우리 인간 역시 자연이 맞부딪히게 되는 우연의 하나일 뿐이기 때문이다. 우리의 담배꽁초와 노르웨이산 단풍나무 그리고 산성비가 이 숲의 미래를 만들어나가는 데 영향을 미친다면, 숲의 미래를 결정하는 데 있어서 왜 우리의 희망과 염원을 반영할 수 없다는 것일까?

캐시드럴 잣나무숲의 미래는 무수한 가능성을 가졌다. 자연은 그 어떤 가능성도 거부하지 않을 것이다. 어떤 것은 다른 것보다 더 나을 수 있고, 우리가 좋다고 생각하는 것을 딱정벌레는 좋아하지 않을 수 있다. 하지만 자연은 정작 어느 한 가지를 강렬하게 원하지 않는다. 자신에게 어떤 결과가 빚어질지에 대해 전혀 예상하지 않는다는 의미는 아니다. 이를테면 열대우림, 사막 따위와 같은 것은 고려의 대상이 되지 않는다. 자연은 참나무 쪽으로 기울어질 수도 있지만, 모든 것은 평등하다. 어쩌면 모든 것들이 평등하지 않을 수도 있다. 자연은 온갖 우연성을 가진 크고 작은 수많은 요소들이 자유로운 역할을 펼쳐 그의 미래를 만들어주는 것에 만족한다. 이와 같은 과정에서 인간의 염원을 제외하는 것은 지금 여기에서만큼은 자의적이고 왜곡된 것이며, 비자연적인 것이 아닐 수 없다.

• • •

　캐시드럴 잣나무숲의 미래를 어떻게 만들어갈지 투표를 통해 결정하자는 방안에는 쉽게 동의할 수 있지만, 막상 어떻게 투표권을 행사하느냐 하는 문제는 쉽지 않아 보인다. 자연의 우연적 요소를 찾아낸다는 건 판도라의 상자를 여는 것과 다름없는 일이다. 자연의 과정 중에서 이미 정해져 있거나 필연적인 것은 없기 때문에 결론은 아무도 예상할 수가 없다. 자연의 계획에 맡겨둠으로써 스스로에게 가장 좋은 것을 찾아낼 수 있도록 하고, 자연의 윤리관에 우리가 따르는 것이 훨씬 손쉬운 길일 수 있다.
　아마도 그것이 우리가 해야 할 일인지도 모른다. 야생은 현실적이기보다는 신비스러운 자연의 경치에 바탕을 두고 있지만, 그렇다고 해서 우리가 그것을 버려야 한다는 의미는 아니다. '만민은 평등하게 태어났다'는 유용한 허구로 시작되는 독립선언서와 같은 맥락에서 우리는 캐시드럴 잣나무숲을 야생의 자연이라고 간단하게 정의하고, 그 전제를 기반으로 나아갈 수 있다. 야생의 윤리관에 대한 평가는 우리가 하고자 하는(환경을 보호하고 개선시키려는) 것과 관련하여 그것이 얼마나 진실한지가 아니라, 그것이 얼마나 유용한지에 대해서 살펴보아야 한다.
　그렇다면 야생의 윤리관은 이와 같은 특별한 경우에 있어서 얼마나 좋은 안내자가 되어줄까? 캐시드럴 잣나무숲이 야생으로 취급된다면, 그곳에 콘도를 짓는 일만큼은 피할 수 있을 것이다. 당신 스스로가 올바른 일을 하고 있다고 확신할 수 없을 때, 자연의 지혜와 노련함을 지니고 있다면 문제를 해결하는 데 도움이 되리라. 하지만 자연이 300년 동안 이곳을 꽉 채우고 있는 인동덩굴이 계속 번성하도록 한다면 어떻게 될까? 우리는 아마도 원치 않는 숲을 갖게 될 것이다. 더욱이 순수한 야생의 공간이라는 소망도 이루어질 수 없다. 그것은 인위적으로 콘월 지역에 심어진 외래종 식물이기 때문이다. 이제 지구 구석구석 인간의 발길이 닿지 않은 곳은 없다. 야생의 자연을 위한 처방으로 아무 일도 하지 않는 것은 적절하지 않은 경우가 많다. 옐로스톤 공원에서 일어나는 일처럼 그것은 점차적인 환경 악화를 초래한다.

캐시드럴 잣나무숲에서 원하는 것이 진정한 야생이라면, 우리가 그것을 복구해야 한다. 이것이 바로 국제자연보호협회와 대부분의 야생 자연보호 주창자들이 당면한 역설적 현실이다. 역사의 이 길목에서, 인간의 흔적이 없는 자연 풍경을 만들어내기 위해서는 인간의 간섭이 필요하다. 순수한 야생의 모습을 보존하기 위해서는 최소한이나마 외래종 잡초 따위를 제거해야 하는 것이다. 하지만 국제자연보호협회가 견지하는 야생의 윤리관은 그와 같은 행위마저도 허용하지 않을 것이다.

헌데 국제자연보호협회가 인간의 흔적을 없애버리는 제한된 목적으로 캐시드럴 잣나무숲에 개입하게 된다면 어떨까? 그 윤리관이 바탕하고 있는 기초적인 논거가 빈약하기 때문에, 그렇게 되면 금세 몇 가지 곤란한 문제점에 봉착할 것이다. 우선 어떤 것이 캐시드럴 잣나무숲의 '진정한' 자연 상태인가 하는 문제다. 이민자가 정착하기 이전의 상태인가? 그것이 진정한 자연 상태라고 한다면, 우리는 유럽인의 흔적을 모두 제거함으로써 조건을 충족시킬 수 있을 것이다. 하지만 그것이야말로 유럽중심적인 사고에서 비롯된 관념이 아닐까? 우리가 한때 생각했던 것처럼 인디언들은 유약한 생태주의자가 아니다. 그들 역시 땅 위에 자취를 남겼다. 인디언들이 놓았던 산불로 뉴잉글랜드 지방 산림의 모습이 변화되었으며, 우리가 '야생의 공간'이라고 말하는 대평원 또한 만들어졌다. 인간의 손길이 가해지지 않은 진정한 야생의 모습을 찾기 위해서는 1640년(코네티컷을 포함한 뉴잉글랜드 지역에 영국인들이 본격적으로 정착하기 시작한 시기.—옮긴이)이나 1492년(콜럼버스가 신대륙을 발견한 해.—옮긴이)이 아닌, 그보다 훨씬 더 이전의 시대로 거슬러올라가야 할 것이다. 그리고 만약 인디언시대 이전의 자연 풍경을 회복하려 한다면 거대한 얼음제조 기계부터 필요할 것이다. 좀더 그럴싸한 풍경을 만들어내기 위해서는 털이 덥수룩한 매머드도 데려다놓아야 한다.

   그런데 그마저도 자의적인 것이다. 어느 한 순간만의 모습을 보고 이것이 바로 캐시드럴 잣나무숲의 자연 상태라고 꼬집어 말할 수는 없다. 마지막 빙하기 이후의 상황만 살펴보더라도 '자연의 상태'는 천년 정도에 한 번씩 커다란 변모를 거듭해왔다. 먼저, 빙하가 북쪽으로 밀려나면서 새로운 수종의 나무들이 남쪽에 나타났다. 이러한 과정은 지금도 계속되고 있다. 인디언들이 출현해서 불을 놓았다. 대형 포유류가 사라졌다. 그리고 기후 변화가 일어나기 시작했다. 이와 같은 여러 역사적 우연들이 아무렇지도 않게 일어났다가 사라져갔다. 빙하기 이후 수천 년 동안 지금의 코네티컷 지방은 나무 없는 동토의 툰드라 지역이었다. 그것을 캐시드럴 잣나무숲의 진정한 자연 상태라고 할 수 있을까? 만약 우리가 야생을 원한다면, 어느 시점의 어떤 모습인지를 선택해야 할 것이다. 그것은 우리가 피할 수 없는 선택의 문제로서 야생에 기초하는 윤리관과는 부합되지 않는다. 우리의 선택이라는 것 자체가 인위적이기 때문이다. 역사와 인간중심주의로부터 떨어져나와 자연 스스로가 결정하도록 하는 것이 야생의 윤리관 아닌가?

운이 별로 좋지 않은 듯싶다. '야생'이라는 개념은 우리가 기대했던 것처럼 그렇게 믿고 의지할 만한 안내자가 아니다. 아무것도 하지 않으면, 우리 스스로의 선택에 의해서 만들어지는 잡초투성이의 형편없는 모습만을 보게 될 것이다. 그걸 가지고 야생의 자연이 승리했다고는 결코 말할 수 없으리라. 우리가 캐시드럴 잣나무숲을 어느 정도 앞서의 상태로 복원하기를 원한다면, 우리는 불가피하게 인간중심적인 선택과 판단을 해야 한다. 야생의 자연을 제대로 복구하는 작업에는 인간이 가진 모든 기술과 노하우가 필요할 것이다. 이제, 자연조차 역사로부터 도피할 방도를 찾을 수 없으리라.

● ● ●

야생의 윤리관이 캐시드럴 잣나무숲과 같은 곳에서 도움이 되지 않는 이유는, 절대론적 개념이기 때문이다. 그것은 인간 아니면 자연, 어느 하나를 선택하도록 강요한다. 역사와 주어진 여건이 선택을 어렵게 하기 때문에, 우리는 고민에 빠진다. 인간 아니면 자연을 선택하는 일이 바람직하거나 필요한 경우도 없지는 않다. 과거 1907년 헤츠헤치 댐의 경우가 그런 사례였다. 하지만 오늘날 우리가 마주하는 대부분의 환경문제는 캐시드럴 잣나무숲처럼 모호한 성질을 띤다. 이러한 문제들을 해결하는 데 야생의 윤리관은 이제 별다른 힘을 발휘하지 못한다.

개입이 아닌 무관심을 조장하는 야생의 윤리관은 옐로스톤 공원의 생태계가 악화되는 문제를 해결하기 위해 우리가 무엇을 해야 하는지 방향을 제시하지 못한다. 어느 한 종의 포식자가 지나치게 번성해서 다른 것들을 위협하는 경우, 균형을 유지하기 위해서 포식자를 인위적으로 억제하는 것이 우리가 역사 속에서 실행해온 보통의 방식이지만 야생의 윤리관은 침묵할 뿐이다. 어떠한 종의 생존이 사람들의 보호에 의존할 수밖에 없는 경우에도 마찬가지다. 개발 행위가 바람직하거나 불가피한 상황에서도 야생의 윤리는 "해서는 안 된다"는 말만 반복할 뿐 아무런 대안도 제시해주지 않는다. 수력발전과 핵발전 중 하나를 선택해야 하는 상황에서, 우리는 야생의 윤리관에 의지할 수 없다. 캐시드럴 잣나무숲의 잡초를 제거하는 일이든, 그곳에 테마파크를 건설하는 일이든 야생의 윤리관은 자연에 대한 인간의 개입에 대해 판단할 수 없기 때문이다. 인간이 자연에 개입하려는 계획에 대해 야생의 윤리관이 대답할 수 있는 건 "당신은 거기에 콘도를 지으려는 속셈일 것이다."라는 고전적인 말이 고작일 것이다.

야생의 윤리관은 '전부 아니면 그만' 이라는 식으로 판단하길 요구한다. 미국의 풍경은 그런 획일적인 판단을 충실하게 따른 결과다. 미국인들은 야생자연보호 구역과 같은 신성한 지역 주위로는 철저하게 경계선을 긋고, 그밖의 지역에 대해서는 막무가내로 개발을 허용하는 극단적인 행태를 취했다. 어느 지역의 풍경이 한 번 '처녀성'을 상실하면 그곳은 이제 타락한 장소, 이전의 자연적인 상태로는 회복할 수 없는 땅이 되어버린다. 이러한 관념은 미국의 또 다른 신성불가침의 윤리관인 '자유방임주의 경제관념'으로 이양되었다. "당신은 거기에 콘도를 지으려는 속셈일 것이다"라는 말이 무색하게, 우리는 바로 그렇게 하고 있다.

야생의 윤리와 자유방임의 경제이념은 얼핏 상반되는 듯 보이지만, 실은 거울에 비춘 것처럼 비슷한 속성을 가지고 있다. 각자 '자연'과 '시장'이라는, 신에 버금가는 권능의 수단을 작동시켜 무엇이 최적의 대안인지를 알아내는 것이다. 자연과 시장은 모두 보이지 않는 손에 의해 인도되어 자율적인 조절의 기능을 수행한다. 이 두 관념을 추종하는 사람들은 청교도가 가진 인간에 대한 깊은 불신과 자연 또는 경제 질서에 인간이 섣부르게 개입하는 것은 그것을 오히려 해치게 된다는 생각을 공유한다. 자신이 경외하는 신성한 존재들이 잘못을 저지른다는 사실을 그들은 인정하지 않는다. 그들은 자연이 사랑이라는 묘약을 주기도 하지만, 에이즈와 같은 저주도 내린다는 사실은 외면한다. 시장이 엄청난 부를 창조하기도 하지만 경제를 파산시킬 수도 있다는 사실도 마찬가지다. 그나마 시장숭배자들이 자연숭배자들보다는 다소 현실적이다. 그들은 오래전부터 식량과 주거 같은 필수요소의 공급에 있어서는 자유시장에만 의존하지 않도록 하고 있다. 그다지 적극적인 건 아니지만, 사회가 시장이라는 '정원을 가꿀' 필요가 있다는 점을 그들은 인정한다.

기본적으로 우리는 나라를 둘로 나누어놓았다. 나라의 약 8퍼센트를 지배하는 야생의 왕국과, 그 나머지를 지배하는 시장의 왕국으로. 우리가 이처럼 확고한 경계를 가지고 있다는 게 다행일 수도 있다. 우리는 대부분의 시간을 시장 쪽에서 보내고 있다. 헌데 우리 중 자연을 걱정하는 사람들은 우리가 시장에서 시간을 보내고 있을 때 무슨 일을 할까? 우리는 어떻게 처신하고 있는가? 우리의 목표는 무엇인가? 우리는 'Earth First!'가 아무리 많은 전력배송선과 댐을 폭파시킨다 하더라도, 시장과 자연의 경계선을 변경할 수 있으리라고는 상식적으로 기대하지 않는다. 여기에서 야생의 윤리관은 별다른 도움이 되지 않는다. 그것의 실체는 대단히 비현실적이거나 무정부주의적이다. 야생의 윤리관을 가진 사람들은 온실 효과나 오존층 파괴처럼 어떤 경계 밖의 범지구적 환경 문제에 맞닥뜨리면 두 손을 들어 포기하면서 '자연의 종말'을 선언하고 말 것이다.

우리가 맨 처음으로 생각해냈던 낭만적이고 범신론적인 관념은 이제 종지부를 찍게 될 것이다. 안타까운 일일 수도 있지만, 사실은 다행스런 결과를 가져다줄 것이다. 그 관념은 8퍼센트에 해당되는 신성한 야생 공간을 보호하는 데는 유용했지만, 나머지 92퍼센트로 몰아닥친 피해로부터 우리를 보호하는 데는 실패했다. 또한 자연을 어떻게 숭배해야 하는지는 가르쳐주었지만, 자연과 함께 어떻게 살아갈 것인지에 대해서는 알려주지 않았다. 우리에게 처녀성과 이를 유린하는 일에 대해서는 필요 이상의 많은 것들을 말해주었지만, 결혼해서 살아가는 일에 대해서는 거의 아무것도 알려준 게 없다. 자연을 신성시하는 은유는 오직 두 가지 역할만을 인간에게 허용하고 있다. 자연주의자의 몫인 숭배자의 역할과 개발론자의 몫이라고 할 수 있는 사원파괴자의 역할이 그것이다. 하지만 드라마는 이제 끝났다. 사원은 파괴되고 말았다. 우리가 자연을 사람과 역사로부터 따로 떼어낼 수 있는 것이라고 정의한다면, 그 자연은 이미 죽어버렸다.

이제는 우리 스스로를 위한 것들을 새로이 써나갈 때다. 그것은 막연한 상상으로부터가 아니라, 바로 여기서부터 시작되는 글이다. 자, 이제 시작이다.

• • •

소로와 뮤어 그리고 그의 추종자들은 야생의 세계로 들어가 미국의 첫 번째 환경 윤리를 만들어냈다. 그것은 다소 억지스럽고 짜임새가 부족하지만, 오늘날까지도 유효한 것으로 받아들여진다. 이제 야생의 윤리 대신에, 우리가 정원을 바라보며 새로운 윤리를 만들어보는 것은 어떨까? 그것이 반드시 앞서 있던 것을 대신할 필요는 없다. 단지, 이전 것에 결여돼 있거나 별다른 도움을 주지 못하는 것에 대해 무언가 유용한 생각을 제공할 수 있다면 그것으로 족하지 않을까?

윤리를 구체화시키는 일은 나보다 나은 사상가의 몫이다. 하지만 나는 정원에서 제한적으로나마 겪었던 여러 경험 속에서 내 나름의 정원 윤리를 발견할 수 있을 것 같다. 정원은 사람이 자연과 관계 맺으면서 품게 되는 여러 가지 의문들을 경험하는 장소이기 때문이다. 내가 가졌던 의문들에 대해 정원은 적절한 대답을 해준다. 아래의 것들은 정원에서 내가 직접 경험했거나, 대화와 독서를 통해 얻은 다른 정원사들의 경험에 토대하여 정리해본 정원의 윤리에 대한 잠정적인 기록이다.

1. 정원에 바탕을 두는 윤리는 특정한 지역의 문제에 답을 주는 것이어야 한다. 야생의 세계에 관한 생각과는 달리 그것은 각각의 장소와 시간에 맞는 해결책을 제시하게 될 것이다. 이러한 생각은 새로운 가능성을 열어두는 반면, 한계를 가지고 있다. 정원의 윤리가 가진 한계는 야생의 윤리와는 달리 전체적인 맥락에서 그 논리를 분명하고 명쾌하게 전개해나가기가 쉽지 않다는 점이다. 면적이 넓고 지리적으로도 다양한 나라에서는 자연 풍경의 개념을 지도의 모눈, 잔디, 농경주기, 야생 공간 따위와 같은 추상적인 형태로 파악하는 것이 용이하다. 그것들은 지역의 경계를 넘어 연결되기도 하고, 국가적인 차원에서 법제화되기도 한다. 그런 개념들은 전체를 단순화시키고 하나로 묶는 데 큰 힘을 발휘한다. 하지만 그러한 힘 자체가 문제는 아닐까? 어느 지역에서 잘 맞는 현장 기술도 다른 지역에 적용할 경우 잘 먹히지 않는다. 버지니아에서 효과 있는 잔디 관리 방식이 애리조나에서는 무용지물인 것처럼.

따라서 정원 윤리는 알렉산더 포프가 조경설계사들에게 던져준 유명한 충고를 따를 필요가 있다. "모든 것을 그 장소의 수호신과 상의하라." 이 문구는 'Earth First!'가 자동차 범퍼에 붙이고 다니는 스티커 문구인 "어머니 지구를 위해서는 어떤 타협도 없다."와는 큰 차이가 난다. 물론 타협의 여지가 없는 경우도 있을 것이다. 포프의 말은 수호신도 경우에 따라서는 타협해서는 안 된다고 주문할 수도 있음을 뜻한다. 요세미티 공원에 적합한 해법이 캐시드럴 잣나무숲에서는 틀릴 수 있다.

2. 정원사는 바로 여기서부터 시작한다. 정원사는 자신이나 자연 쪽에서 전개될 수 있는 우연의 가능성을 언제고 받아들일 준비가 되어 있다는 뜻이다. 그는 자신이 자연을 변화시킬 수 있는 권한을 신으로부터 부여받았는지 아닌지는 신경쓰지 않는다. 그에게는 사람들이 여섯 개 대륙 곳곳에 흩어져서, 나름대로 역사적 또는 생물학적 이유에서 자신의 삶을 영위하기 위한 방도를 찾고 있다는 사실만으로 충분하다. 또한 그는 사람들이 생존해나가기 위해서 그들의 환경을 적잖이 변화시킬 수밖에 없다는 사실도 알고 있다. 우리가 아프리카의 사바나 대초원에서 살고 있다면, 사정은 크게 달라질 것이다. 그리고 만약 내가 제6기후지대에 살고 있다면, 나는 비닐하우스를 만들지 않고서도 토마토를 기를 수 있을 것이다. 정원사는 최대한 그의 손으로 직접 할 수 있는 방법을 배운다.

3. 정원 윤리는 솔직히 인간중심적이다. 나는 장미와 단풍나무를 심으면서 우리가 은유의 창을 통해서만 자연을 받아들이고 있음을 이해하게 되었다. 자연을 있는 그대로만 보는 건 아마도 불가능할 것이

다. 조지 엘리엇이 시사한 것처럼, 그러한 은유가 반드시 바람직한 것은 아니다. "만약 우리가 다람쥐의 심장이 뛰고 풀이 자라나는 소리를 들을 수 있다면, 우리는 그 고동 소리로 인해서 죽을 수도 있을 것이다." 우리의 인식으로 걸러내지 않고 있는 그대로를 모두 받아들인다면 우리는 자연을 견뎌내기 어려우리라. 멜빌은 하얀색 고래를 묘사하면서 자연의 모든 것, '의미심장한 무언의 공허함'이라는 표현을 썼다. 악마 또는 자비의 화신으로 현신하는 야생조차도 사람이 역사적으로 만들어낸 개념이다. 우리가 은유적으로 표현하는 것들 하나하나('야생의 자연' '생태계' '가이아' '자원' '황무지')는 이미 모두가 우리의 문화와 융합되어 있으며, 실존하는 하나의 정원이라고 할 수 있다. '정원'이란 어쩔 도리 없이 인간중심적이지만, 우리가 그냥 지나칠 수 없는 대상이다.

정원사는 형이상학 때문에 시간을 낭비하지 않는다. 생물중심주의니 지구중심주의 따위를 들먹이며 무엇이 더 '진실한' 관점인지 알아내려 애쓰지 않는 것이다. 과거 오랜 시간 폭넓게 조망해본 결과 그러한 사고는 우리가 양질의 삶을 꾸려나가고, 하나의 생명체로서 어떻게 살아남을 것이냐 하는 문제에 대해서는 무관심하다는 사실을 알게 되었기 때문이다. 이런 점에서 정원사는 "자신의 종에 불성실한 것은 자연적이지 않다."고 말했던 웬델 베리와 의견을 같이 한다.

4. 하지만 정원사가 지닌 자기중심적 이익의 개념은 개방적이고 진보적이다. 그가 인간중심적이기는 하지만, 그는 자신의 건강과 생존이 다른 많은 생명체의 삶에 의존하고 있음을 잘 안다. 그래서 그는

자신이 하는 모든 일에서 그들의 이해관계를 신중하게 고려한다. 그는 사실 야생 옹호론자의 한 부류라고 할 수 있다. 그의 정원이 가장 풍성하다고 느껴지는 순간은, 그의 흙에서 자라고 가꿔지는 식물들이 야생의 기운을 물씬 풍기고 있을 때이다. 그가 발견해내는 '야생성'은 야생 공간의 저 바깥에서만이 아니라, 바로 여기 정원 안에도 살아있다. 그의 흙, 식물들 그리고 그 자신 속에 야생성이 숨쉬는 것이다. 과잉경작은 이와 같은 야생성의 수준을 감퇴시킨다. 과잉경작의 경험은 정원사에게 이들 세 영역의 건강에 야생성이 반드시 필요하다는 사실을 일깨워준다. 야생성이란 장소의 문제가 아니라 수준의 문제다. 인간이 그것을 만들어낼 수는 없지만, 가꾸고 키워줄 수는 있다. 이것이 바로 내가 퇴비를 만들어 흙으로 되돌려주는 이유이며, 캐시드럴 잣나무숲에서 우리가 할 수 있는 일이다. 그곳을 일부러 방치할 필요는 없다. 정원사는 야생성을 가꾸어나간다. 야생성의 신비에 대한 충분한 이해를 가지고 아주 조심스럽게 그리고 존경을 표하는 자세로.

5. 정원사는 자연을 낭만적인 것으로 인식하지 않는다. 정원을 망가뜨리는 폭풍과 가뭄, 각종 전염병들은 그 무엇보다 자연적인 존재가 아닐까? 잔인하고, 공격적이며, 우리에게 수난을 주는 자연. 루소는 그런 것들을 문화가 가져온다고 우리를 설득하지만, 사실은 그렇지 않다. 정원사가 이러한 자연을 낭만적으로 인식할 수 있을까? 자연 공간은 어떤 가치를 발견해내기 적당한 장소가 아니다. 자연은 인류의 출현에 대해, 우리의 생존에 대해 무관심하다.

지난 한 세기 동안 우리는 이런 사실을 잊고 살았던 것 같다. 자연에 대한 우리의 낭만적 인식은 비교적 최근에 생겨났다. 자연이 정복대상이라는 산업시대의 자만 때문이기도 하고, 우리 대부분이 자연을 직접적으로 상대하지 않게 된 데서도 이유를 찾을 수 있다. 하지만 심한 폭풍을 동반하여 가파른 상승세를 유지하고 있는 온난화 현상에 대한 우리의 예견이 정확하다면, 자연에 대한 이 낭만적 인식은 역사의 흐름 속에서 잠시 나타난 변이 혹은 어느 한 순간의 그릇된 판단으로 판명될 것이다. 실제로 이와 같은 일이 일어난다면, 우리가 자연에 주었던 낭만적 사랑은 곧 식어버리고 말리라.

자연주의자와 비교해볼 때, 정원사는 결코 자연에 깊이 빠져들지 않는다. 그럴 경우 자연이 자신의 계획을 망친다는 것을 여러 차례 경험을 통해 알고 있기 때문이다. 그래서 정원사는 자연의 불확실성과 함께 살아가는 법을 배웠다. 자연은 전적으로 좋지도 나쁘지도 않으며, 자연은 주기도 하지만 빼앗아가기도 한다는 것을 그는 깨닫고 있다. 자연은 어느 때고 우리의 고상하기 그지없는 의도를 아무렇지 않게 무너뜨려 크게 좌절시키기도 한다. 자연에 관한 글이 보통 서정적이고 애수 넘치는 데 비하여, 정원에 관한 글이 풍자적인 경향을 보이는 것은 아마도 이런 이유 때문일 것이다. 정원사는 자신의 발밑에 놓인 깔개가 언제고 빠져나갈 수 있으며, 무대 뒤에 보이지 않는 손이 존재한다는 사실을 결코 잊지 않는다.

6. 정원사는 자신이 자연과 정당한 싸움을 벌여나가고 있음을 깨닫는다. 그는 잡초와 폭풍, 전염병, 썩고 죽어서 나자빠지는 것들과 싸

움을 벌여나간다. 이런 싸움은 가치가 있다. 지금 가꾸고 있는 정원과 과일들, 그간 이룩해온 서양의 역사가 그러한 과정을 겪어왔다. 프로이트와 프레이저, 또 다른 많은 사상가들이 지적하는 것처럼 문명이란 그러한 싸움의 산물이다. 하지만 정원사는 강하게 밀고나가는 것이 그에게 또는 자연에게 이득이 되지 않을 수도 있다는 사실을 잘 안다. 인간이 승리했다고 주장하는 싸움의 결과를 보라. 피루스 왕의 전투(피루스는 B.C. 4세기 초 고대 그리스 에피루스의 왕으로 로마와 싸워 이겼으나 많은 사상자를 냈다.—옮긴이)와 다름 없거나 착각에 불과했다는 사실이 종종 드러나지 않았는가. DDT나 다른 약제들의 효능과 부작용이 그런 예이다. 위험하고 성과를 확신하기도 어려운 목전의 승리를 위해 싸움을 계속하는 것이 과연 옳은지 정원사는 곰곰이 생각해본다.

7. 정원사는 인간이 자연에게 하는 행위가 항상 부정적인 영향만 끼치리라고 생각하지 않는다. 그는 자신이 일구는 정원이 자연적인 관점에서도 더 좋다고 할 수 있는 곳으로 만들어지는 과정을 지켜봤다. 그가 그곳을 가꿈으로써 그곳에 있는 생명체들은 매우 다양해지고 풍요로워졌다. 그가 들여다 심은 여러 외래종 식물 외에도 포유류 및 설치류 그리고 다른 곤충류들이 크게 번성하고 있으며, 그곳의 흙 또한 예전보다 더 많은 토양미생물로 활성화되는 것이다.

이제까지 살펴본 것과 같이, 자연도 때로는 실수를 범한다. 극상림의 경우가 좋은 예다. 이곳에서는 생명체의 개체수와 다양성이 위기에 직면함으로써 변화의 가능성 또한 많아진다. 동시에 인간의 간섭에 의해서 그 자리에 새로운 생태계가 만들어졌다. 정원보다 훨씬 더 큰 규모의 귀중한 생태계를 창조해낸 것이다. 미국 중서부 대평원, 영국 잉글랜드 지방의 황야, 일 드 프랑스의 시골 풍경, 뉴잉글랜드 지방의 조각난 들판과 숲을 떠올려보라. 우리는 그와 같은 곳들을 '자연'이라고 부르는 데 이견을 달지 않는다. 하지만 그들을 단순히 자연이라고 말하는 것은 온당치 못하다. 그들은 각각 하나의 정원, '제2의 자연a second nature'이라고 하는 것이 옳다.

정원사는 스스로 자연을 변화시킬 수 있는 존재라고 여기기 때문에, 자신이 자연 바깥에 존재한다고 생각하지 않는다. 그는 주위를 둘러보며 인간의 희망과 바람이 그 풍경의 본질적인 부분을 이루었음을 인식한다. 그 환경은 중립적이지도, 고정된 배경으로 멈춰서 있지도 않았으며 한 순간도 정지하지 않는다. 그것은 살아서, 수많은 우연적 요소에 의해 끊임없이 변화하고 있다. 그 우연적 요소 중 하나가 그 속에 존재하는 정원사이다. 그리고 그 존재는 원천적으로 좋다거나 나쁘다고 이야기할 수 있는 성질이 아니다.

8. 정원사는 인간이 자연에 개입하는 방식과 정도를 분별할 수 있다고 굳게 믿는다. 일 드 프랑스와 러브 운하Love Canal(나이아가라 폭포 지역의 작은 인공 운하로, 1890년대 수력발전을 위해 계획되었으나 건설되지 못했다. 인근 지역이 1940년대 말에 화학폐기물 매립지로 활용된 이후, 오늘에 이르기까지 환경오염 문제가 끊임없이 발생하고 있는 지역이다. ― 옮긴이) 또는 소나무 숲과 콘도 개발 사이에는 큰 차이가 있지 않은가? 이들 중 어떤 것을 선택하는 일은 자연주의자들의 '전부 아니면

그만'이라는 식의 선택과는 근본적으로 다르다. 정원사는 차별적 선택을 할 수 있다는 점을 불안해하지 않는다. 차별이야말로 정원에서 배울 수 있는 뛰어난 능력이다.

정원사는 성급하게 단정하지 않는다. 그는 경험에 비추어 자연에서는 어떠한 간섭도 피할 수 없으며, 따라서 '어떠한 일도 일어날 수 있다'는 사실을 안다. 바로 정원사의 기술과 관심이 펼쳐지는 지점이다. 무엇을 하고 하지 않을지는 그 장소가 어디인지에 따라 달라진다. 어느 정도 간섭을 할 것인가? 이 땅에 알맞은 것은 무엇인가? 자연이 원하는 것을 획득하는 동안 우리는 여기에서 무엇을 얻을 것인가? 그는 이와 같은 질문에 대해서 올바른 답을 구할 수 있으리라고 믿어 의심치 않는다.

9. 정원사는 그가 목표하는 것까지는 아니더라도, 자연으로부터 방법론을 빌려오는 데 주저하지 않는다. 자연은 우리가 할 수 있는 게 무엇인지를 미리 제시해주지는 않지만, 결국에는 무엇을 하고 무엇을 해서는 안 되는지 알려주기 때문이다. 자연의 진화가 새로운 방향으로 진행되듯, 우리도 자유로운 상태에 있다. 자연은 그 누구보다 철저한 실용주의자이며, 정원사 또한 그렇다.

자연이 행사하는 수단과 방법을 연구함으로써 정원사는 질문에 대한 답을 찾는다. 여기에서는 어떤 것이 잘 자랄까? 어떤 방식이 효과적일까? 여러 부류의 세세한 질문들이 이어진다. 나는 낮은 습지대에 여러 차례 새로운 식물들을 심어보았지만 거듭 실패했다. 그런 경험을 바탕으로, 자연적으로 자라고 있는 찔레나무와 비슷한 것을 심어야 된다는 사실을 깨달았다. 개량 찔레나무의 일종인 나무딸기는 그곳에서 잘 자랐다. 작은 사례에 불과하지만, 이것이 시사하는 바는 무척 크다. 우리가 자연의 특성을 세심하게 고려하면 뜻하는 것을 이루는 데 큰 도움을 받을 수 있다는 사실이다.

유기농의 바탕이 되는 원칙은 당연히 자연을 모방하는 것에서 시작된다. 유기농법으로 정원을 가꾸는 정원사들은 자연의 방식을 흉내 내 흙의 비옥도를 높이고 해충과 질병을 통제하는가 하면, 영양분을 순환시킨다. 하지만 우리가 '유기적' 이라고 하는 영농 방식은 사냥꾼이 만들어내는 새소리 흉내 못지않게 '자연적' 이지 못하다. 과정은 비슷할지 모르나 다분히 인위적이다. 그럼에도 그 방식은 유효하다. 또한 다른 문제를 해결하는 접근 방법으로서도 자연의 방식은 매우 유용하다. 폭풍에 쓸려 넘어진 숲을 어떻게 할 것인지 결정하는 문제로부터 좋은 기술을 발전시키는 문제에 이르기까지 적용 가능한 범위가 넓다. 어떤 경우든 자연의 방식을 활용해 우리의 필요와 욕구를 충족시킨다는 측면에서 여타의 방식보다는 다양한 대안을 제시해준다.

우리는 자연을 본받을 때 자연에서의 일을 가장 잘 할 수 있다. 우리는 물 흐르듯 생각하는 법을 배운다. 또한 당근, 진딧물, 소나무 숲 또는 두엄더미에 관한 것을 배운다. 자연은 40억 년에 걸쳐 시행착오를 경험하며 생명 작동 원리에 대한 폭넓은 지식을 보유하고 있다. 우리는 자연의 시행착오를 반복하기보다는, 축적된 경험으로부터 유용한 교훈을 얻어 활용해야 한다. 인간은 자연처럼 많은 시간을 소유하지 못했기 때문이다.

10. 정원 윤리의 지침을 제공받는 데 자연이 주요한 원천이 되어주었다면, 문화도 마찬가지다. 자연과 관련지어볼 때, 문명은 때로 문제를 야기했지만, 문명을 도외시하고서는 문제에 대한 해결책을 찾을 수가 없다. 웬델 베리가 지적했듯이 우리는 자연보다는 문화로부터 더 많은 것을 배워야 한다. 문화는 관찰하고 상기하도록 하고, 잘못으로부터 교훈을 얻어내고, 경험을 함께 공유하며, 무엇보다 우리 자신을 자제하도록 가르친다. 반면 자연은 자신의 창조물로 하여금 그들의 욕구를 자제하도록 가르치지 않는다. 대신 전염병, 집단 떼죽음, 멸종과 같은 가혹한 벌을 통해 교훈을 준다. 환경이 인간 생활을 어렵게 만드는 만큼, 인간이 환경에 부담을 주는 것 또한 자연적인 일이다. 이런 경우에도 자연은 손해를 보지 않는다. 자연의 질서가 교란되지도 않는다. 언제나처럼 자연의 선택은 정해진 격식 없이 진행된다. 이와 같은 자연의 흐름은 통제되어야 한다. 우리의 문화만이(법과 은유, 과학과 기술, 자연과 인간에 관한 우리의 대화가) 미래의 방향을 다른 쪽으로 인도할 수 있기 때문이다. 자연이 우리를 위해서 이 일을 대신 해주지는 않을 것이다.

정원사는 자연 속에 존재하는 가장 인위적인 창조물, 즉 문명화된 인간이다. 그는 욕구를 자제할 수 있고, 자연을 갈망하고, 자의식과 책임감을 가졌으며, 과거와 미래에 대해 성찰하고, 그를 곤경에 빠뜨리는 불확실성 앞에서도 편안해한다. 그는 자연 속에서 살지만 자연에 온전하게 귀속되어 있지는 않다. 더 나아가 그는 이곳에서는 성공이나 실패 그 어느 것도 정해져 있지 않다는 사실을 알고 있다. 자연은 명백하게 그의 운명에 무관심하며 그를 자유롭게 해준다. 그것은 자연이 그에게 베풀어준 은혜다. 덕분에 정원사는 자연 속에서 최선을 다해 자신의 길을 개척해나갈 수 있다.

● ● ●

 이러한 사고에 기초를 둔 정원 윤리가 캐시드럴 잣나무숲에서 무언가를 할 수 있도록 우리에게 도움을 줄까? 나는 그곳의 자연 생태에 대해서는 잘 모르지만, 그 윤리가 제시하는 방향에 따라 어떻게 해나갈지 판단할 수는 있을 것 같다. 우리의 시작은 당연히 '장소의 수호신'과 의논하는 일이다. 수호신은 무엇보다 먼저 캐시드럴 잣나무숲이 야생의 공간이 아니라고, 그런 취급을 하지 말라고 이야기할 것이다. 또한 그곳은 자연적 풍경인 동시에 문화적 풍경이므로 계획을 세울 때 읍내 주민의 희망을 충분히 반영해야 한다고 일러줄 것이다. 그곳을 야생의 공간으로 취급하는 것은 지극히 추상적이며 용납하기 어려운 생각이라고 말할 수도 있다.

 그곳의 수호신과 의논하는 것은 자연이 그곳에서 우리에게 무엇을 허용하는지 탐문하는 일과 같다. 즉 버질이 농사시편에서 말하는 '그 지방의 여건이 허용하는 것, 거부하는 것'이 무엇인지를 알아내는 일이다. 우리는 이 땅에서 장엄한 잣나무 숲을 길러낼 수 있다는 사실을 금세 알 수 있다. 우리가 그곳에 잣나무 숲을 다시 조성하려 한다면 자연은 이를 거부하지 않을 것이다. 매우 합리적이고 환경적으로도 바람직한 일이다.

우리가 이러한 길을 선택했다면, 우리는 '생태학적 복원ecological restoration'이라 불리는 비교적 단순한 과제를 수행하면 된다. 1930년대 위스콘신 대학교의 수목원 터에 대초원을 재현하려 했던 앨도 레오폴드Aldo Leopold로부터 유래한 새로운 환경주의 학파 이론에 따르는 것이다. 복원된 대초원을 오늘날까지도 계속 유지하고 있는 레오폴드 추종자들은 그 땅을 단지 보존하는 것만으로는 부족하다고 믿었다. 그들은 자연을 개량하기 위해 사람들이 때때로 자연에 개입하는 것이 바람직하며, 또 그것이 가능하다고 생각했다. 특히 인간은 파괴된 생태계를 복원해야만 한다. 오염된 강, 벌채된 숲, 사라진 초원, 죽어버린 호수들을. 복원주의자들은 나로 하여금 '초록 엄지'를 떠올리게 하는데, 그들 역시 자연을 배우는 가장 좋은 방법은 그들을 모방하는 것이라고 믿는다. 사실 불을 이용해 초원을 만들고 초원을 보존하는 방법도 그들이 처음 시작한 것이었다. 하지만 생태복원주의자들이 가장 결정적으로 기여한 것은 자연 속 인간의 역할에 대한 인식을 긍정적이고 적극적인 방향으로 전환시켰다는 점이었다. 그들의 개념 속에서는 정원사와 치료사가 공평한 역할을 수행한다. 생태학적 복원이라는 개념은 정원 윤리 그리고 히포크라테스 선서와도 맥이 통한다.

복원주의자들이 수행해온 일을 보면, 우리는 숲의 천이 중 어느 단계를 뛰어넘을 수도, 이를 조절할 수도 있다는 사실을 알게 된다. 그들은 쓰러진 나무를 불태워버리도록 권고할 수 있다. 행위 자체로만 본다면 극히 비자연적이지만 자연적 과정으로 유추해보자면, 숲을 재생시킬 수 있는 가장 효과적인 방법이 된다. 거기에 우리가 불을 놓으면 흙이 활성화될 것이고, 그로 인해 야생성이 향상되며, 동시에 잡초 및 단단한 수종의 어린 나무들 그리고 잡목들이 제거될 것이다. 우리는 소나무가 자라기 좋은 조건을 재현해서 그들 스스로 솟아오르게 해줄 수 있다. 우리가 직접 묘목을 심을 수도 있다. 그 단계에서 우리의 역할은 끝나고, 소나무 숲은 제 스스로 할 일을 해나가게 될 것이다. 캐시드럴 잣나무숲이 복원되는 데는 적어도 수십 년이 걸릴 테지만, 그게 우리의 능력에 부치거나 자연의 고통을 요구하는 일은 아니다. 또 그렇게 하면 폭풍과 그 뒤를 이은 논란 이전에 존재했던 인간과 자연의 적절한 관계를 회복하게 될 것이다. 결코 작다고 할 수 없는 일이다.

자연은 캐시드럴 잣나무숲에 대한 보다 새로운 해결책에 대해서도 마다하지 않을 것이다. 그곳에 '숲-정원forest-gardens' 혹은 공원을 만드는 일도 가능하다. 하지만 캐시드럴 잣나무숲은 전통적으로 지방 고유의 공공시설로 인식되어왔다. 역사적 의미와 사람들의 기억이 깃들어 있는 이곳에 수호신은 과거에 없었던 새로운 것을 하도록 내버려두지는 않을 것이라는 생각도 든다. 이 특별한 경우에 있어서 과거야말로 가장 훌륭한 안내자가 되며, 생태학적인 의문에 대해서도 해답을 준다.

그렇다고 소나무 숲을 다시 조성하는 것만이 캐시드럴 잣나무숲의 유일한 대안이라고 할 수는 없다. 우리는 숲의 역사와 고유한 의미를 기리면서, 다른 종류의 숲을 복원할 수도 있다.

폭풍이 강타하기 전 캐시드럴 잣나무숲을 찾았을 때, 나는 초기 이

주자들이 보았던 뉴욕의 숲 모습은 어땠을까 상상하곤 했다. 우리는 이제 식민시대 이전의 숲 모습은 퍽 달랐으리라는 사실을 알게 되었다. 우선 소나무 일색은 아니었을 것이다. 그렇다면 우리는 캐시드럴 잣나무숲을 식민시대 이전의 모습에 가깝게 복원해내는 것도 생각해 볼 수 있다. 역사 자료, 쓰러진 나무들의 나이테, 땅 속에 묻혀 있는 화석화된 꽃가루 따위를 분석해서 1739년(초기의 정착자들이 가까운 곳으로 들어와 콘월 읍내를 형성하기 시작했던 해) 이전 그곳에 번성했던 식물 종과 그 합성을 재구성할 수 있을 것이다. 이전에 그런 숲이 존재했다면, 우리가 거기에 똑같은 숲을 다시금 만들어줄 수 있으리라는 것을 자연은 알고 있다. 생태복원 기술을 활용하면, 그곳에 식민시대 이전의 숲을 재현해내는 일은 충분히 가능하다.

우리가 이렇게 하려는 이유는 캐시드럴 잣나무숲을 '자연 상태'에 충실한 숲으로 만들기 위해서라기보다 식민시대 이전의 숲이 우리에게 주는 의미가 매우 크기 때문이다. 그것은 이 나라는 물론, 이 고장 역사의 표상이 된다. 식민시대 이전의 모습으로 복원된 숲을 걷다보면, 우리는 피츠제럴드가 '신세계의 신선한 초록빛 가슴'이라고 말했던, 우리의 문화적인 시각으로 미국이라는 새로운 세계를 바라보았던 그 숙명적인 첫인상을 되살려낼 수 있을 것이다. 그 풍경을 바라보면서 우리는 그 시대 이후의 우리와 그곳에서 사냥을 하던 인디언 그리고 이 지역의 자연에 어떤 일이 일어났는지를 회고해볼 수 있으리라.

만약 캐시드럴 잣나무숲을 위한 마을 회의가 개최된다면, 나는 일어서서 바로 이야기하고 싶다. 분명 그 회의에서는 뉴잉글랜드 지방의 작은 도시인, 이 고장 수호신의 뜻을 받들어 그에 합당한 결정을 내리게 될 것이다. 하지만 나는 그 과정에서 제시될 의견과 공방이 어떻게 전개될 것인지를 쉽게 상상해볼 수 있다. 국제자연보호협회에서 나온 사람들은 '자연 스스로 그 과정을 찾아나갈 수 있도록' 그곳을 그대로 둬야 한다고 주장할 것이다. 리처드 다킨 수석행정관과 숲 가장 가까이에서 살고 있는 존 칼훈은 화재의 위험에 대해 경고할 것이다. 또 다른 여러 관점의 의견들도 제시될 것이다. 나는 우리가 그곳을 '정원으로 가꾸는' 몇 가지 방법을 이야기하면서, 그곳을 복원해야 한다는 입장을 전달하기 위해 노력할 것이다. 재능 있는 읍내의 가구상인 이안 잉거솔은 추수감사절 만찬을 위해 모여앉은 식탁에서 미국혁명 시대에 생성된 나이테를 볼 수 있으리라는 기대를 가지고, 그처럼 귀한 목재를 낭비해서는 안 된다고 말할 것이다. 아마도 누군가는 그 숲에서 즐겼던 일요일 오후의 산책을 그리워하며, 지금의 망가진 모습에 안타까움을 표시할 것이다. 예일대학 산림학부에서 온 과학자는 동료 과학자가 언론과의 인터뷰에서 "내게는 지금의 모습도 예전 못지 않게 아름답다"고 언급한 것과 같은 맥락에서 의견을 피력할 것이다.

 그때 인터뷰를 했던 사람은 "당신이 만약 그곳의 잔해를 치워버린다면, 거기에 콘도를 지으려는 속셈일 것이다."라는 말을 하기도 했다. 나는 실제로 어느 누구도 그렇게 주장하지는 않을 것으로 생각한다. 캐시드럴 잣나무숲을 또 다른 형태로 개발하자는 제안도 나오지 않을 것이라고 믿는다. 만약 그런 사람이 있다면, 즉각적인 반대에 부딪히게 될 것이다. 왜냐하면 우리는 그 장소를 무척이나 소중히 여길 뿐 아니라, 그곳에 대해 경제학자나 환경론자들보다 훨씬 더 복합적인 감정과 관심을 가졌기 때문이다. 우리는 개발론자보다는 숲의 동물상에 대해서 말하는 사람의 이야기를 듣게 될 것이다. 어떤 이는 폭풍과 함께 사라져버린 올빼미에 대해, 또 다른 이는 딱정벌레와 같이 아무것도 하지 않는 편이 더 나은 곤충들에 대해 이야기할 것이다. 그밖에 무척 다양한 동물들 이야기가 오갈 것이다. 이 회의에서는 '자연'에서와 같이, 서로 다르고 상충되기도 하는 모든 의견들이 제시될 것이다. 내 생각이 너무 순진한지 모르지만, 캐시드럴 잣나무숲에 대한 공개적이고도 민주적인 대화를 통해 자연을 망가뜨리지 않고도 모두를 만족시킬 수 있는 해결책을 찾아낼 수 있으리라고 나는 확신한다.

하지만 불행하게도 그런 일은 일어나지 않았다. 캐시드럴 잣나무 숲의 미래는 지난 9월 읍 행정관과 숲 인근의 토지 소유자들 간에 몇차례 협상이 있은 이후, 국제자연보호협회에서 열린 비공개 회의에서 결정되었다. 그 결과 아무도 만족하지 않는 타협안이 도출되었다. 숲 주변 50피트 폭의 둘레에 있는 나무들은 치워내되, 나머지 쓰러진 나무들은 그대로 남겨두자는 결정이었다. 그때 고려된 인간적 이해관계 요소는 화재에 대한 우려가 유일했다.

어느 늦가을 오후 나는 차를 몰고 그곳에 올라, 국제자연보호협회와 읍 당국이 만들어낸 정전협정의 모습이 어떤 것인지 살펴보았다. 안타깝기도 하지. 양 편의 좋은 의도에도 불구하고, 국제자연보호협회와 읍 당국은 부지불식간에 서로 공모하여 인간과 자연의 왜곡된 관계를 완벽하게 상징하는 풍경을 만들어냈다. 그곳의 방화지대는 전쟁지역에서 그 누구의 영역도 아닌 곳, 허무의 공간이 되어 있었다. 우리가 거기에 만들어낸 풍경은 이상한 모습이 아닐 수 없었다. 그것은 자연의 이해관계에 대한 추상적이고도 그릇된 관념으로 똘똘 뭉친 한 편의 사람들과, 인간의 이해관계에 대해 옹색하고 천박한 생각으로 가득 찬 다른 한 편이 대립하여 비롯된 귀결일 따름이었다. 그런 대립의 결과가 야생도 정원도 아닌, 단지 하나의 비무장지대를 만들어냈다는 사실에 대해 우리가 새삼 놀랄 필요는 없다.

겨울

제11장
사색의 겨울정원

정원의 겨울은 사색하기 좋은 계절이다. 흰 눈이 내린 대지의 빈 화폭 위에는 정원사가 꿈꾸는 가상의 정원이 만들어진다. 한겨울부터 봄이 기지개를 펴기까지 정원사는 눈 덮인 대지의 캔버스 위에 자신이 상상하는 정원을 수도 없이 그려낸다. 월스트리트의 시각에서 바라보더라도 마찬가지다. 새로운 묘목과 씨앗에 관한 온갖 정보를 담은 카탈로그는 미래의 투자에 대한 기대에 부푼 정원사들의 사행심을 자극한다. 헨리 워드 비처Henry Ward Beecher가 19세기에 이미 "화훼업자와 종묘상들의 화려한 카탈로그에 현혹되어서는 안 된다"고 값진 충고를 했음에도, 우리 정원사들은 늘 그의 조언을 충실하게 따르지 못한다.

몇 달 후 여름이 되면 1월에 세운 계획들이 잘된 것인지 잘못된 것인지 판명될 터이지만 지금으로서는 모든 게 가능할 듯한 기분이 든다. 상상의 꽃들만 피어나는 겨울 정원은 흙이 없는 곳에 만들어지는 관념의 산물이다. 새로 심을 식물의 목록과 화단 밑그림, 각종 카탈로그와 씨앗들이 추상의 겨울 정원을 연출해낸다. 비현실적으로 비춰질지 모르지만 이들은 여름 정원에 물이나 부식토, 햇빛이 필수적인 것만큼 겨울 정원을 만드는 데 꼭 필요하다. 한여름 뒝벌의 역할과 마찬가지로, 겨울의 정원사는 서로 다른 아름다움을 가진 대상들을 요리조리 조화시켜 정원에 새로운 기운을 불어넣는다. 매년 이 기간 동안에는 새롭게 받아들일 유전인자를 결정하고, 보다 고상하게 조화를 이루는 화단을 설계함으로써 그해의 정원을 새롭게 계획한다.

뒝벌이 꽃에 찾아드는 것처럼, 겨울의 정원사들은 화려한 꽃을 피우고 있는 카탈로그를 섭렵한다. 겨울 정원의 중심에 놓인 카탈로그는 정원사들을 사색의 꽃이 풍성하게 피어 있는 환상의 세계로 유인해낸다. 여름 내내 홀로 일했던 그는 카탈로그의 책장들을 넘겨가며, 보다 넓은 정원의 세계로 발걸음을 내디더 풍부한 정보를 접한다. 유전학과 원예에 관한 정보는 물론, 문화와 관련된 새로운 정보를 얻어낸다. 인내심을 가지고 읽어야 할 만큼 교훈적인 내용의 화이트플라워 팜White Flower Farm 사 책자로부터는 다년초에 대한 많은 것을 배울 수 있다. 시즈 블럼Seeds Blum 사의 자료로부터는 종자 보관과 싹틔우기에 대한 상세한 정보를 얻는다. 문화적인 내용들은 행간의 의미를 읽지 않으면 안 된다. 대부분의 자료는 사회, 정치, 도덕적 의미를 복합적으로 함축하고 있다.

한 다스쯤 되는 카탈로그를 읽고 나면, 그들이 서로 크게 다르지 않은 식물과 종자들을 소개하고 있음을 깨닫게 된다. 각각의 카탈로그가 그려내는 정원은 서로 중복되는 부분이 적지 않다. 정원은 어디까지나 자기표현의 한 형태이기 때문에 우리는 거기서 취향에 알맞은 어휘들을 골라낸다. 화이트플라워 팜과 웨이사이드 가든스Wayside Gardens 사의 카탈로그는 계급적 품위와 혈통 따위를 중시하며 까다로운 고급 취향을 만족시키는 내용을 많이 담고 있는 반면 해리스Harris나 파크Park, 거니스Gurney's 사의 것들은 이웃에게 성공한 중산층으로서의 경제적 능력과 독립성, 공동체 의식 따위를 과시할 수 있는 소재를 주로 소개한다. 조니스 셀렉티드 시즈Johnny's Selected Seeds와 프린스 가든 시즈Prince Garden Seeds는 우리의 환경의식을 반영하는 정원을 가꾸는 데 도움되는 정보를 제공한다. 또한 시즈 블럼이나 허드슨Hudson 사의 카탈로그는 정치적 신념과 관련 있는 소재를 강조한다. 특히 대기업의 잠식으로 인해 위협받고 있는 지구의 생물학적 다양성을 보존려는 강한 열의가 담겨 있다. 카탈로그 속에는 무척 다양한 형태의 정원들이 존재한다. 하나 또는 두 개의 카탈로그 그리고 광범위한 독자들은 일종의 커뮤니티를 형성하는데, 대부분의 커뮤니티가 그렇듯 상대 커뮤니티와의 대립을 통해 자신의 정체성을 규정하려는 경향이 있다. 조용한 겨울 밤을 그리 조용하지 않은 이 카탈로그들과 보내다보면 곧 깨닫게 된다. 평온한 표면 아래, 정치적이고 사회적인 논쟁으로 정원 세계가 얼마나 시끄러운지를.

● ● ●

    정원 세계의 사회적 계층에 있어서 최상층에 위치한 두 개의 귀족 가문은 코네티컷에 있는 화이트플라워 팜과 남부 캘리포니아 호지스Hodges에 있는 웨이사이드 가든스이다. 양장에 총천연색으로 인쇄된 이들 회사의 카탈로그는 고급 다년초와 관목들을 철저한 품질과 완벽한 서비스로 제공할 것을 약속한다. 다만 가격이 현기증 날 만큼 비쌀 뿐이다. 비슷한 종류의 식물을 판매하면서도, 두 회사는 무척이나 다른 방식으로 접근을 도모한다.

    에이모스 페팅일Amos Pettingill이라는 가공의 인물을 내세워 서문을 쓴 화이트플라워 팜의 안내 자료는 '카탈로그'라는 표현 대신 '정원 교본The Garden Book'이라는 용어를 사용하여 회사의 이미지를 색다르게 포장하고 있다. 그 안내서는 오묘하리만치 귀엽고, 개성적이면서도 차분하고, 상업적 분위기가 풍기지는 않지만 아직도 영국 숭모주의를 떨쳐버리지 못했다는 인상을 준다. 또한 특정한 취향을 지나치게 강요하는 듯한 느낌이다. 나는 페팅일의 표현 방식이 마음에 들지 않는다. 에드워드 시대의 산문처럼 까다로운 표현이 싫다. 줄장미를 '몹시 잘못된 작명'이라고 하거나 제1지역의 기후를 '지독히 야만적으로 추운'이라고 표현하는 따위가 전혀 마음에 들지 않는다. 나는 그가 '안뜰'을 '당신의 땅'이라고 추어주는 것도 내심 못마땅하다. 그리고 '우리 사이'라고 꼬드기듯 말하는 방백의 어투도.

    "훌륭한 정원사라고 성급해하지 말라는 법은 없다. 하지만 지난 몇 년 간의 경험으로 보아, 성급해할 필요가 전혀 없다. 돈을 투자하면 된다. 표본 식물을 활용하여 시간을 벌고 순식간에 정원을 만들 수 있다. 이른 시간 내에 정원을 만든 만큼, 더 큰 만족감을 느낄 수 있다. 그것은 시간을 들여 정원을 만드는 사람들의 만족감과 다를 게 없다."

여기에서는 오랜 시간 축적한 부와 벼락치기 졸부의 재산이 전형적으로 어떤 차이가 있는지 확인할 수 있다. 페팅일은 자세를 낮추고 악의 없는 거짓말을 하듯, 돈 많고 성급한 정원사들이 속물적이라는 비난을 피해갈 수 있는 빌미를 만들어준다. 800만 달러 규모로 급속히 성장한 화이트플라워 팜의 약진은 제대로 교육받지 못한 성급한 벼락부자 정원사들을 힘들여 지도해준 대가라고 할 수 있을 것이다.

나는 매년 화이트플라워 팜 사가 봄 카탈로그에 동봉하여 보내주는 초청장이 싫다. 이 회사는 매년 "화원 앞 잔디밭에서 오이 샌드위치와 시원한 차를 즐길 수 있는" 오픈하우스 행사를 연다. 올 여름 그 거창한 행사는 7월 14일 프랑스혁명 기념일에 열린다. 그 초청장은 급진적이고 과격한 행동주의자인 애비 호프먼Abbie Hoffman이나 다른 '과격파 공화주의자'에게 넘겨주는 게 가장 좋을 것이다.

그럼에도 불구하고 여러분은 내가 화이트플라워 팜으로부터 필요한 것을 구매하지 않을 수 없다는 사실을 알고 있을 것이다. 사실 내가 알고 있는 다년초의 문화에 관한 것들은 대부분 에이모스 페팅일 수하에서 배운 것이다. "파마Fama라는 것이 다년초 변이품종 중에서는 사람의 몸에 가장 유익하고 좋은 것"이라든지, "단정치 못한 습성을 가지고 있는 베로니카 라티폴리아의 모습이 잘 드러나도록 하려면 말뚝이나 나뭇가지로 지지해주어야 하는데, 거기에는 이유가 있다. 베로니카 라티폴리아를 중심으로 양 옆엔 하얀색 오리엔탈 양귀비를 심고, 뒤로는 카리오프테리스를 심어서 이를 받쳐주어라."라는 그의 의견을 접하고 나서, 나는 아무런 주저 없이 그를 신뢰하게 되었다. 그것은 아마도 내가 그와 가까운 지역에서 정원을 가꾸기 때문인지도 모른다. 같은 기후, 같은 맥락의 지리 및 건축학적 여건 탓인지는 모르지만, 그가 언제나 올바르게 진단하고 있다는 느낌이었다. 때로는 거만하고 충동적인 면이 없지 않지만 그의 판단에 충분히 공감할 수 있었다. 화이트플라워 팜 사는 새로운 변이품종을 소개하는 데 매우 신중했기 때문에, 그곳에서 인정하고 보급하는 크레옵시스 문빔 Coreopsis Moonbeam이나 스텔라 도로 Stella D'Oro 원추리 품종 같은 것들을 자신 있게 심을 수 있었다. 충분한 검증을 받기 전에는 화이트플라워 팜 클럽의 회원이 될 수 없다. 화이트플라워 팜의 카탈로그에서 '새롭고 개량된 것'이라는 문구는, 그것이 오히려 저급한 품종임을 뜻한다. 그것은 새롭고 특별한 것을 추구하는 현대 정원의 세계에서는 풍자적인 조소나 다름 없다. 이 회사에서는 눈부신 새 교배종보다는 재발견된 옛 장미에 카메라를 자주 들이댄다.

 식물 품종에 있어서도 어떤 속물적인 근성이 유전적으로 배태되어 있음을 발견할 수 있다. (새로운 교배종 중에서 제값을 하는 것이 얼마나 될까?) 하지만 때때로 이것은 혈통과 상류사회에 대한 인간의 노골적인 상승지향욕구를 위장해주는 수단일 뿐이다. 정원에서 신분 문제와 관련하여 언제나 논란을 불러일으키는 꽃 색깔을 예로 들어보자. 화이트플라워 팜, 왜 하필이면 '하얀' 꽃 농장이라고 이름을 지었을까? 이 회사의 창업자는 비타 섀크빌 웨스트의 말을 인용하여 "흰색 꽃은 나이를 많이 먹었거나 고상한 취향을 가진 정원사를 제외한 모든 사람들에게 외면받고 있기 때문"이라고 말한다. 꽃의 계급에 있어서 하얀색이 최상의 자리를 차지한다는 것은 논란의 여지가 없다. 정원의 심미적 시각에 있어서 부동의 권위자라고 할 수 있는 엘리너 페레니는 "다른 색깔의 글라디올러스는 몰라도, 하얀 글라디올러스 한 포기정도라면 정원에 두어도 괜찮다."고 말한다. 그렇다면 글라디올러스 화단은 어떤가? 어디 보자. 화이트플라워 팜 사의 카탈로그를 자세히 보면, 그것은 문제가 있어 보인다. "글라디올러스들을 심는 데는 각별히 신경을 써야 한다. 그들은 딱딱해 보이고, 너무 현란하게 두드러진다."고 페팅일은 적었다.

식물에게 부여되는 색깔의 스펙트럼은(하얀색으로부터 파랑으로, 분홍에서 노랑으로, 빨강, 주황 그리고 마지막으로 자연의 프롤레타리아라고 말할 수 있는 잡초들이 꽃피우는 심홍의 마젠타까지) 화이트플라워 팜 사의 카탈로그 모든 페이지에 걸쳐 은연중에 나타난다. 이 카탈로그 속에는 하얗고 파란 꽃들이 주종을 이룬다. 보다 강렬한 빛깔을 가진 꽃들도 눈에 띄지만 그것은 구색을 맞추기 위한 것이다. 화이트플라워 팜의 카탈로그로부터 떠올리게 되는 정원은 절제되고 세련된 것으로서, 그 회사가 자리잡은 뉴잉글랜드 지방의 풍경에 잘 어울린다. 하지만 이런 절제된 원칙은 절묘함이 사라지는 뉴잉글랜드의 가을 정원에서 다소 유연해진다. 화이트플라워 팜의 9월 정원에는 "이른 가을 단풍과 숨막힐 듯한 경쟁을 벌이는" 화려한 달리아마저 등장한다. 화이트플라워 팜의 여름 정원은 이끼 낀 돌담과 비막이 널이 있는 오래된 마을에 잘 어울릴 듯하다. 소박해보일지언정 결코 사치스러워 보이지 않는 분위기······. 청교도들의 취향을 만족시키는 심미적인 정원이다.

화이트플라워 팜 사가 캐벗과 로지Cabots and Lodges(보스턴 지역에 정착하여 해운업 등으로 큰 부를 축적한 이후 정치, 사회적으로 명망 있는 상류층을 형성한 가문.—옮긴이)와 같은 북아메리카 대륙 초창기 사람들의 취향에 맞는 정원을 소개한다면, 웨이사이드의 경우에는 《바람과 함께 사라지다》의 스칼렛 오하라가 좋아할 유형의 정원을 제안한다. 카탈로그의 사진들만 비교해봐도, 사우스캐롤라이나 호지스에 자리잡은 웨이사이드의 두드러진 정원은 코네티컷에서 에이모스 페팅일이 만드는 심미적인 정원과 한눈에 구별된다. 웨이사이드의 카탈로그는 한창 꽃피운(절정의 시기가 지났을 만큼 꽃송이가 활짝 열린) 사진을 담고 있다. 마치 가슴과 허리를 꼭 조인 옷을 입은 듯한 꽃들은 지면 밖으로 뛰쳐나올 것 같다. 분위기가 심하게 선정적이지는 않지만 청교도적인 관점에서는 다분히 육감적으로 느껴질 것이다.

나는 웨이사이드 카탈로그의 관능적인 풍취가 리치필드 지역에서 경쟁 심리를 촉발시키기 위한 것이 아닌가 하고 추측해보기도 한다. 이 지역에선 개화가 절정에 이르기 며칠 전의 다소곳한 꽃을 선호한다. 웨이사이드와 화이트플라워 팜이 각기 찍어놓은 마담 하디 장미의 사진을 비교해보자. 화이트플라워 팜 사의 사진에서는 순결한 느낌이 묻어난다. 수많은 흰색 꽃잎들은 아직 벌어지지 않아 무엇인가를 감추어둔 듯한 느낌이다. 같은 꽃이지만 웨이사이드의 사진은 이로부터 며칠 뒤에 찍은 것 같다. 꽃송이가 활짝 벌어져 녹색 꽃밥을 달고 있는 수술이 드러난다. 웨이사이드의 카탈로그는 이 장미꽃에 '연분홍의' '감미로운 향기' 그리고 '6월이면 아낌없이 피어나는' 따위의 수식어를 달았다. 화이트플라워 팜의 카탈로그는 별다른 수식어를 동원하지 않고 있는 그대로를 담담하게 설명한다. "마담 하디는 우리 화원에 들어오면서 '달빛 정원' 뒤쪽에 심어졌고, 그곳에 잘 어울린다"는 식의 사실적인 표현을 사용한다. 웨이사이드 사는 화이트플라워 팜 사에서는 엄두도 내지 못할 방식으로, 그 꽃이 우리의 감각을 자극시키고 성적인 매력을 느낄 수 있도록 해준다. 반면 화이트플라워 팜은 그 장미꽃들을 중년의 부유한 고모나 예의바른 딸들처럼 생각하지, 결코 성적인 대상으로 보지 않는다.

    이 회사의 감각적인 성향에도 불구하고, 웨이사이드의 카탈로그는 상류 사회를 떠올리게 한다. 남부지역 상류층이 주는 분위기라고 할까. 양키식의 개혁적인 성향으로부터 자유로울 뿐 아니라, 자신의 신분에 대해 확실한 자신감을 지닌 것처럼 보이는 남부지방의 정원은 강렬하고 정감 넘치는 꽃과 색들을 거리낌 없이 연출해낸다. 웨이사이드의 카탈로그는 화이트플라워 팜의 에이모스 페팅일을 움츠러들게 할 것 같은 이름의 꽃들을 담고 있다. 컵케이크Cupcake, 라이즈 앤 샤인Rise 'n' Shine, 지나 롤로브리지다Gina Lollobrigida와 같은 장미, 스트로베리 쇼트케이크Strawberry Shortcake처럼 사탕 빛깔이 나는 백합 이름도 있다. 웨이사이드는 화이트플라워 팜이 청록색 꽃을 많이 싣는 것만큼이나 마젠타색 꽃을 많이 싣는다. 웨이사이드 정원에서는 꽃이란 모름지기 화려하면서도 예쁘고 요염하되, 가문의 명성을 훼손해서는 안 된다는 원칙을 가지고 있다. 그 꽃이 대접받는 것은 혈통 때문이다. 실제로 웨이사이드는 태생에 관한 내용에 필요 이상의 분량을 할애한다. 이 카탈로그는 회사의 모든 식물들이 분명한 혈통을 가졌다는 사실을 보여준다. 왜냐하면 "식물을 기르는 사람들은 보다 우수한 원예적 세련미와 순수성을 원하기 때문이다. 우수한 순수 품종을 보존해나가는 것은, 동물과 마찬가지로 번식이 유일한 방법이다."라고 그 카탈로그는 설명하고 있다.

화이트플라워 팜에서 분별과 풍류의 아취를 중시한다면, 웨이사이드에서는 가문의 명성과 명예를 중시한다. 웨이사이드의 카탈로그는 장미의 조상이 누구인지에 대해서는 빠짐없이 말해주지만, 그 품종이 언제부터 시장에 나왔는지에 대해서는 상세하게 알려주지 않는다. 지난해 카탈로그에 나왔던 분홍 줄무늬가 섞인 진달래는, '좋은 품종의 진달래를 개량하는 데 오랜 전통을 가졌고' 워싱턴 주에서 '큰 명성을 얻고 있는' 원예가 프레드 페스테Fred Peste에 의해 개량되었다는 점만으로도 주목을 받았다. 이 카탈로그는 웨이사이드가 독점권을 가지고 있는 이 진달래가 "현대 진달래 품종 개량에 가장 큰 영향을 미친 야쿠시마눔R. Yakushimanum의 계보에 속한다. 이 진달래는 그 계보로부터 소담스런 나무 모양과 탐스러운 꽃송이, 아름다운 꽃 색을 물려받았다."고 적었다. 이 개량 진달래 품종이 "1989년 영국 올림피아 전시장에서 열린 특별 행사에서 대상을 받은 것"은 놀랄 일이 아니다. 누가 보아도 나무랄 데 없는 모습이다. 그녀와 결혼을 하고 싶을 정도다.

웨이사이드는 유럽의 정통성을 잇는 품종에 대해 각별한 관심을 쏟는다. 프린세스 드 모나코Princess de Monaco 장미는 아이보리와 붉은색의 교배종으로, 화훼전시회에 출품하기 적합한 품종이다. 손수건을 준비하고 나서 이 품종을 독점한 웨이사이드의 카탈로그를 한 번 읽어보자.

모나코 그레이스 왕비의 비극적인 죽음이 이 장미의 가슴 아픈 역사를 더욱 애절하게 만든다. 1956년 레이니어 모나코 국왕과 그레이스 켈리의 결혼 이후 왕가와 메일랜드가는 세계의 선도적인 장미육종가 가문으로서 서로 친밀한 관계를 발전시켜왔다. (…) 1973년 메일랜드가는 스테파니 공주에게 새로운 장미 한 종을 헌정했다. 그리고 1976년에는 모나코 왕가가 프랜시스 메일랜드에게 1981년 세계 최초로 국제장미전시회가 개최되기도 했던 장미원을 헌납했다.

그 전시회에서 메일랜드가 출품한 새로운 장미는 붉은색과 크림이 섞인 봉오리에서 군주의 색깔이라고 할 수 있는 심홍빛이 은은하게 배어나는, 완벽한 짙은 아이보리 색깔 꽃을 피워내는 장미였다. 처음에 '프리퍼런스Preference'라는 이름으로 전시되었던 이 장미는 세계적으로 유명해지면서 '피스Peace'라는 새로운 계보를 만들어냈다. 그후 그레이스 왕비가 이 장미가 가장 좋다고 선언하자, 앨레인 메일랜드는 장미의 이름을 '프린세스 드 모나코'라고 개명했다.

웨이사이드는 정원 세계의 가장 민감한 분야라고 할 수 있는 새로운 교배종을 개발하는 데 투자를 많이 하고 있다. 그래서 화이트플라워 팜보다 혈통에 신경을 쓰는지도 모른다. 일반적으로 정원사들이 현대 교배종에 대해 관용적인 태도를 보인다는 건 보통사람들의 취향이 거기에 맞춰져 있다는 뜻이다. 현대 교배종은 정원 세계에서 가장 비약적인 변화가 일어난 분야다. 식물사회의 혈통을 뒤섞어 핏줄이 의심스러운 후손들을 양산해냈다. 웨이사이드는 심미적 관점에서 강렬한 색깔과 아름다운 모습을 만들어내도록 품종을 개량해왔다. 하지만 '최상의 교배'만을 시도함으로써 잡종 번식이 가져올 수 있는 잠재적 위험을 극복해냈다. 가장 명망 있는 가문들을 주의 깊게 결합함으로써 뼈대 있는 교배종을 만들수 있었던 것이다.

● ● ●

주요 종자 판매회사인 버피Burpee, 파크, 해리스Harris, 스톡스Stokes, 거니스 사의 경우에는 잡종교배에 대하여 양심의 가책을 느끼지 않는다. 새로운 이종교배보다 그들이 더 좋아하는 것은 없다. 생각지 않은 변이종일수록 더 좋다. 더 크고, 더 좋고, 더 새롭고, 더 특색 있는 것들이야말로 중산층을 위한 카탈로그가 담아내는 최상의 가치라고 생각한다. 물론 미국의 중산층들은 매우 다층적인 가치관을 가지고 있다. 하지만 어떤 특징적인 것들을 찾아낼 수 있을 것이다. 버피 사는 최근 다소 고급 취향으로 영역을 확대하면서 유럽 채소와 고대 장미 품종을 소개하기도 했다. 이 회사와 다른 스펙트럼을 가진 거니스 사는 서민적인 축약판 카탈로그를 발행하면서 '대중적인 관심사를 탐구한다'는 〈내셔널 인콰이어러National Enquirer〉지의 편집정신을 따르고 있다. 파크, 해리스, 스톡스 사의 경우는 중도적인 입장에 있다고 할 수 있다. 이 모든 회사의 카탈로그는 한결 같이 새로운 것들을 추구한다. 그것이 좋은 일인지 나쁜 일인지는 잘 모르지만, 종묘 회사들은 진보라는 가치와 정원에서 중산층이 선호하는 취향을 대변하는 것이다.

모든 회사는 카탈로그 서두에 하나같이 새로 출시하는 품종에 대해 매우 집중적이고 과장된 내용을 게재하고 있다. 각 회사의 육종 및 유전공학 전문가가 개발한 신품종에는 특허를 획득한 것들도 있다. 실험실의 마법사들은 두 가지 방향에서 그들의 노력을 집중시키는 듯하다. 어느 식물의 대중적인 특징을 약화시키거나, 아니면 특정 식물에게 획기적으로 새로운 속성을 부여하는 것. 부드러운 줄기를 가진 서양호박을 만드는 것은 첫 번째 범주에 속한다(파크 사의 카탈로그는 "엄마 여기 봐!" "흠집내지 마!"라는 카피로 서양호박을 광고한다). '트림을 일으키지 않는' 오이와 씨앗 없는 수박을 만드는 일도 같은 부류의 작업이다.

하지만 그들의 카탈로그에서 가장 중요한 부분은 각 회사가 만들어내는 세계 수준의 독점적 최신 기술이다. 정원 세계의 전통주의자들이 집중적으로 공격하는 대상이기도 하다. 때때로 그런 혁신은 즉각적인 성과를 보이기도 한다. 알래스카에서도 재배할 수 있는 캔털루프 멜론, 한여름 내내 꽃을 피우는 원추리, 스스로 하얗게 되는 꽃양배추, 내병성 있는 토마토 같은 것들이다. 이런 교배종들이 제값을 해 낼 수 있을지는 모르지만, 그런 시도를 하는 기본 취지만큼은 충분히 수긍할 수 있다. 하지만 적지 않은 교배종들은 여전히 납득하기 어렵다. 1950대 이후로 종묘상들은 달리아를 닮은 백일홍을, 백일홍을 닮은 달리아를 만들어내기 위해 갖은 노력을 기울였다. 또 데이지나 선인장 백일홍을 닮은 국화, 국화를 닮은 백일홍처럼 듣도 보도 못했던 새로운 품종을 만들어내려고 한다. 1958년 캐서린 화이트Katherine White는 걱정하는 마음으로 글을 쓰기도 했다. "나는 국화를 좋아한다. 그런데 왜 굳이 백일홍을 국화처럼 만들려고 하는 것일까?"

지난 수년 동안 버피 사에서는 금색이 돌지 않는 메리골드Marigold를 개발하는 데 유별나게 집착하고 있다. 1950년대부터 이 회사는 하얀 메리골드의 '가지 변이'에 성공하거나 돌연변이를 찾아낸 사람에게 상금 1만 달러를 수여하는 공모행사를 진행해왔다. 마침내 1975년 어떤 행운의 정원사가 그 상금을 차지했고, 버피 사는 '30년 만에 이룩한 하얀색 메리골드 연구의 개가'라고 할 수 있는 그 돌연변이 신품종을 '스노우드리프트 메리골드Snowdrift marigold'라는 이름으로 그해의 카탈로그에 자랑스럽게 소개했다. 사진을 보면, 그간의 노력이 과연 가치가 있는 건지 의문이 든다. 스노우드리프트 메리골드는 흰색 국화꽃을 꼭 닮아 있었다.

잡종교배 과학이 만들어낸 것들 중에서 그 선례를 찾아보기 어려울 정도의 작품은 아마도 파크 사가 최근에 이룩한 업적이라고 소개하는 선스팟Sunspot 해바라기일 것이다. '놀랍고도 경이로운' 돌파구를 마련한 것으로 자평하는 파크 사의 카탈로그는 '해바라기 벌판 위에 우뚝 솟아 있는' 젖먹이 아이의 모습을 보여준다. 무슨 연유인지는 모르지만, 파크 사는 2피트 높이의 대궁 위에 보통 크기의 꽃이 달린 해바라기를 개발해냈다. 우스꽝스러운 모습의 피그미라고 할까. 해바라기는 '키가 큰 것'이라고 전혀 생각해본 적 없는 누군가에 의해 육종된 식물계의 괴짜라고밖에 할 수 없다.

에이모스 페팅일이 일년생 화초와 채소만을 카탈로그에 넣으려고 하지는 않겠지만, 그렇다고 난쟁이 해바라기나 흰색 메리골드 같은 것을 집어넣지는 않을 것이다. 심미적인 관점에서 나는 에이모스 페팅일에게 동의한다. 정원 세계의 상위 계층 사람들은 취향 문제 이상으로 중요한 것을 위협하는 열정적인 신품종 교배 행진에 반대한다. 엘리너 페레니는 "예전에 미처 들어보지도 못한 상스러움이 정원 세계에 발을 들여놓았다"고 못마땅해 하면서, '큰돈을 벌어들이는 교배 잡종'에 대한 경멸을 감추지 않는다. 캐서린 화이트나 에이모스 페팅일처럼 그녀는 '비자연적인 모습으로 개조되는 꽃'에 대해 안타까움을 토로한다. "연둣빛 수선화, 엷은 자줏빛 원추리, 분홍 물망초 그리고 두 가지 색깔을 가진 모든 꽃들은 어디에서 봐도 부담스럽다."

나이 든 와스프WASP('White Anglo-Saxon Protestant'의 약어로 앵글로색슨계 백인 청교도를 가리키며, 자신들만의 고유한 정체성 또는 우월성을 확보해나가고자 노력하는 특정 집단 또는 부류의 사람들을 상징적으로 의미한다.—옮긴이)식 사고방식으로 정원을 가꾸는 사람들이라면 대중적 종묘회사의 카탈로그에서 들끓고 있는 원예의 광기를 용인할 수 없을 것이다. 자신에게 알맞은 자리를 지키지 않고 수상쩍은 결합에만 관심을 갖는 그 꽃들을 어떻게 받아들여야 할까. 백일홍이나 국화 행세를 하는 달리아라니! 엷은 자줏빛 새옷을 입은 원추리는 또 어떤지! 그 색깔은 라일락의 사적인 재산이 아니던가! 이렇게 위험한 유전자 스와핑이 계속된다면, 우리는 더이상 '순수하고 진정한 유전적 특질'을 보존하기 어렵게 될 것이다.

내가 지금 설마 서로 다른 종족 간의 혼인에 대해 우려하는 건가?

중산층을 염두에 둔 카탈로그들은 유전적 순수성을 보존해야 한다는 주장에 아랑곳하지 않는다. 해마다 나름의 열정을 가지고 새로운 개량 품종들을 만들어낸다. 이제 진보라는 것이 그들의 종교적 신념이 되었다. 때로는 선스팟 해바라기와 같은 불가사의를 만들어내기도 하고, 슈가 스냅 완두콩Sugar snap pea처럼 좋은 것들을 우리에게 제공해주기도 한다. 질이 떨어져 먹을 수 없다는 엘리너 페레니의 비판에도 불구하고, 이 식용 꼬투리 콩은 1980년대에 가장 인기를 끈 정원 채소가 되었다. 슈가 스냅은 정원 세계의 테플론 프라이팬이나 전기 오븐 같은 것이 되었다. 그것은 음식에 유별나게 까다로운 사람들보다는 다수 중산층의 기호를 충족시키는 데 성공했고, 새로운 요리법이 유행했다. 위로 자라나는 슈가 스냅은 쿡스Cook's나 셰퍼즈 Shepherd's 같은 종묘회사 카탈로그에 이름을 올림으로써 고급 채소 재료로 각광받았다.

중도 성향의 카탈로그들은 20세기에 전성기를 구가하며 주도권을 잡은 무한한 낙천주의와 보조를 맞췄다. 이 카탈로그들은 마치 타임

캡슐처럼 그 시대의 모든 것을 담아냈다. 그래도 그곳에는 여전히 핵가족 시대의 건강한 품종들이 남아 있는 셈이다. 그들은 게임방에서 비디오 게임을 즐기거나 마약을 하는 아이가 아니라, 앞뜰에 나가 부모님을 돕는 머리가 단정하고 착실한 어린이들이다. 또한 발전된 미국의 기술은 희망적이다. 토마토 개발과 같은 중요한 분야 외에도 가능성은 얼마든지 열려 있다. 수퍼소닉Supersonic, 울트라 보이Ultra Boy, 젯스타Jetstar, 스타핫Starhot과 같은 최첨단 교배종의 이름은 첨단 우주 시대의 느낌을 준다. 파이어볼Fireball이란 이름은 방사능 물질처럼 느껴지기도 한다. 스톡스 사의 최신 카탈로그는 자신의 회사가 개발한 '도시락 토마토Lunch Box tomato'가 "나사NASA의 새로운 우주정거장에서 일하는 사람들을 위한 식재료로 선택되었다"는 점을 큰 자랑으로 삼고 있다.

내가 가장 좋아하는 카탈로그는 사우스다코타South Dakota 주 얀크톤Yankton에 있는 거니스 사 것이다. 이 카탈로그는 코팅 되지 않은 값싼 재질의 종이에 타블로이드판으로 인쇄되어 신선한 느낌을 준다. 전쟁 후에도 예전의 모습과 달라진 게 없다. 가격에도 변화가 없다. 금낭화 한 포기 가격이 지금도 39센트다. 거니스의 카탈로그를 넘기다 보면 아주 단순해진 미국, 보다 순박한 미국을 다시 방문하는 듯한 느낌이 든다. 검소함과 자립심에 가치를 두는 가능성의 나라, 광채를 잃지 않은 가족의 모습을 읽어낼 수 있다. 나는 거니스의 카탈로그가 1930~1940년대 농가의 탁자 위에 펼쳐져 있는 모습을 그려본다. 캔자스 '도로시의 집(《세 자매The Little Sisters》)의 무대가 되었던 곳.—옮긴이)' 모습도 상상해본다. 거니스 종묘상의 작물을 재배하는 사람들은 사회적인 의미를 인식하여 정원을 가꾸지 않는다. 경제적인 목적때문이거나 아이들에게 무엇인가를 가르쳐주기 위해서다. 카탈로그에 소개되는 체험담 중 독자들의 요청에 따라 다시 연재되는 이야기가 있는데, 바로 가정 채원에 관한 것이다. "나는 내 아들과 함께 테네시 주의 박람회에서 거니스 사의 코브 젬Cobb Gem 수박 씨앗으로 두 해 연속 1위를 차지했다"는 식이다. 이야기와 함께, 먼지를 뒤집어쓴 오래된 농기구처럼 이상적인 농경사회의 향수를 불러일으키는 사진도 게재된다.

거니스 사의 카탈로그는 저녁 때마다 규칙적으로 햄버거를 먹는 듯한 느낌을 준다. '둥근 빵에 옥수수를 올린' 햄버거. 올해 카탈로그는 표지에 '햄버거 크기의 양파'라는 문구와 함께 '왈라-왈라스Walla-Wallas 양파'를 소개하고 있다. 아름다운 황금색 양파 세 개 무게가 4파운드나 나간다. "특대 크기의 양파 조각은 4분의 1 파운드짜리 햄버거 하나를 덮고도 남을 만큼 크다. 당신은 빵을 씹을 때마다 양파를 함께 맛볼 수 있다"고 자랑한다. 사실 카탈로그에 올라 있는 대부분의 양파는 햄버거를 기준으로 설명된다. 자존심 강한 이 양파들이 '존재하는 이유'가 바로 햄버거인 것처럼. 거니스의 다른 품종들도 상류층의 고급 식재료로 재배되는데, '저지 아스파라거스Jersey asparagus'는 고급 코스 주요리의 주메뉴를 장식한다. 또한 그 카탈로그는 자사의 탐 썸Tom Thumb 상추가 엘도라도만큼이나 환상적인 뉴욕 왈도르프 아스토리아 호텔에 제공되고 있다는 점을 자랑한다.

짐작할 수 있겠지만 거니스 사는 다소 과장하는 경향이 있다. 표현 방식이 마치 리플리의 〈믿거나 말거나〉의 영향을 받은 것 같다. 비 온 후 잡초가 솟아오르듯 감탄조의 표현이 많다. 거니스는 세계에서 가장 큰 수박을 만들어냈다는 데 대해 자랑스러워한다. 카탈로그는 "당신 이웃의 눈을 휘둥그레 만들 만큼 큰 맘모스 수박"이라며 코브 젬 수박을 소개한다. 이 이외에도 거니스가 개발한 가장 큰 호박 애틀랜틱 자이언트Atlantic Giant는 무게가 무려 775파운드나 나간다. 세상에서 가장 큰 토마토인 '딜리셔스Delicious'는 기네스북 기록을 보유하고 있으며, 역시 가장 큰 래디시인 '저먼 자이언트German Giant'는 '야구공만한 크기'라고 자랑한다.

사진에선 종종 크기를 비교하기 좋게 동전이나 커피잔, 옥수수 속을 쌓아놓은 접시를 함께 찍어둔다. 맘모스 호박을 쳐다보며 환하게 미소 짓는 아기의 모습을 사진에 담기도 한다. 거니스는 즐겁고 깜짝 놀랄 만큼 진기한 품목을 만들어낸다. 하얀색 토마토, "강낭콩을 따는 사람의 천국"이라는 문구로 사람들의 호기심을 자아내는 잎 없는 강낭콩, 파란 장미, 한 그루에 다섯 종류의 사과가 달리는 사과나무, 이국적인 모습의 식충식물 비너스 플라이트랩flytrap이 그런 것들이다.

나는 거니스의 카탈로그를 좋아하고 열심히 뒤적거리기는 해도 그렇게 많은 것들을 사들이지는 않는다. 거니스 사가 제공하는 것들은 값도 싸고, 믿기 어려울 만큼 훌륭하지만 낯설고 시대에 뒤진 느낌을 준다. 현대의 미국에서 이러한 종자들을 발아시켜 판매하는 회사가 있다는 사실이 믿기지 않을 정도로. 거니스는 과거에 우리가 어떻게 정원을 가꾸어왔는지 보여주는 환영과도 같다.

　카탈로그의 병충해 관리 부문은 평이한 내용을 담고 있다. 명백하게 《침묵의 봄 Silent Spring》(미국의 해양생물학자이며 자연 작가인 레이첼 카슨이 1962년에 쓴 책으로 살충제 과다 사용과 환경오염 문제 등에 대한 대중적인 관심을 불러일으키면서 활발한 환경운동이 전개되는 계기를 마련했다. ―옮긴이) 이전의 경향을 띠고 있다. 각 페이지에는 현대 화학의 기적도 같은 성과들이 빛을 발하며 코리스 슬러그, 스네일 데스, 종합 살충제인 버그 더스트 등 경이로운 성능의 약품들이 길게 나열되어 있다. CPF라는 놀라운 살충제도 보인다. 집은 물론 차고 부속건물을 칠할 때 이 살충제를 페인트에 섞어주면 시설물을 하나의 거대한 살충 장치로 만든다. 이런 기술이 정원에서 무비판적으로 사용되던 시대는 지나갔다. 보다 전향적인 시각을 가진 버피와 같은 회사들은 화학약제로부터 벗어나 유기적인 농법을 강조하기 시작했다. 거니스가 이런 시류에 동참하지 않는다면, 사람들은 버그 더스트가 만들어내는 운무雲霧를 뒤로 하고 이들을 떠나게 될 것이다.

● ● ●

　몇 년 전부터 두각을 드러내기 시작한 '반체제문화' 집단이 작지만 그들 나름대로 확고하게 자리를 잡아가고 있다. 그들은 스스로 종자 산업의 주도권을 쥔 대기업에 대항하고 있다고 공언한다. 조용하게 정의의 목소리를 내기 시작한 버몬트 빈 시드Vermont Bean Seed 사, 조니스 셀렉티드 시즈 사, 파인트리 가든 시즈Pinetree Garden Seeds 사(뒤의 2개 사는 메인 주에 있음)는 유기적 농법에 중점을 두고 있다. 이 회사들은 새로운 교배잡종을 멀리하면서, 세계를 제패한다는 등의 자기 과시적인 표현은 가급적 피한다. 이들 회사의 카탈로그는 모두 전원의 독특한 분위기를 느끼게 한다. 하지만 거니스 사의 것과는 달리, 도시에서 경험한 환멸을 떨쳐버리려는 의도가 분명하다. 1970년대에 히피 생활을 끝내고 땅으로 되돌아와 살고 있는 사람들이 만든 카탈로그가 아닐까 싶을 정도로. 거기에는 농촌의 모든 도덕적 가치가 투영되는 반면 현대적 삶의 방식에 대한 완곡한 비판도 들어 있다. 롭 존스톤Rob Johnston은 최근에 펴낸 카탈로그에서 "생산성도 중요하지만, 식량은 우리가 먹는 것으로 즐거움과 영양을 줄 수 있는 것이어야 한다. 이런 생각이 이 일에 대한 사명감을 불러일으킨다."라고 썼다.

파인트리 사의 대표인 딕 메이너스Dick Meiners는 "당신이 주문하는 일은 언제나 우리에게 즐겁고 흥미롭다. 우리의 생각 속에는 항상 어떤 집단 또는 개인으로 인식되는 고객들이 자리하고 있다."고 적었다. 이런 회사들이야말로 지미 카터와 로잘린 여사가 애용할 만한 종묘사가 아닐까? 실제로 1970년대에 설립된 이 종묘사들의 카탈로그는 그들이 처음 설립된 당시에 만들어진 것이 아닌가 하는 생각이 들 정도로 수수하고 소박하다. 대기업과 기술에 대한 신중한 태도를 취하며, 건강한 환경에 대한 관심과 함께 과장 없이 차분한 분위기를 풍긴다. 그들의 책장을 넘기다보면 20세기를 주도하는 미국의 위용이 느껴지기보다는 과거의 잘못을 마음에 새기는 것 같다.

조니스나 파인트리에 비해 훨씬 더 현대적이고 국제적인 종묘사는 버몬트Vermont 주에 있는 쿡스와 캘리포니아 북부에 있는 셰퍼즈라고 할 수 있다. 두 종묘상은 수입 채소를 전문적으로 취급한다. 이들은 대형 종묘회사로부터 제공되는 교배잡종 종자들은 대량소비를 위해 평준화, 균질화된 것이라는 문제의식을 가졌다. 새로운 요리 재료를 찾아내는 데 있어서 그들은 실험실을 찾는 대신, 미국보다 질 좋은 농산물을 생산하고 기술 또한 앞선 이탈리아, 프랑스, 일본 같은 나라들로 눈을 돌린다. 그들은 기술 발전과 대량생산으로 인하여 상실해가고 있는 채소 본연의 풍미와 유익함을 회복한다는 목적을 가졌다. 이 회사들을 거니스나 스톡스 사와 비교한다면, 그것은 앨리스 워터스 Alice Waters(1970년대 이후 미국의 식생활에 큰 영향을 미친 요리 연구가 및 저술가로, 소규모 지역 영농을 통한 식품 공급의 중요성을 강조하여 큰 반향을 불러일으켰다.—옮긴이)와 레이 크록Ray Kroc(1955년 소규모 연쇄점 형태의 맥도날드를 인수하여 세계적인 체인으로 성장시킨 인물로 '햄버거 킹'이라는 별명을 얻기도 했다.—옮긴이)을 비교하는 것과 다름 없다. 가격 또한 마찬가지다. 여기서 아이스버그 상추는 글라디올러스만큼이나 과격한 식물이다. 대신 쿡스에는 아리코 베흐hariscots verts(프랑스 요리에 많이 들어가는 초록색 콩.—옮긴이), 이탈리안 치커리, 메스클룬mesclun(여러 가지 어린 채소를 섞어 만든 프랑스식 샐러드.—옮긴이), 아르굴라arugula(지중해산 샐러드용 채소.—옮긴이), 옥수수 샐러드 그리고 아홉 가지가 넘는 다양한 종류의 바질이 있다. 하지만 햄버거 양파 같은 건 없다.

위에 소개한 5개 회사는 모두 교배종에 대해 비판적인 견해를 가졌다. 고급 취향을 충족시키는 차원에서 제기하는 비판과는 다르다. 쿡스나 셰퍼즈 사는 다소 그러한 경향이 있지만, 대부분은 도덕적, 정치적 측면에서 비판을 제시한다. 우파적이라기보다는 좌파적인 시각이다. 대형 종묘회사의 틈바구니 속에서 소형 종묘회사의 입지가 크게 줄어들고 있는 탓이다. 대부분의 교배종들은 상업적 욕망과 맞물려 대량생산된다. 교배종 생산자들은 채소의 맛과 건강성보다는 수출이나 영농 방식의 기계화 여부에 관심을 쏟는다. 쿡스나 조니스에 주문해보면, 그들이 전통적이고 안전한 식품을 생산하는 데 무척 신경쓰고 있음을 알게 될 것이다. 이들 종묘회사는 벤 앤 제리스Ben & Jerry's(개성적 기호를 가진 소비 계층을 겨냥해 고급 아이스크림, 얼음 요구르트, 셔벗 따위를 판매한다. —옮긴이), 독립적인 서점, 빈L. L. Bean(고급 사냥 용품을 제작하여 판매하는 회사로 특정 소비 계층을 상대로 한 고객지원 서비스가 뛰어나다. —옮긴이) 등 다른 경제 분야의 회사들과 성향이 비슷하다.

 이 회사들이 다소 조심스럽게 도덕적 측면에서 문제제기를 하는 데 비해, 급진적인 성향을 가진 시즈 블럼이나 허드슨의 경우에는 정치적으로 강한 비판을 제기한다. 겨울 동안 나는 이 두 회사의 카탈로그를 가장 열심히 살펴보았다. 이 회사들이 교배종 종자와 이를 판매하는 회사들에 대해 제기하는 비판은 정치 투쟁만큼이나 격렬하다.

 가장 첨예한 논란이 어떤 것인지는 시즈 블럼 사의 자료에 잘 나타나 있다. 이 회사의 카탈로그는 고등학교 문예지와 흡사하다고 생각하면 틀림 없다. 모양은 크럼Crumb이 그린 '캘리포니아 건포도'(1987년 캘리포니아건포도협회의 아이디어로 제작된 상업 광고. 의인화된 건포도가 악단을 구성하여 노래부르고 춤추는 장면을 담고 있는데, 한때 크게 유행했다.―옮긴이)를 떠올려보면 짐작할 수 있을 것이다. 젠 블럼에 의해 1982년 아이다호 주의 보이시Boise에 설립된 이 회사는 상업적인 목적에서 '제1대 잡종F-1 hybrid'을 만들고 보급하느라 사라져버린 재래 원종들을 전문적으로 취급한다. 블럼의 설명에 따르면, F-1 종자는 제1세대의 새로운 교배종에서 받아낸 씨앗이다. F-1 종자로부터 싹을 틔워 자라나는 식물들은 유전학적으로는 동일한 속성을 나타내지만, 제대로 된 씨앗을 생성하지 못한다. 그 다음 세대의 종자들은 배태능력을 상실하거나 열성劣性 유전자를 지니게 된다.

이런 특성 때문에 정원과 농장은 전형적인 자본주의의 길을 걷게 된다. 유전적으로는 동일한 F-1 종자의 옥수수나 토마토는 일시에 대량으로 유통시킬 수 있다. 생산되는 모든 농산물의 맛과 형태가 완벽하게 동일할 뿐만 아니라, 같은 속도로 자라도록 종자의 속성을 개량하여 기계로 수확하기에 용이하다. 종묘회사에 있어서 교배종 종자가 차지하는 위치는 매우 각별하다. 시즈 블럼 사는 마르크스와 엥겔스의 이론과 아주 유사한 현상이 발생한다는 점을 지적한다. "교배 잡종이 존재함으로써 종묘회사는 교배 종자의 생산을 위한 투자를 지속하게 된다." 새로운 F-1 잡종을 특허로 등록하면, 그것은 하나의 기업 자산이 된다. 그와 같은 교배종에 의해 생산되는 종자는 아무 쓸모가 없기 때문에, 농부와 정원사들은 교배종에 대한 특허권을 보유한 종묘회사에 의존할 수밖에 없다. 드디어 종묘회사들이 F-1 교배종이라는 '생산 수단'을 통제하게 되는 것이다. 이렇게 해서 F-1 교배종은 자연을 자본주의로 물들인다.

그렇다면 이것이 반드시 나쁜 일일까? 젠 블럼은 이렇게 말한다. 소비자는 물론 정원사에게도 지겨운 일이지만, 교배종의 동질성은 그들의 유전적 획일성으로 인하여 전염병이 발생할 위험성을 배태하게 된다. 똑같은 형질을 가지는 식물 중 어느 하나가 병이나 해충에 노출되면 나머지도 한꺼번에 감염될 가능성이 높다. 1970년대에 이미 겪었던 것처럼, 여남은 종류에 불과한 교배종에 의존하여 옥수수를 재배하는 미국 농부들은 마름병 한 가지만 발생해도 농사를 전부 망칠 수 있다. 유전적 다양성이 크게 위축됨에 따라 화학적 처방에 의존하는 성향 또한 증가하고 있다. 오늘날 대형 종묘회사들이 화학회사 소유인 것은 우연의 일치라고 할 수 없을 것이다. 이처럼 자본주의적인 방식이 순조롭게 뿌리내리도록 해준 획일성은 유전적 다양성이라는 자연의 가장 기본적인 원칙과 배치된다.

자연수분을 통해 재래 원종을 보존하고 이것을 확산시켜나감으로써 우리는 '유전자 풀pool'을 깊고 넓게 만들 수 있다. 자연수분에 의한 유성 생식은 살아 있는 모든 생명체가 그러하듯이, 결코 똑같은 과정을 반복하는 일이 없다. 독립적인 정원사들은 지속적으로 다양한 품종의 종자들을 가꿔나감으로써 고유한 특성을 유지할 수 있도록 돕는다. 종묘회사들은 관심을 기울이지 않는 그 지방의 독특한 환경에 적응할 수 있는 능력, 질병에 대한 저항력 그리고 무엇보다 중요한 각 품종의 고유한 풍미를 보존시켜나간다. 정원사들이 자연 선택과 도태의 기능을 수행하며 대를 이어 종자를 전해주는 것이다. 언젠가는 우리의 농업이 의존하지 않으면 안 될, 우수한 형질과 셀 수 없을 만큼 많은 특성을 보유하고 있는 종자들을……. 오늘날 그들의 축적된 작업은 유전자 정보의 보고나 다름 없다. 젠 블룸 같은 이들이 없다면, 그들은 곧 사라져버릴 것이다.

  블룸의 카탈로그는 정원사들로 하여금 이런 품종을 살려내는 임무에 동참하도록 만든다. 시즈 블룸에서 나는 토종 시블리 호박, 보라색 칼라바시 토마토, 19세기의 귀한 사향참외 제니 린드 종자를 살 수 있다. 그리고 씨앗을 발아시키는 법, 가을에 씨앗을 받는 법, 다른 정원사들과 씨앗을 맞교환하는 방법까지 배울 수 있다. 다른 무엇보다도 시즈 블룸이 씨앗 보존자들의 협동조합 역할을 해준다는 점이 이채롭다. 정원사들이 스스로 재배한 작물의 종자를 서로 교환할 수 있도록 회사가 '씨앗 거래 우체국' 기능을 해주면 종자 판매는 감소될 게 틀림 없다. 마치 금전적인 손해를 감수하면서도 자신들의 콘서트 테이프를 팬들이 서로 교환해서 볼 수 있도록 배려했던 록 밴드 그레이트풀 데드The Grateful Dead 같다. 돈의 문제가 아닌 식물과 인간의 문제로 보고 있는 것이다. 젠 블룸은 씨앗이 언젠가는 종자회사가 아니라 사람들에게 속하게 되리라는 사실을 내다보고 있다.

  젠 블룸이 정원에 나타난 1960대 과격주의자라면, J. L. 허드슨은 겉늙은 30대 무정부주의자다. 허드슨의 못 말리는 카탈로그는 실제로 엠마 골드먼Emma Goldman(리투아니아 태생의 미국인 무정부주의자로 20세기 전반 미국과 유럽에서의 무정부주의적 정치철학 발전에 결정적으로 기여했다. ─옮긴이)의 말을 도처에서 인용하고 있다. 거의 100페이지에 달하는 지면에 6호의 작은 활자로 여백 없이 설명을 담고 있는 카탈로그는 '종자의 식물학적 계보 목록'이라는 이름의 예사롭지 않은 문건이다. 1,000종이 넘는 식물도 그렇지만 (그들 중 많은 것들은 다른 데서는 구할 수 없다) 캘리포니아 레드우드 시티에 사는 이 성난 사람은 골드먼과 밥 딜런 그리고 윌리엄 버로우즈William Burroughs와 리버티 하이드 베일리Liberty Hyde Bailey와 노자에 이르기까지 자신이 좋아하는 철학자들의 말을 광범위하게 인용한다. 예지 넘치는 필설은 '종간의 DNA 전이' '인적 다양성의 가치'와 같은 주제를 다루고 종자나 정원과 직접적으로 관련되지 않는 폭넓은 분야의 책자를 소개한다. 가늠하기 어려울 정도로 넓은 영역에 걸쳐 있는 글이다. 카탈로그에서 당신은 《호주의 유용한 자생 식물The Useful Native Plants of Australia》과 《호피족의 식물계보Ethnobotany of the Hopi》와 같은 책자를 소개받는 것은 물론 다음과 같은 내용도 발견할 수 있을 것이다. "미합중국 헌법. 1온스. 1달러. 누구나 헌법 한 부 정도는 집에 가지고 있어야 한다. 얼마나 많은 이들이 정부로부터 존경을 받고 있는지에 대한 의문을 가지고 첫 번째 10개 헌법 조항의 수정 내용을 담고 있는 미국의 권리장전(1791년 제1차로 이루어진 미국의 헌법 수정은 언론, 출판, 종교, 집회, 청원의 자유, 불법 조사와 구금의 방지 등 10개의 조항의 내용으로 이루어져 있다. ―옮긴이) 부분을 읽어보면, 놀라게 되리라. 그리고 울지 않을 수 없으리라."

허드슨이 그리는 정원은 태초의 모습을 지닌 것이라고 할 수 있다. 그는 젠 블룸과 마찬가지로 교배잡종에 대해 혹독한 비판을 제기한다.

그의 관심 영역은 진화와 지구에 대한 인간의 적정한 역할 문제로 확대된다. 카탈로그의 글을 종합해보면 그가 진보적 자유주의자로서 정치학부터 유전학까지 아우르는 독특한 철학을 가졌음을 알 수 있다. 그의 관점에서 보면, 인간의 가장 큰 소명은 뒝벌이나 벌새의 소명과 크게 다르지 않다. 그 소명은 다름이 아닌, 지구상의 식물 유전자들을 증식시켜나가는 일이다. 대형 종자회사나 잘못된 견해를 가진 생태학자 등 그의 작업에 역행하는 모든 것은 경멸의 대상이 된다.

최근 발간된 카탈로그 서문에서 그는 "올해는 '토착적인 것이 아닌 품종들'은 해로운 것이라는 일반적인 견해에 대해서 이야기해보고 싶다. 대부분의 사람들은 '공격적인 외래종들'은 생태계를 침범하여 '자생하는' 것들을 몰아낸다고 믿는다."라고 적었다. 허드슨은 그런 견해가 생물학적으로 타당하지 않다는 주장을 펴면서, 사람들에게 일침을 가한다. "자신 스스로도 유럽의 혈통을 물려받은 외래종이면서 다른 생명체에 대해서 그들이 자생종을 몰아내는 '침략적 외래종'이라고 비난하는 것은 이율배반적이다." 허드슨 씨 앞에서 '잡초'라는 말을 입에 올리는 일은 자제해야 할 것 같다.

"반대로, 사람들이 세계 이곳저곳으로 종자들을 옮겨준 것은 지구적 차원에서는 물론 특정 지역의 다양성을 증가시키는 데 도움이 되었다. 이것은 인간이 인간 이외의 창조물들에게 행하는 몇 안 되는 유익한 행위 중 하나다. 그것은 바람이나 해류에 의해서 종자가 이동하는 것과 다를 게 없다. 철새들에 의해 종자가 옮겨지는 것처럼 다른 생명체에 의해서도 종자가 다른 곳으로 전파된다."

인류사회가 온갖 오류를 양산해내고 있음에도 불구하고, 진화의 결정적 과정이라고 할 수 있는 '종과 종 사이의 DNA 이전'에 있어서 우리 인간이야말로 가장 중요한 역할을 하는 셈이다. 허드슨 역시 장기적 과정의 진화를 염두에 두기는 하지만, 그 역할이 우리 인간이 할 수 있는 이 시대의 긴급한 사명이라고 말한다. "우리는 화석 연료의 도움으로 세계를 신속하게 여행할 수 있는 더없이 좋은 기회를 맞고 있다. 이 시기를 지혜롭게 활용해야 한다." 그는 윌리엄 버로우즈의 "휘발유를 이용해 이동하는 원숭이 떼가 역사를 질주해가고 있다."라는 말을 인용한다.

허드슨의 신념은 나를 감동시킬 만큼 훌륭한 것이었다. 그 누가 현삼이나 쐐기풀처럼 보잘것없는 잡초를 세콰이어 삼나무나 멕시코 테오신테teosinte 옥수수 같은 종자와 함께 팔 수 있을까? 멕시칸 테오신테는 인디언들이 옥수수 씨앗의 건강을 유지해나가기 위하여 수천 년 동안 보존해온 신성한 야생 옥수수다. 허드슨 사가 발간한 카탈로그에는 영국식 다년초 정원과 자포텍Zapotec(콜럼버스 이전의 시대까지 남부 멕시코 오악사카Oaxaca 계곡에 수천 년 동안 살아왔던 토착 부족. —옮긴이) 인디언식 정원을 만드는 방법이 함께 소개되어 있다. 자포텍 인디언의 정원 가꾸기 편에서는 오악사카 지역의 마지막 약초치료사가 가꾸던 50여 종의 채소와 관상식물을 소개한다. 그야말로 만개한 민주주의 세상이다. 흔하거나 드문 것들, 쓸모 있는 것이나 쓸모 없는 것들, 키우기 쉽거나 까다로운 것들 모두 각자에게 맞는 생육 조건을 지니고 있어서 어떤 것들은 싹을 틔우는 데 2년이 걸릴 수도 있다. 하지만 허드슨은 조건이 까다롭다고 그것을 공급 목록에서 제외하지 않는다. 씨앗이 우리를 위해서 일하는 것이 아니라, 우리가 씨앗을 위해서 일하고 있다고 생각하기 때문이다.

  허드슨의 종자 카탈로그 이면에는 몽상가가 존재하는 것 같다. 허드슨은 종자의 힘을 경외하고 숭배하는 글을 쓴다. 미국 건국의 아버지들이 민주주의 사회에서 '언어'에 대해 보여주었던 존경과 경외 같은 것이라고 할까. 허드슨은 "국가에 보답할 수 있는 가장 큰 봉사는 유용한 작물 하나를 보태주는 일이다."라는 토마스 제퍼슨의 글에 매료되었음에 틀림없다. 종자들이야말로 종을 보존하고 유전적 다양성은 물론 문화적 다양성을 키워나갈 수 있는 능력을 지녔다. 뿐만 아니라 경제적 독점을 방지하고, 여러 분야에서 증가되는 획일성을 제어할 수 있는 힘을 내포하고 있다. '보급을 통한 보존'은 허드슨 사의 신조다. 그것은 수익 창출보다 중요한 경영 원칙이다. 허드슨은 카탈로그를 받아보는 사람들이 자신의 씨앗을 거두어 보관하고 그 씨앗을 회사는 물론 다른 사람들과 서로 교환해주기를 바란다. 그는 심지어 경쟁사 정보도 제공한다. 우리의 건국 아버지들이 권리장전을 성안하면서 종자의 평등성에 대한 내용을 포함시키지 않은 건 중대한 실수였음을 확인한 것으로 허드슨의 카탈로그에 대한 이야기는 마치기로 하자.

· · ·

  겨울 동안 내가 상상하는 정원은 매년 달라진다. 지난 여름에 겪었던 성공과 실패의 경험이 새로운 정원 설계에 영향을 미치기도 하지만, 수많은 카탈로그와 함께 보냈던 겨울의 저녁 시간들이 나를 현혹시키는 탓이다. 어느 1월에는 에이모스 페팅일의 아이디어에 기초한 영국식 다년초 화단을 꿈꾼다. 그리고 그것을 5월의 정원에 옮겨놓는다. 그 이듬해에는 웨이사이드 사의 매혹적인 설명과 요염한 분위기의 사진에 이끌려 '고전 장미' 화단을 만든다.

작년 1월에 내가 구상했던 것은 유럽식 '채소밭' 이었다. 어느 프랑스 정원 사진에서 보았던 가지런한 파, 쿡스 사에서 주문한 곱슬곱슬한 모양의 이탈리아산 롤로 로소Lollo Rosso 상추, 셰퍼즈 사가 일본에서 들여온 황금색 열매가 주렁주렁한 만다린 크로스Mandarin Cross 토마토, 주황색 다발의 모쿰 당근 그리고 빨간 야구공이 통로를 따라 줄지어 선 듯한 이탈리안 치커리가 한 곳에 어울린 여름 정원이었다. 롤로 로소 상추는 맨해튼에 사는 사람들에게 나누어줄 수 있을 만큼 잘 자랐다. 발두치스 상점에서 1파운드에 5.98달러로 팔 수 있을 좋은 품질의 상추였다. 하지만 이탈리안 치커리는 기대한 만큼 탱탱하고 빨갛게 자라주지 않았고 맛도 너무 썼다.

올해도 나는 화단 세 개를 만들어 웨이사이드 사에서 주문한 씨앗을 뿌릴 것이다. 씨앗들은 4월 셋째 주에 도착할 예정이다. 쿡스 사에서 배달받아 먼저 뿌린 씨앗은 거실 창가에서 싹을 틔우고 있다. 이미 짐작하고 있을지 모르겠지만 지난 겨울에 구상한 것은 전통적인 식물로 가득한 정원이다. 나는 블럼과 허드슨의 말에 넘어가고 말았다.

내 상상 속 정원은 '꽃 피는 기록보관소' 와 같은 곳이다. 인디언의 시블리 호박과 1832년 프랑스 말메종의 정원사 하디 씨가 육종한 흰색 다마스크 계통의 토머스 하디 장미를 심는, 다문화적이고 시대를 초월하는 정원! 이 평범한 코네티컷의 땅뙈기에서는 달콤한 맛과 초록빛 과육으로 19세기에 많은 사랑을 받았지만 껍질이 약해 장거리 운송에 적합하지 않다는 이유로 시장에서 버림받은 제니 린드 사향참외도 환영이다. 나 같은 종자 보존자가 그들을 구원해주는 것이다. 그렇게 되면 한 정원에 19세기의 유명 인사 두 사람이 함께 있는, 믿기지 않는 일이 벌어진다. 한 여인은 황녀 조세핀의 정원사 부인인 마담 하디. 역사의 뒤안길로 사라져서 이제는 얼굴도 잊혀지고 만 여인이다. 다른 한 여인은 '스웨덴의 나이팅게일'이라고도 불리는 당대 최고의 유명 인사 제니 린드다. 그녀는 대서양 양쪽 연안의 모든 나라에서 열광적인 인기를 누렸던 세계적인 소프라노 가수였다. 그녀의 아름다움과 음악적 기교는 수백만 명을 졸도시킬 정도였다는 이름 난 마돈나. 사향참외가 성숙하는 7월이 되면 나는 그녀를 생각하게 될 것이다. 그녀의 가슴을 상상하게 될지도 모른다. 연유는 잘 모르겠지만 누군가가 참외에 그녀의 이름을 붙여둔 탓이다.

전망대처럼 높게 솟아오른 접시꽃들은 시블리스 사를 통해 다른 정원사와 교환한 씨앗으로부터 싹을 틔운 것이다. 시블리스의 중개인은 롱아일랜드에서 접시꽃을 심었던 어느 화가로부터 씨앗을 입수했으며, 화가는 그 접시꽃을 모네의 지베르니 정원에서 받은 씨앗으로부터 싹틔워 길렀다고 한다. 접시꽃 씨앗은 지베르니 정원에서 롱아일랜드로, 롱아일랜드에서 맨해튼으로, 맨해튼에서 콘월로 적잖이 복잡한 과정을 거쳐 도달했던 것이다. 철새나 무역풍이 아니라 도요타 자동차와 747 항공기에 의해서, 석유를 이용해 역사를 질주하는 사람들에 의해 전해진 것이었다. 밑진 장사는 아니었던 셈이다. 클로드 모네의 눈길을 끌었던 아름다운 꽃과 사마귀투성이의 오래된 인디언 호박을 맞바꾸었으니 말이다.

이 특별한 정원에서는 프랑스 인상파 화가들이 아메리칸 인디언들을 옆에 둔 채 일광욕을 즐긴다. 이름 있는 수박이 가문 좋은 장미와 함께 빗물을 빨아들인다. 오후가 되면 내가 미시건 주 레이크사이드에 있는 '사우스메도우 푸르트 가든Southmeadow Fruit Garden'에서 주문해 심은 두 그루의 재래 사과나무가 작은 그늘을 만들어준다. 그중 하나는 '적갈색 사과'의 일종인 애시메드 커넬Ashmead Kernel이라는 이름의 나무로 18세기 잉글랜드 지방에서 가장 인기 있었던 사과 품종이다. 다른 하나는 토머스 제퍼슨이 좋아했고, 버지니아 몬티첼로 지역 사람들이 즐겨 심었던 에소퍼스 스핏젠버그Esopus Spitzenberg라는 이름의, 회색 반점이 있는 붉은 사과나무다. 머리 위에는 인디애나 주 선맨에 있는 국립원예연구센터의 카탈로그를 보고 주문한 충실한 외인용병 녹색 풀잠자리와 무당벌레가 진딧물과 다른 해충들을 단속하기 위하여 붕붕 부산하게 날아다닌다.

아이다호 주 보이시에 있는 젠 블럼, 선맨에 있는 벌레 전문가 그리고 미시건 주의 사과나무 묘목상에게는 이미 주문을 해놓은 상태다. 한 가지 종자는 배달받았고, 풀잠자리 유충도 도착해 냉장고에 보관하는 중이다. 이제 페덱스와 UPS 같은 택배 회사들이 종자들을 소포로 배달해줄 것이다. 소포 속에는 유전자 정보뿐 아니라 각각의 종자가 지닌 자연과 문화에 대한 내용도 담겨 있을 것이다. 시블리 호박 씨앗들은 열매로 맛을 보여주고, 오래 전에 잊혀진 인디언 문화를 일깨워주리라. 거실 창가에서 싹을 틔운 뒤 이제 떡잎을 만들고 있는 제니 린드 사향참외 싹들은 월트 휘트먼이나 체스터 아서Chester Arthur(미국의 제21대 대통령.—옮긴이)의 마음속에 살아 있던 멜론을 키워낼 것이다. 냉장고 속에는 수백만 년 동안 진화해오면서 축적한, 진딧물 사냥에 대한 난해하지만 값지고 상세한 유전 인자를 물려받은 무당벌레 유충들이 보관되어 있다.

　나는 무엇을 위해 카탈로그를 뒤적이고, 전화 주문을 넣고, 수표를 써서 비용을 지불하고, 씨앗을 뿌리는 따위의 일을 하는 것일까? 마치 내가 멀고 가까운 여러 곳의 책자들을 찾아 이를 정리하고 분류하는 도서관 사서 같다는 생각이 든다. 프랑스 제2공국의 장미들을 한 쪽 서가에, 그 반대 쪽에는 아메리칸 인디언의 호박을 진열한다. 하지만 도서관 사서라고는 보기 어렵다. 단순히 기존의 장서만을 관리하는 것이 아니라 전혀 시도해본 적 없는 새로운 것에 도전해야 하기 때문이다. 여기에는 듀이의 십진분류법도 없고, '정숙과 질서' 같은 도서관 내 규칙도 찾아볼 수 없다. 여름이 오면 이곳은 시장처럼 떠들썩하고, 자유 항구도시처럼 다양한 출신성분의 사람들이 각양각색으로 북적거리는 공간이 될 것이다. 멀고 가까운 곳에서 온 이민자들, 현재와 과거, 동양과 서양, 상류층과 하류층이 한데 어울려 상상을 뛰어넘는 새롭고 다채로운 조합을 만들어내리라. 아마 허드슨은 내 정원에서 편안함을 느낄 것이고, 에이모스 페팅일이라면 위험한 이웃이라고 경계하면서 행여 지갑이라도 날치기당할까 신경을 곤두세울 것이다.

여기에서 나의 적절한 역할은 무엇일까? 그러고 보니 나 없이는 이곳에서 애초부터 아무 일도 일어날 수 없다. 정원에서 자라는 대부분의 생물들은 그들의 생존을 정원사에 의존하기 때문이다. 꽃이 벌에게, 나무가 다람쥐에게 의존하듯이 정원사가 그들의 씨앗을 받아서 보존하고 그것들을 새로 심어가꾸지 않으면 강낭콩은 사라지고 말 것이다. 호박도, 옥수수도, 사과도 빠른 속도로 자취를 감추게 되리라. 정원은 예사로운 곳이 아니다. 정원은 남아 있는 구원의 공간이다. 내가 노아라면, 정원은 나의 방주라고 할 수 있다. 정원에서는 제니 린드가 미래에 다시 태어날 수도 있다. 허드슨이 옳다. 나는 식물 세계의 주인이 아니라 그들의 하인이다. 종과 종 사이에 DNA 전이가 이루어지도록 동인을 제공함으로써, 시공을 초월하는 다양한 정보를 전달함으로써 꿈꾸기조차 어려운 최종 진화의 매개자 역할을 하고 있으니까. 그동안 나는 카탈로그를 열심히 탐독하고, 우편으로 씨앗을 퍼뜨리고, 전혀 색다른 품종들을 한데 모아 새로운 조합을 만들어내는 따위의 일들이 내 즐거움을 위해서라고 생각해왔다. 하지만 그렇게 간단한 문제는 아닌 것 같다. 여러분은 나를 뒝벌이라고 불러야 할지도 모르겠다.

제12장
정원 여행

아버지가 롱아일랜드의 풀이 무성하게 자란 앞뜰 잔디밭에 자신의 이니셜을 새겨 잔디를 깎던 날, 나는 그것이 아주 일상적인 미국의 정원 풍경에 대해 아버지 스스로 의사를 표명하는 행동이었음을 깨달았다. 자신의 땅에 대해 부과되는 사회적 약속에 반기를 들고, 자신만의 독특한 관계를 설정하겠다는 선언이었다. 한편으로는 자신을 향해 쳐들어오는 야생에 대항하여 비록 아름답지는 않을지라도 자신만의 정원을 가꿀 생각이었던 것이다. 나는 정원을 가꾸는 일이 보통 그러한 행위로부터 시작된다고 믿는다. 사회의 일상적 요구에 대항하는 한편, 야생에 대응하기 위하여.

미국에서만큼은 그 첫 번째 움직임을 시작하기가 어렵다. 자신의 취향과 기호에 알맞게 정원을 설계하는 일은 곧 지역사회로부터 등돌리는 일이 되기 때문이다. 잔디 나라의 보편적인 도덕률을 초월할 수 있는 용기가 필요하다. 대지를 심미적인 관점에서 바라보는 것은 비미국적이며, 심지어 불경스럽다는 인식이 오랫동안 이어졌다. 오만하기도 하지! 어떻게 신이 내린 이 땅을 사람이 더 아름답게 만들 수 있단 말인가? 이 땅에 무언가 변화를 주고자 한다면 그것은 아름다움이 아닌 실용성을 추구하는 방향에서, 개인이 아닌 여러 사람이 함께 도모하는 방식이 되어야 한다. 가급적이면 청교도의 개방적인 방식을 택하는 것이 좋다. 그 결과로 나타난 것이 무척이나 다양한 미국 땅을 통일해버린 잔디밭이다.

이 땅에 대한 단결된 목소리가 있다면, 그건 '정원을 만들지 않는다'는 것이다. 실제로 미국에서는 '정원garden'이라는 어휘에 매우 독특한 의미가 부여된다. 그 의미가 함축하는 양면성에 대해서도 말하지 않을 수 없다. 정원 가꾸기를 시작한 직후, 나는 책 속 정원과 실제로 우리가 일상에서 접하는 정원이 크게 다르다는 사실을 깨달았다. 책에 나오는 정원은 우리가 언제든 들어가 거닐 수 있는 공간이다. 그런데 현실에서 그 의미는 기묘하게 줄어들어 한 가지 일만 가능한 땅뙈기를 지칭하게 된다. 여기는 꽃밭이고 저기는 채소밭이라는 식으로. 다른 나라 사람들이 모두 '정원'이라고 부르는 것을 미국에서는 그냥 '뜰yard'이라고 부른다.

미국에서 뜰이라고 불리는 공간은 관상하기 위한 것이지, 무언가를 하기 위한 공간이 아니다. 우리는 앞뜰 잔디에서 화단을 경이로운 눈길로 바라보거나, 담장을 치지 않고 거리를 지나치는 사람들이 앞뜰을 잘 볼 수 있도록 배려한다. 지피식물을 심는 것도 야외에서 무언가를 하기 위해서가 아니라, 집을 치장하기 위해서다. 미국 교외지역의 풍경은 그곳에 사는 사람이 아닌 그곳을 지나치는 외부인의 시각에서 만들어졌다. 1920년대에 한 조경전문가 이를 지적한 적이 있다. "미국 도시의 교외지역은 세계에서 가장 아름답다. 운전하며 지나칠 때 보이는 풍경만큼은."

나는 진정한 정원 가꾸기의 시작은 꽃밭이나 토마토 밭을 만드는 것이 아니라, 자신의 공간이 자동차를 타고 지나치는 사람들의 시선으로부터 벗어나도록 하는 일에서 시작된다고 확신한다. 국가적 차원의 잔디밭으로부터 떨어져 나오는 일이야말로 진정한 정원을 가꾸는 첫 걸음이다. 그것은 바로 앞뜰에 담장을 치는 것을 의미한다. 그 후에 그곳을 목초지로 만들든, 풀을 키우든, 다른 것들을 심든 아무 상관없다. 일단 그렇게 하고 나면 하나의 돌파구가 마련되고, 자신만의 무언가를 준비해두었다는 느낌이 든다. 내가 드디어 앞뜰에 담장을 치고, 뜰의 뒷부분을 파헤쳤을 때가 그랬다. 잔디 왕국으로부터 추방됨으로써 갑자기 낯선 공간으로 뛰어들어갔다. 새로운 일을 시작하지 않을 수 없었다.

나는 곧 따라 할 수 있을 만한 적절한 지침이나 조언을 찾기가 어렵다는 사실을 알게 되었다. 정원 가꾸기와 관련하여 해마다 쏟아져 나오는 수백 권의 책들은 대부분 식물에 대한 설명이나 꽃밭을 만드는 일에 국한되어 있었다. 에디스 와튼이 언젠가 말한 것처럼 미국 정원들은 그 속의 식물들을 위해 존재했다. 결코 정원을 위해 식물들이 존재하지 않았다. 다년초를 어떻게 가꾸어야 하는지, 화단에 어떻게 다년초 풀꽃을 배열해야 하는지 가르쳐주는 책은 많지만 작은 땅뙈기를 가꾸어나갈 원칙을 제시해주는 책은 거의 없었다. 우리는 잔디밭을 빼놓고는 다른 것들을 생각하기 어려웠고, 정원을 심미적인 관점에서 바라보는 일조차 불편하게 받아들였다. 그것을 어떻게 꾸려갈지에 대해 생각하기 어려운 건 당연했다. 영국식 정원 가꾸기 책들을 보면, 그 책의 저자가 의도한 정원의 모습을 어렴풋이 그려낼 수 있었다. 기후가 달라 이곳에서 재현해낼 수는 없지만, 대부분 아름다운 모습이 떠오르는 정원이었다. 하지만 앨런 레이시나 엘리너 페레니 또는 헨리 미첼과 같은 미국 작가들의 책은 아주 꼼꼼하게 읽어도 그 정원의 모습이 어떤지를 상기기가 어렵다.

    우리는 왜 그렇게 정원 설계에 대해 이야기하길 꺼리는 것일까? 왜 정원을 각각의 특별한 공간으로 여기지 않고 식물들의 집합소 정도로 치부하는 것일까? 아마도 자연을 도덕적인 관점에서 바라보는 성향이 강한 탓이리라. 우리는 정원을 파괴하는 종족의 혈통을 이어받지 않았는가. 청교도들은 관상용 정원을 경멸했고, 그들이 권력을 쥐고 있는 동안 튜더 왕조 시대에 만들어진 정원을 파괴하기도 했다. 그들은 조경을 통해 새로운 풍경을 만들어내는 일을 신권에 대한 도전이고 생각했다. 감각적인 즐거움을 추구하기 위하여 정원을 가꾸는 일은 퇴폐적인 것, 심지어 비민주적인 것으로 취급되었다. 19세기 미국의 부자들은 대규모 정원을 만들면서도 그곳에서 즐거움을 찾기보다는 '시범 농장'을 만드는 데 만족해야 했다. 이런 제퍼슨식 정원에서는 유용한 새 변이종을 개발하고 이를 소개하는 데 더 많은 관심을 기울였다. 관상식물 대신 그 시대의 '공화주의자'라고 할 수 있었던 과일나무를 심어가꾸는 것이 대세였다. 역사학자 존 스틸고는 이렇게 지적했다. "과실수 없이, 관상용으로 만들어진 농원은 자유주의적 공화주의자들에게 비판의 대상이 되었다."

도덕가, 청교도, 자유주의적 공화주의자 그리고 오늘에 이르러서는 감시의 눈길을 빛내며 식물의 권리를 주창하는 이들 때문에 아름다운 정원을 설계하는 일은 쉽지 않다. 얼마 전 나는 이런 상황을 목격했다. 지난 겨울 브루클린 하이츠에 살고 있는 유명한 환경운동가의 집을 방문했을 때였다. 열심히 정원을 가꾸는 그는 고급 갈색 사암으로 지은 빅토리아풍 저택 뒤쪽 양지바른 곳에 아주 좋은 뜰을 가지고 있었다. 통일된 느낌을 주기 위해 그는 중심부에서 방사형으로 퍼져나가도록 정원을 구성했다. 거실에서 내다보기 좋은 정원이었다. 헌데 그는 정원의 중심이 되는 위치에 조각상이나 작은 연못, 해시계 대신 모든 사람들이 볼 수 있도록 두엄더미를 만들어놓았다. 그가 어떤 대답을 할지 확신할 수 없었기 때문에, 그에게 두엄더미에 대한 질문은 하지 못했다. 그의 장난기 때문인지, 풍자의 의미인지 물어보기 꺼려졌던 것이다. 나는 그것이 미국의 정원에서 심미적인 아름다움보다 도덕주의가 우선하고 있음을 보여주는 또 다른 예라고 생각했다.

물론 미국의 정원에서 심미적 측면이 전혀 고려되지 않는다고는 생각하지 않는다. 또 그렇게 되어서도 안 된다. 하지만 나는 우리가 왜 심미적인 요소에 주목하지 않는지, 왜 도덕적인 요소 이외에 다른 논의들을 전개하지 못하는지에 대해서는 이유를 찾아내지 못했다. 지하철을 타고 브루클린 하이츠에서 집으로 오는 길, 나는 케이퍼빌리티 브라운이나 르 노트르라면 그 환경운동가의 정원에 대해 어떤 말을 했을까 상상해보았다. 그리고 그해 여름부터 정원의 전체적인 설계에 관심을 기울이면서, 내 정원을 조금 다른 관점에서 바라보기 시작했다. 어떻게 하면 잔디밭 중심의 미국식 정원에서 탈피해 흥미롭고 즐거운 길을 찾아낼 수 있을까? 생뚱맞게 가져다놓은 두엄더미나 잔디밭 위의 서명보다는 나은 방법이 있을 것 같았다. 정원사가 그것을 인지하든 못하든, 정원을 가꾸는 데는 설계가 필요하다. 전통적이든 개성적이든, 물려받았든 새롭게 선택했든 상관없이. 그 설계는 그 정원을 가꾸는 자가 어떤 사람인지, 그가 이웃 그리고 땅과 어떻게 관계 맺고 있는지 말해줄 것이다. 이제 내 정원이 들려주는 이야기를 들어볼 시간이 되었다.

● ● ●

이곳의 농장을 사고 7년이 지나자, 내 정원은 드디어 진짜 정원다운 느낌이 들기 시작했다. 단순히 여러 식물을 한데 모아 꽃밭을 만들고 경계를 정해놓았기 때문만은 아니었다. 내 정원의 설계에 대해 이야기하려고 보니, 조금은 망설여진다. 우선 내가 미국인이기 때문이다. 자연의 한 부분에 대해 이야기하면서 그것을 둘러싼다느니, 확 트인 전망이 있는 곳으로 만든다느니, 직선 형태 혹은 곡선을 유지한다느니 왈가왈부 하는 것은 아무래도 주제 넘는 일처럼 느껴지는 것이다. 둘째, 이런 내용의 이야기를 하자면 대개는 커다란 규모의 사유지를 떠올릴 테지만 실제로 내 농장은 그렇지 못하기 때문이다. 정말이다. 내가 유별나게 이 점에 신경쓰이는 이유는 것은 그간 정원에 관해 쓴 다른 이들의 글 대부분이 짐짓 '가장된 겸손함'을 보이려 애썼기 때문이다. 오래 전 런던의 〈옵서버Observer〉지에 칼럼을 썼던 비타 새크빌 웨스트의 경우, 시싱허스트에 있는 그의 정원은 성채까지 포함된 거대한 규모였지만 그 사실을 잘 모르는 독자들은 아마도 보통 크기의 평범한 정원으로 여겼을 것이다. 영국 정원과 관련된 책에서 '작은 시골집'이라는 표현은 실제로 미국에서라면 300~400만 달러짜리 저택이라고 생각하면 틀림없다. 헌데 내가 가꾸는 이곳은 '정말로' '작은 시골집'이다. 내 정원은 한물 간 1920년대 농장을 복구하여, 잔디를 깎아주는 소년 외에는 사람도 사지 않고 아주 적은 돈으로 꾸려 나가고 있다.

    그럼에도 불구하고 정원을 심미적인 관점에서 설계하는 문제는 이런 평범한 곳에도 똑같이 적용할 수 있다. 지난 겨울 동안 여러 가지 카탈로그와 함께 세계의 유수한 글과 사진을 접하면서 얼마나 많은 것들을 배웠는지 모른다. 이제껏 별 생각 없이 했던 일들은 물론, 앞으로 해야 할 여러 가지 일에 대해 많은 것을 깨달은 시간이었다. 앞으로도 더 많은 것을 배워야 할 것이다. 평생을 다해도 정원이란 완성되지 않고, 계속해서 가꿔나가야만 하므로. 비타 새크빌 웨스트의 집 가까이에 줄지어 담을 만든 주목나무들, 보볼리의 석조 정원(이탈리아 피렌체에 있는 유명한 공원으로 메디치 가의 본거지라고 할 수 있으며, 돌이 깔린 넓은 통로와 조각상, 분수 등 16세기의 전통적인 이탈리아식 정원조경 방식으로 조성되었다.—옮긴이), 스타우어헤드(클로드 로랭, 푸생과 같은 풍경화가들에게서 영감을 받아 설계·조성한 이탈리아식 정원. 그림 같은 풍경으로 유명함.—옮긴이) 같은 것들은 규모를 줄여서라도 이곳으로 옮겨오고 싶었다. 영국 정원사들이 이런 마음을 이해했다면 주간신문에 실리던 새크빌 웨스트의 글에 중산층 정원사들이 좀더 흥미를 가지지 않았을까. 알렉산더 포프가 이 말을 들으면 화를 낼지 모르지만, 내 정원의 설계는 그가 벌링턴 백작에게 저 유명한 서한을 보내 조언했던 방식과 비슷한 면이 있다. 즉 모든 문제를 '그 장소의 수호신과 상의해야 한다' 는 것이다.

"그곳의 수호신[풍토]은 모든 것을 이긴다. 그것은 모든 것을 혼란에 빠뜨리길 좋아한다. 놀라게 하고, 변화시키며, 그의 한계가 어디인지 보여주지 않는다." 정원사는 모름지기 "어려움이 있더라도 일을 시작해야 하고, 기회가 주어지면 이를 놓치지 말아야 한다."

토질이 좋지 않은 몇 에이커의 땅과 얇은 지갑을 가진 나에게 꼭 들어맞는 말이다. 그것은 중세의 기사도 및 치국에 관한 교범과도 같다. 그러나 올바른 정신자세를 가지고 접근한다면, 이들 고전적인 정원작가나 설계자들에게서도 무언가 배울 게 있을 것이다. 각자의 땅이 가진 풍토를 분별하여, 각각의 장소와 여건에 알맞은 방식을 우리도 고안해낼 수 있으리라(나는 '고전적인 정원작가들' 중 알렉산더 포프는 물론 윌리엄 켄트William Kent, 프랜시스 베이컨Francis Bacon, 호레이스 월폴 Horace Walpole, 조지프 에디슨Joseph Addison, 케이퍼빌리티 브라운

Capability Brown, 험프리 렙턴Humphry Repton의 저술에서 특별히 많은 도움을 받았다. 고전적인 이 인사들에 대해 흥미로운 설명을 해주는 최근의 저작이 있다. 찰스 무어Charles W. Moore, 윌리엄 미첼William J. Mitchell, 윌리엄 턴불 2세William Turnbull Jr.가 공동 저술한 《정원의 시학 The Poetics of Gardens》이다. 엘레너 페레니의 《초록빛 사색 Green Thoughts》 역시 정원 설계의 역사에 관한 매우 훌륭한 내용을 담고 있다).

● ● ●

정원의 풍토란 나에게 두 가지 의미를 지닌다. 하나는 이곳이 농장이었다는 역사적인 사실이며, 다른 하나는 지형학적인 것이다. 이 땅의 지세는 곳에 따라 천차만별이어서 관리가 쉽지 않다. 정원은 그곳 지세를 잘 이용해야 한다. 그렇지 않으면 아주 꼴 사나운 모습이 되어버린다. 언덕배기에 파이 조각이 돌출된 모습을 상상해보라. 아마도 내가 부딪히게 될 배수 문제를 짐작할 수 있을 것이다. 땅의 경계는 언덕이 시작되는 곳까지고, 북동쪽으로 좁아지는 형태다. 양 끝단의 높낮이 차는 100피트(약 30미터)가 넘는다. 계단식으로 만들어진 작은 땅 조각들 위에 가축 방목장과 부속 건물들이 올라가 있어서 옹색한 느낌을 주기도 한다. 안정감 있는 풍경은 아니다.

우리가 처음 이곳에 왔을 때는 집 주위의 좁은 앞뜰과 뒤란만 사용되고 있었다. 잔디로 둘러싸인 작은 섬 하나가 한껏 휘저어놓은 풍경 속에 자리잡은 것 같았다. 언덕 아래로 침투해 내려오기 시작하는 숲자락과 곳곳으로 번져나가는 덤불숲 그리고 공들여 쌓은 돌담과 계단

길이 무너져내리는 모습이 눈에 들어왔다. 곳곳에 농기계가 흉물스럽게 버려져 있었고, 잡초가 허물어져가는 건물을 휘감아올랐다. 거기에는 닭장, 건초 오두막, 외양간 등 모두 열 개의 구조물이 있었는데, 마치 초록빛 거친 바다에 좌초된 배처럼 보였다.

우리가 처음에 할 수 있었던 일은 집 주위 작은 공간을 정리하는 것뿐이었다. 잔디를 깎고 뒤란에 몇 가지 허브를 심었다. 나머지 공간은 너무 거칠고 황폐해서 손댈 엄두조차 나지 않았다. 하지만 어떻게 해서든 그 공간을 새롭게 가꾸게 되리라는 사실을 우리는 알고 있었다. 이곳을 찾은 이유는 평범한 교외 생활을 즐기기 위해서가 아니었기 때문이다. 아내와 나 모두 교외지역에서 자랐지만, 우리가 살았던 곳은 좋아하지 않았다. 우리가 원하는 건 외양간과 목초지와 늙은 사과나무가 있는, 살아 숨쉬는 농장이었다.

우리에게 이곳을 판 사람은 이 농장을 네 해 동안 소유했지만, 우리와는 다른 각도에서 농장을 관리했던 것 같다. 그들은 이곳 콘월에서 남쪽으로 약 30마일(약 50킬로미터) 거리에 있는 뉴 밀포드 New Milford 에서 살았다. 뉴욕의 도시권역과 더 가까웠기 때문에 농사보다는 상업적 가치가 훨씬 더 커지는 지역이었다. 우리보다 헛간과 외양간의 가축 분뇨와 퇴비 냄새를 더 많이 맡으며 자란 그들에게, 농사라는 것이 그렇게 낭만적인 일은 아니었을 것이다. 길 아래쪽의 잘 조성된 교외 주택에서 살고 있는 두 아들의 경우에는 더욱 그러했을 것이다. 이곳 농장은 힘겨운 일과와 이마에 맺히는 땀방울, 실패의 그늘처럼 지나간 삶에 대한 기억을 상기시켰을 것이다. 반면 가지런히 조성된 교외 주택지는 빛나는 목적지처럼 다가왔으리라. 도끼에서 농기계로 그리고 다시 잔디깎이 기계로, 이 농장 역시 뉴잉글랜드 지역에서 유행하는 '진보'에 관한 이야기를 담지 않을 수 없었을 것이다. 이곳에서 우리는 농장을 꾸리는 일과 중산층의 사회적 지위를 인식하며 잔디밭을 가꾸는 일 사이에 얼마만한 거리가 있는지 알 수 있을 것 같았다. 이런 시점에 우리는 이곳에 오게 되었다. 예전에는 농사를 짓던 땅 위에 온통 잔디라는 새로운 옷이 입혀져 있었다.

조금씩 우리는 그 옷을 벗겨내기 시작했다. 그때마다 농장의 과거가 땅으로부터 샘솟듯 되살아났다. 마치 억눌려 있던 것이 제 모습을 되찾는 것 같았다. 잔디를 들어내고 흙을 갈아엎어 밭자락을 만들 때, 그 속에서 무엇이 나올까 하는 궁금증이 우리에게 즐거움을 선사했다. 그곳에서는 개나 사슴의 뼈다귀가 나오는가 하면 밭갈이 쟁기, 트랙터 폐타이어, 녹슨 사냥용 단도, 장난감, 약병, 사과 브랜디 단지, 농기구, 탄피 통 그리고 이상할 정도로 많은 동물의 이빨이 발견되었다. 작은 물건일수록 흐트러지지 않은 상태로 남아 있었는데, 부엌 선반 위에 진열하는 소품들은 마치 귀신이 나올 듯 오싹한 기분이 들게 했다. 우리는 물질적 가치가 있는 품목들을 발굴해내기도 했다. 외양간 근처에서는 숨겨져 있던 소똥 두엄을 발굴해서 채소밭을 기름지게 만드는 데 요긴하게 썼다. 집 뒷문 쪽에서는 자연석 테라스가, 앞뜰에선 두텁게 자란 뗏장 아래서 징검다리 돌들이 발견되었다.

우리의 정원 가꾸기는 마치 글이 적혀 있던 양피지 위에 새로운 글을 쓰는 것과도 같았고, 땅 위에 남겨놓은 다른 사람들의 손길을 털어내는 과정도 필요했다. 그러면서 우리는 그 땅이 가진 특성을 어느 정도 파악할 수 있었다. 그것은 우리가 새로운 정원을 설계하는 데 기준이 되기도 했다. 우리의 첫 번째 작업은 뒷마당의 자연석 테라스를 넓히는 일과 앞뜰의 징검다리 돌길을 도로변까지 연결하는 것이었다. 앞뜰 잔디밭은 이 길에 의해 양쪽으로 나뉘었다. 돌길 양쪽에는 수국이 한 무더기씩 있었지만, 잔디를 살리기 위해서였는지 잘려나간 상태였다. 평면도를 보면 앞마당에는 작은 정원이 존재했음을 알 수 있었다. 뉴잉글랜드 지방의 농가에서 보통 집 현관과 목책이 쳐진 앞쪽 도로 사이에 만들던 작은 정원이었다. 징검다리 돌길을 정리하고 수국을 살려내자 잔디밖에 보이지 않던 정원의 모습이 되살아나기 시작했다. 현상액 속 인화지에 사진의 모습이 점차 뚜렷해지듯이.

어느 정원이든 그 땅과 정원사가 남겨놓은 과거는 고유한 흔적을 남긴다. 정원이 간직한 과거의 흔적을 살펴보는 것은 마치 역사 해설서나 인물에 대한 평론을 읽는 것 같다. 정원의 잔디밭은 이전 주인이 농사를 짓던 과거로부터 결별했음을, 우리가 그 잔디를 들어내는 행위는 우리가 종전에 살아왔던 도시 근교에서의 삶을 거부함을 의미했다. 알렉산더 포프를 비롯한 18세기의 많은 정원사들도 이전에 그곳에 만들어졌던 풍경을 그림처럼 아름답게 새로 디자인하면서 이런 경험을 했다. 담장 없이 툭 트인 전망과 유연한 곡선의 도로와 구불거리는 수로를 가진 정원, 과거의 정원과는 다른 '자연적' 풍경의 정원이 새로운 취향에 맞추어 설계되기 시작한 것이다. 그것은 포프의 시대에 이르러 영국의 시골이 모두 농업 용지로 전환된 데 대한 반작용의 결과이기도 했다. 국가 공유지가 정연한 장기판처럼 분할되어 덤불숲 담으로 구획이 만들어지자, 과거의 자연스러웠던 풍경에 대한 향수가 되살아나기 시작했다. '그림같이 아름다운picturesque'이라는 새로운 어휘를 유행시킨 윌리엄 길핀William Gilpin은 땅의 경계를 따라 심은 덤불숲 담이 '무척 역겹다'고 말했다. 농촌의 모습이 정원처럼 변해갈수록, 정원은 과거 농촌의 풍경을 닮아갔다. 미국인이 농사짓던 땅 위에 잔디를 덮어씌웠듯, 영국인들은 구획된 농사를 피해서 그림처럼 아름다운 정원을 만들기 시작했던 것이다. 생산보다는 소비를 위한 개인 소유지를 만들어냄으로써 사람들은 농사짓는 일에서도 멀어지고, 자신이 천한 신분으로부터 벗어났음을 과시하고자 했다(새로이 나타난 심미주의적 경향은 정치적 맥락에서도 해석이 가능하다. 자연스러운 정원은 무엇보다도 외래의 형식화된 정원을 선호하던 왕당파에 대항하여 민권주의를 추구하던 휘그파의 시각을 대변하는 것이었다. 자연적 풍경의 정원을 만드는 것은 자유를 추구한다는 의미였다. 엘리너 페레니의 《초록빛 사색》 중 가지치기에 관한 내용을 참고하기 바란다).

그림처럼 아름다운 정원을 만드는 데는 여러모로 인공적인 작업이 동원되지만, 그것은 본질적으로 복원이라는 성격을 띠는 작업이었다. 영국의 공유지 분할이 있기 이전의 목초지와 잡목 숲이 적당하게 어울린 전원 풍경이 바로 포프가 땅의 특성을 살리자고 했던 모델이었다. 랜슬롯 케이퍼빌리티 브라운 역시 그랬다. 이름에 케이퍼빌리티가 들어간 연유가 그렇듯이, 그는 주어진 땅뙈기의 역량을 잘 살려야 한다고 주장한다. 나는 때때로 포프라면 이곳을 어떻게 가꾸라고 조언했을지 궁금해진다. 그림 같은 정원을 위해 이곳에 남아 있는 농사의 흔적을 좀더 지워버리라고 할 것인가? 아니면 이곳 뉴잉글랜드 지역의 풍경을 둘러본 뒤 희귀해진 농장의 모습을 회복하기를 희망할 것인가? 포프는 아마도 전자를 택하리라. 포프나 그 시대 사람들이 농토에 대해 가졌던 심미적 인식은, 아마도 미국의 청교도나 이전에 이곳에서 농사지었던 사람들이 숲에 대해 가졌던 심미적인 인식과 같은 것이리라.

 그의 조언이 어떤 것이든, 나는 액면 그대로의 말보다는 그 정신을 따르는 편이 옳다고 생각했다. 즉, 정원 가꾸기 제1의 법칙으로 그가 제시하는 '그 땅의 풍토'는 농장에 가깝다고 해석하고 싶었다. 뉴잉글랜드 지역에서 농장이 당면한 현실은 포프의 시대에 자연적인 풍경이 그랬던 것만큼이나 위협받고 있었기 때문이다. '농지의 미학'이라는 것을 처음으로 생각해볼 수 있는 상황이었다. 나 혼자만 뉴잉글랜드 지역에서 농장의 아름다움을 찾고 싶어한 것은 아니었다. 다른 사람들도 일률적으로 구획이 나뉜 택지는 말할 것도 없고, 제멋대로 풀이 자라거나 잡목이 우거진 농지보다는 가꾸어진 농지가 더 아름답다고 생각할 것이다. 일상화되던 당시의 풍경에 대항하는 역할을 정원이 떠맡아준 것처럼, 오늘날은 숲과 확장되는 교외지역의 풍경에 대항하는 역할을 농장이 맡아줄 시기라고 할 수 있다.

 농지의 미학이라는 관점하에 내가 이곳에서 정원을 가꾸기 위해 해야 할 일은 이곳의 상태를 회복시키는 것이었다. 나는 과거 농사짓던 모습을 찾아내는 데 노력을 아끼지 않았다. 예전에 있던 길과 돌담을 찾아내고, 쓰임새가 있을 만한 구조물들을 원상복구시켰다. 이미 심어진 식물들도 과감한 가지치기와 퇴비주기를 해서 기운을 차리게 만들었다. 수국 두 무더기, 라일락과 개나리 덤불, 길을 따라 늘어선 매화오리나무, 긴 줄기를 뻗고 있는 인동덩굴이 제 모습을 찾도록 해주었다. 인동덩굴은 1920년대부터 그곳에서 자라고 있는 듯싶었다. 곁가지와 웃자란 나뭇가지 때문에 온통 망가져버린 오래된 사과나무의 수형을 잡아주는 데는 수목 전문가가 필요했기 때문에 꽤 많은 비용이 들었다. 이제 사과나무는 다시 열매를 맺기 시작했다.

집 뒤쪽으로 점차 정원을 넓혀가면서, 우리는 위쪽에 있는 길을 살리기 위해 애썼다. 농부가 소를 몰아 매일 아침 목초지로 가던 길이었다. 서쪽에서 동쪽으로 난 그 길은 정원의 중심축을 형성해주었다. 집 뒤에서 왼쪽으로 올라가면, 자연석으로 쌓아놓은 축대 위에 외양간터가 있었다. 거기에다 우리는 처음으로 다년초 화단을 만들었다. 집 뒤 테라스부터 다년초 화단이 있는 곳까지는 정리할 것들이 많이 남아 있었다. 그래서 우리는 식물의 야생성을 감안해 집에서 가까운 쪽에는 매발톱꽃, 베로니카, 양귀비 같이 세련되고 우아한 풀꽃들을 심고 그 다음에는 루드베키아, 원추리, 당아욱, 달맞이꽃 같이 조금은 거친 꽃들을 심었다. 맨 뒤쪽으로는 별다른 도움 없이도 잡초나 잡목에 지지 않고 잘 자라는 부처꽃과 향쑥 속의 식물들을 배치했다.

이 길을 따라 오른쪽으로 가면 8~10피트 가량 지반 높이가 낮아진다. 그 아래쪽이 채소밭으로, 담장이 쳐진 사각의 잔디밭 안에 나무로 가장자리를 받쳐놓은 다섯 두럭의 밭자락이 있다. 커다란 녹색 방 안에 연회용 탁자를 쭉 늘어놓은 듯한 모양이다. 각각의 밭 두럭 위에는 작은 사과나무가 한 그루씩 서 있다. 담장 가까운 잔디밭 한쪽에는 우리가 신경을 쓰지 않는 수렁이 있다. 채소밭으로 가기 위해서는 길에서부터 가파른 돌계단을 내려가야 한다. 돌계단 옆 언덕배기에서 자라는 무성한 미역취와 살갈퀴 무리가 아래쪽 채소밭을 조용하고 아늑하게 만들어준다. 이것저것 이야기하다보니 무엇을 해야 할지 알 수 있을 것 같다.

우리는 해마다 정원 중심축의 바깥으로 조금씩 변경을 밀쳐내고 있다. 처음에는 정원의 길들이 작은 나무와 가시덤불 따위로 막혀 있어 걸어다니기가 쉽지 않았다. 그래서 몇 년 전, 우리는 사람을 불러서 작은 나무와 관목들을 모두 없애버리도록 했다. 덕분에 집 아래쪽 길을 따라 전망이 탁 트였고, 위쪽 목초지 방향으로도 시야를 가리는 것이 없다. 한때 이 농장의 목초지였던 이웃집의 공간도 훤히 볼 수 있다. 전동 톱과 가지치기용 칼 덕분에 우리는 처음으로 목초지 뒤쪽의 탁 트인 전망을 즐길 수 있게 되었다. 우리의 시야에 이웃 농장까지 함께 담긴다는 것이 좋다. 그들의 땅 그리고 그들이 그 공간을 가꾸는 모습을 우리가 눈으로나마 즐길 수 있는 것이다. 18세기 정원설계사들이 "정원 담장을 뛰어넘었다"고 표현한 건 바로 이를 두고 한 말이리라. 전동 톱이 농장 면적을 5에이커에서 10에이커로 넓혀주었다. 적어도 시야만큼은 그랬다.

・・・

켄트, 렙턴, 케이퍼빌리티 브라운 등 그림 같은 정원을 설계한 정원사들은 경계 표식뿐 아니라, 생산적인 목적으로 쓰이는 농지가 시야에 들어오지 않도록 했다. 미국인들이 교외지역을 설계하는 데 영향을 준 이런 [농장에 대한] 적대감은 아름다운 정원을 선호하는 전통으로부터 이어져 내려온 것이다. 교외 거주자 중 채소밭이나 과수원을 구상하는 이는 아마도 그것을 뒤뜰에다 만들 것이다. 앞뜰은 이웃과 자연스럽게 어우러질 수 있도록 잔디밭을 잘 관리해야 하니까. 하지만 나는 누구나 볼 수 있는 공간에 밭을 가꾸고 있다. 특별한 뜻이 있어서가 아니라, 내게는 농지의 모습이 좋아 보이기 때문이다. 밭이랑에 촘촘하게 줄지어선 채소들, 부엌 창문으로 내다보이는 절화용 꽃밭에서 가지런하게 자라는 일년생 작물들, 집과 도로 사이의 뜰에 고른 간격으로 서 있는 사과와 복숭아나무들이. 내가 선호하는 정원은 전통적인 정원설계사들의 가르침을 저버리는 것이다. 하지만 그 정원은 작물을 가꾸는 사람의 노고를 드러내주며, 그 노고를 헤아리는 사이 진정한 즐거움을 맛보게 된다. 정원을 설계할 때 내가 경작할 수 있는 땅을 집어넣음으로써 낭만적 취향의 정원을 포기한다면, 그것은 내가 나름의 방식으로 이곳 역사를 중시한다는 의미일 것이다.

나는 이제까지 정원의 과거 인상에 대하여 주로 이야기했다. 하지만 그에 못지 않게 지금 가꾸는 사람의 수고 역시 정원 모습에 큰 영향을 미친다. 11세기 일본의 어느 귀족 정원사가 쓴 《작정기作庭記》라는 정원 설계 교본에서, 저자는 정원 설계를 할 때 '그 땅과 물의 형세'를 고려해야 한다고 조언하고 있다. 그의 말은 《정원의 시학 *The*

Poetics of Gardens》에서도 인용된다. 또 그는 "과거에 그 땅의 주인이 했던 것들을 연구하고 자신의 관점에서 아름다움을 살려라. 그리고 특정한 공간에서는 추억을 살려내라."고 충고한다. 어린시절 시골에 살았던 왕비의 향수를 달래주기 위하여 메소포타미아 바빌론왕국의 네부카드네자르 왕이 '공중 정원'을 만들었듯이, 정원은 우리의 추억을 되살려 만들어지기도 했다. 과거에 눈길을 주지 않는 정원이 어디 있을까? 그곳에는 과거의 장소에 대한, 자신도 모르는 의미가 가미되지 않을 수 없다. 어린시절 언젠가 특별한 공간에서 느꼈던 라일락 향기처럼 아련할 것일 수도, 월트 디즈니가 디즈니랜드에 만들어놓은 실물 크기의 기차 모형처럼 뚜렷한 것일 수도 있다. 에덴동산처럼 상상 속의 기억도 있다. 어쩌면 그와 같은 것들이 더 분명하고 멋진 것일 수 있다.

정원 설계가 보수적인 예술 형식을 취하는 건 어쩌면 이런 회고적 시선 때문인지도 모른다. 지난 3,000년 동안 서양에서 정원을 만드는 일은 기본적으로 세 가지 설계 방식에 의존해왔다. 사각으로 담장이 드리워진 정원, 프랑스 르네상스시대에 르 노트르에 의해 창시된 '개방적이고 기하학적인' 정원 그리고 영국의 문예전성기에 창안된 '그림처럼 아름답거나 낭만적인 정원'이다. 맨 마지막 방식은 현저히 발전한 최첨단 정원 설계 방식이라고 할 수 있다. 물론 수많은 변형이 있었지만, 이렇다 할 혁신은 거의 일어나지 않았다. 과거가 특별한 힘을 지니는 정원의 기이한 속성 때문일까? 정원은 급격한 새로움이 가장 환영받지 못하는 공간이다. 마치 모더니즘을 거부하는 게 본질이

기라도 한 것처럼⋯⋯. 아마도 이것이 미국인이 정원에 대해 불안감을 느끼는 요인인지도 모른다. 미국인들은 전통적으로 풍경을 역사로부터 벗어나는 수단으로 인식해왔다. 야생의 자연에서 신성함을, 미개척 영역에서 새로운 시작을 발견한다. 그런데 정원은 우리로 하여금 과거로 회귀하게 하는 것이다.

나는 스스로 깨닫는 것보다 훨씬 더 여러 방면에서 기억 속 정원이 나에게 영향을 미치고 있는 것 아닐까 생각한다. 내가 꽃밭보다는 채소밭을 더 좋아하는 것도 그 기억 때문일 것이다. 두말할 여지 없이, 내 머릿속 에덴동산은 롱아일랜드 바빌론에 있던 할아버지 농장으로부터 연원한다. 그곳에서 내가 처음으로 만들었던 것이 바로 채소밭이었다. '농업적 심미안'을 향한 나의 기본적인 성향 역시 과수나무와 채소가 장미, 철쭉과 함께 어울려 빛을 발하던 그 바빌론의 정원으로부터 만들어진 것이다. 어떤 정원엘 가더라도 내 눈은 제일 먼저 잘 익은 열매로 향한다. 주렁주렁 송이를 달고 있는 포도넝쿨, 탱탱한 붉은색 토마토, 8월의 과수원에서 탐스럽게 익어가는 복숭아. 르 노트르와 포프 그리고 케이퍼빌리티 브라운은 이처럼 아름다운 것들을 어떻게 정원에서 몰아낼 수 있었을까? 그들이 나와 할아버지를 내려다보며 "농부들 주제에!"라고 낄낄거릴지 모르는 일이다.

시작부터 나는 여분이 넉넉한 넓은 채소밭을 만들었다. 나는 다른 사람들에게 채소를 나누어주는 즐거움, 농부의 자부심이 어떤 것인지 할아버지를 통해 이미 맛보았기 때문이다. 나 역시 때때로 제퍼슨의 환상을 떠올렸다. 이곳에서 시장에 내다팔 채소를 재배할 수 있을까?

어디 보자……. 발두치 판매점에서 롤로 로소 상추 4분의 1 파운드를 5.98달러에 팔 수 있다고 치자. 얼마만한 면적을 재배해야 내가 도시를 떠나 이 땅을 부치며 생계를 유지할 수 있을까? 여기는 '진짜' 시장이다. 나와 지미 브랑카토가 롱아일랜드에서 딸기를 키워 우리 어머니에게 비싸게 팔았던 그런 시장이 아닌 것이다. 정부에서 잉여 농산물의 수매를 보장해주는 작물을 기르는 것도 아니잖은가.

지금도 문득 각별한 향기로 내 마음속에 살아나는 정원의 기억은 괭이질을 하는 지미 브랑카토에 대한 추억으로 이어진다. 누구나 알고 있듯이, 어린시절 정원에 대한 기억을 되살려주는 것은 시각보다는 후각이다. 어느 순간 시간의 장벽을 훌쩍 넘어서 스위트피(콩과의 원예식물.—옮긴이), 갓 깎은 잔디, 또는 회양목 덤불의 향기가 떠오른다. 정원 가꾸기는 후각을 이용하는 몇 안 되는 예술 중 하나다. 여기에서 요리는 별개다. 정원 가꾸기는 기억의 타래를 풀어내는 불가사의한 힘을 발휘한다. 마들렌(조가비 모양을 한 프랑스식 케이크. 마들렌은 마르셀 프루스트의 소설 《잃어버린 시간을 찾아서》에서 주인공이 과거를 떠올리게 되는 소재로 유명하다.—옮긴이)이 정원 도처에 있다. 분명 프루스트가 그들의 혼을 지켜주고 있을 것이다. 톡 쏘는 듯한 화학약품 냄새를 풍기는 오르소 로즈 더스트의 향기는 8월 어느날 오후 할아버지의 정원을 떠올리게 한다. 아주 낭만적이지는 않지만, 분명히 느낄 수 있다.

프루스트는 아름답다고 기억했던 장소를 다시 보고 나서 때때로 실망하게 되는 이유는, 우리가 부족하다고 여기거나 마음에 들지 않는 것들은 마음에 담아두지 않기 때문이라고 쓴 적이 있다. 상상은 사실적인 감각보다는 추억이나 꿈 그리고 소망과 더 원활하게 소통한다. 우리의 감각뿐 아니라 상상과도 교감을 나누는 정원은 강렬하게 마음을 움직인다. 정원은 향기가 일깨워주는 과거의 각별한 시간 속으로, 특정 장소로 우리를 안내해준다. 정원은 지금 여기에만 존재하는 것이 아니라, 그때의 거기에도 존재한다. 훌륭한 정원은 지금 이곳의 정원과 그때 거기에 있던 정원의 즐거움 그리고 재미를 서로 조화시켜 준다. 둘이 서로 조화하지 못하는 정원에서는 만족감을 느끼기 어렵다. 잔디밭이나 동물원과 같은 정원의 기억은 그것이 땅에게 무엇인가를 지나치게 강요하고 있다는, 차갑고 공허한 느낌을 준다. 자연적인 야생의 정원은 주위의 풍경과 별다른 점이 없어 맥 빠지고 무미건조한 느낌을 준다.

  결국은 같은 얘기지만, 정원은 실제 장소에 무언가를 드러내는 공간이다. 한 장소에 자연과 자연에 대한 우리의 생각을 함께 연출하는 것이다. 풍경화를 그리는 것처럼 정원은 자연의 모습을 그려낸다. 하지만 예술평론가인 로버트 하비슨Robert Harbison이 말했듯 "그림과는 달리 정원은 정원 그 이상의 것을 생각하게 하지 않는다." 그림과 정원을 만들어내는 재료 역시 다르다. 끊임없이 자라나고 죽으며 사실적인 변화를 거듭하는 식물이 정원의 재료라면, 그림은 비교적 다루기 쉬운 물감이 재료가 된다. 단풍나무가 나에게 가르쳐주었듯이, 정원에 있는 한 그루의 나무는 그 공간을 수식한다. 그 수식은 거기에 뚜렷한 흔적을 남긴다.

● ● ●

처음에 나의 정원은 이와 같은 이중적인 특성 혹은 여운이 결여돼 있었다. 이제야 내 정원이 왜 독특한 인상을 주는 데 실패했는지를 알수 있게 되었다. 내 생각에는 정원 채소밭이 즐거운 메아리를 들려주는 것 같았지만 사람들 눈에는 잘 띄지 않았던 것이다. 다년초 화단은 두드러진 특징 없이 주위의 풍경 속에 파묻혀버리고 말았다. 나의 수동적인 자세 때문에 정원을 침략한 잡초들을 제대로 억제하지 못했던 것이다. 정원의 모습은 주변 풍경에 압도되고 말았다. 정원은 모름지기 그곳에 들어서면 아주 특별한 공간에 들어와 있는 느낌을 주고, 주위의 모습과 분리되기보다는 한데 어울려 독특한 분위기를 풍기는 공간이어야 한다. 그러기 위해서는 이미 존재하는 풍경과는 다른 파격적인 모습이 필요하다. 산문이 시처럼 느껴지는 그 무엇. 정원사란 모름지기 색다른 변화를 일으켜야 하는데, 나는 아직 그것을 만들어내지 못했던 것이다.

그러던 중 나는 부족한 점을 보완하기 위해 어느 정도는 정형화된 정원 가꾸기가 필요하다는 걸 어렴풋하게나마 느끼게 되었다. 그렇다고 해서 넝쿨로 된 퍼골라 길이나 분수대, 회양목 덤불 또는 갖가지 화려한 꽃밭을 만든다는 의미는 아니었다. 그런 것들은 이곳에선 우스꽝스러워 보일 게 분명했다. 내가 생각했던 건 직선과 사각형이 반복되며 이루는 대칭의 균형이었다. 그것은 르 코르뷔지에가 인간의 언어라고 말했던 기하학적 형태를 지닌 몇 개의 통로를 의미하는 것이었다.

기승을 부리는 잡초에 참패하고 '자연적인 일년초 화단'이라는 환상으로부터 깨어나면서 나는 그런 형태를 상상해보았다. 처음으로 자연 속에서 직선적인 형태를 만드는 즐거움을 이해하게 되었다. 나는 뒤엉켜 있는 자연적 모양과는 다르게 가지런히 가꿔진 식물들을 좋아하기 시작했다. 그들의 모습은 무척이나 부산스러운 와중에도 고요함을 가져다준다. 사람이 만들어내는 평탄한 직선과 자연적 풍경이 만들어내는 유연한 곡선이 만나 이루는 조화는 정원에 팽팽한 긴장감을 불어넣는다. 그것이 바로 정원에 독특함을 부여하고, 색다른 이야깃거리를 만들어주는 것 같다.

정원에 직선 형태를 만드는 일은 뜻밖에도 논란을 불러왔다. 일년초 화단을 가꾸면서 내가 겪었던 일들을 소재로 한 편의 글을 쓰고 난 뒤, 나는 환경운동가와 정원설계사 양측 모두로부터 강력한 항의 편지를 받았다. 매사추세츠의 어느 정원설계사는 사각 형태 또는 열을 맞춰 작물을 심는 방식은 '기존의 심미적인 전통을 흐트러뜨리는' 일이며, 내가 '무책임하게' 행동하고 있다는 비난을 서슴지 않았다. 또 그러한 방식으로는 비료와 제초제와 농약에 지나치게 의존해 환경을 훼손하게 될 것이라고 주장하기도 했다.

이미 알려져 있다시피 제대로 된 잔디밭을 가꾸기 위해서는 많은 양의 화학약품을 써야 한다. 그것은 잔디를 예쁘게 가꾸기 위해서라기보다는 풍토적인 문제를 해결하기 위한 것이다. 미국의 많은 지역은 잔디를 키울 만한 기후가 아니기 때문에, 잔디를 보기 좋게 유지하기 위해서는 할 수 없이 화학약품에 의존해야 한다. 정형화된 정원이 자연적인 형태의 정원보다 환경적으로 더 위험하다는 건 말이 되지 않는다. 이 점에 대해서는 엘리너 페레니가 아주 적절하게 지적해준다. "야생의 모습을 베껴 담는 것만으로 그것이 생태학적으로 건강한 환경을 보장해준다는 생각에 나는 반대한다." 야생적인 정원이라고 해서 그것이 잘 가꾸어진 꽃밭보다 무조건 더 건강하거나 자연친화적이라고 할 수는 없다. 정원이 생태학적으로 건강한지 여부는 정원을 가꾸는 방식에 달려 있지, 정원사의 심미적 취향과는 아무런 관계가 없다.

자연이 특정한 형태의 정원을 선호한다는 낭만적 사고는 18세기 조경설계사들에 의해서 처음으로 확산되었다. "자연은 단 하나의 직선도 싫어한다."라고 선언한 윌리엄 켄트는 이 한 마디로(특히 베르사유 정원을 지목하여) 과거의 모든 정원들을 부정했다. 다른 속셈을 가지고 있기라도 한 것처럼, 루소와 켄트 그리고 그 부류의 사람들은 자신들의 주장을 옹호하기 위해 자연의 절대적인 권위를 부각시켰다. 하지만 이를 예의주시할 필요가 있다. 자연이 직선을 싫어한다는 말은 그럴듯해 보이지만, 과연 맞는 말일까? 오히려 자연은 직선을 사랑한다는 말이 훨씬 올바르게 느껴지기도 한다. 자연의 가장 기본적인 법칙 중 하나가 직선이 근본을 이루는 중력의 법칙 아닌가? 사과는 뉴턴의 머리 위로 한치의 굴곡도 없이 직선으로 떨어졌다. 자연은 직선이든 아니든 문제 삼지 않는다는 것이 나의 생각이다. 내가 쑥부쟁이 국화를 가지런하게 줄 맞추어 심든, 아니면 무더기진 화단을 만들든 자연은 개의치 않는다.

그림 같은 정원을 설계하는 사람들은 '자연스러움'을 우선시하여 풍경을 만들었으며, 바로 그 강렬한 인상이 앤드류 잭슨 다우닝Andrew Jackson Downing과 프랭크 스콧Frank Scott 그리고 프레더릭 로 옴스테드와 같은 미국인들에게 큰 영향을 끼쳤다. 그리고 이 세 사람이 미국의 풍경을 설계하는 데 결정적인 역할을 했다. 하지만 영국 정원설계사들에게 '자연'은 미국에서처럼 그렇게 천부적인 관념으로 받아들여지지 않는다. 영국에서의 자연에 대한 관념은 '추상적 사유'의 산물이다. 호레이스 월폴의 역설적인 설명이 이 점을 분명하게 해준다. 자연적인 효과를 나타내기 위해서 그림 같은 정원을 설계하는 사람들은 여러 가지 인공물들을 정원에 들여놓았다. 다만 그것이 눈에 잘 띄지 않도록 세심한 주의를 기울일 뿐이었다. "숨겨두거나 밤이라면 모를까 인위적인 것은 자연의 영역에 한 발짝도 들여놓아서는 안 된다."라고 월폴은 충고했다. 이들은 우리가 낭만주의로 나아가는 길을 분명하게 열어주었다.

'그림같이 아름다운' 정원 모습이 어떤 것인지 완벽하게 비유해주는 게 있다. 자연과의 관계를 분명하게 드러내는 숨겨진 담장, 즉 은장隱墻이다. 영국의 윌리엄 켄트가 처음으로 만들기 시작한 것으로 도랑 안에 설치하는 담장을 말한다. 도랑 안에 숨겨지기 때문에 멀리서는 잘 보이지 않고, 시야를 방해하지도 않는다. 은장이 없었다면 정원 설계는 결코 담장을 뛰어넘을 수 없었을 것이다.

18세기가 만들어낸 이 독창적인 구조물에는 '하하haha'라는 명칭이 붙어 있다. 그 이름이 암시하듯이, 그림같이 아름다운 정원을 설계하려는 사람들은 자연이 반드시 자연적일 필요는 없다는 사실 그리고 때때로 자연은 그냥 발견되는 것이기보다는 만들어지는 것일 수 있다는 사실을 결코 잊지 않았다. 그들의 자연 사랑에는 후기 자연주의자들이 떨쳐버렸던 (특히 미국인들로부터 멀어진) 어떤 경쾌한 풍자가 담겨 있었다. 선봉에 서 있던 초기 낭만주의 정원설계자들은 '야생의' 자연을 감상하는 것이야말로 가장 세련된 취향이라고 생각했다. 자연에 대한 그들의 사랑은 영국의 훼손되지 않은 대지를 관조하며 우러나온 것이 아니었다. 그 단어에서 느껴지듯 '그림같이 아름다운' 정원은 대지를 바라보면서 떠올린 것이 아니다. 그것은 풍경화, 특히 클로드 로랭Claude Lorrain과 니콜라 푸생Nicolas Poussin의 풍경화에서 영감을 받은 것이었다. 그들은 아카디아Arcardia(옛 그리스의 이상향, 극히 검소하고도 소박한 생활이 영위되는 곳. —옮긴이)에 관한 고전 작품에 큰 영향을 받아 이탈리아의 이상적인 시골 풍경을 많이 그렸다. 이탈리아는 유럽을 통틀어 풍경에 있어서 인공적인 요소를 가장 많이 가진 나라였다.

    뉴욕의 센트럴파크처럼 '자연적인' 모습을 가진 미국 정원의 연원을 찾자면 오래 전으로 거슬러 올라가야 한다. 옴스테드와 복스는 센트럴파크를 매우 복합적이고 과학적으로 설계하여 정교하게 만들었지만, 이는 가깝게는 18세기 켄트와 포프의 심미적인 정원 설계 이론으로부터 멀게는 17세기 클로드와 푸생의 그림에서 고대 로마의 아카디아 시문에 이르기까지 영향을 받은 것이었다. 시간을 되돌려 이렇게 까마득한 과거까지 자연을 찾아가다 보면 정확한 자연의 모습이 어떤 것인지 가늠하기가 어렵다. 그러나 이 말만큼은 망설이지 않고 할 수 있다. 오늘날 낭만적인 정원 설계에 대해 사람들은 이러쿵저러쿵 말이 많지만 자연은 좋고 싫은 것을 구별하지 않는다. 직선 만세.

• • •

논란을 불러일으킨 새로운 방식으로 일년초 화단을 가꾸기 시작한 이후 나는 기하학적인 통로 몇 개를 더 만들었다. 그 통로들은 내가 외양간 뒤쪽에 새로 만든 가장 향기로운 정원, 허브 가든으로 연결된다. 격식을 갖추어 설계한 정원은 보통 귀족적인 것으로 생각되지만, 토머스 제퍼슨이 주장한 공화주의적 형식주의라는 것도 가능하다. 그 정원은 격자 공간이 만들어내는 공평함, 열烈과 사각 공간의 합리성에 근거를 두고 있다. 이제까지 나의 기하학적인 정원은 무의식적으로 제퍼슨의 생각을 (그의 생각은 19세기 낭만주의 물결에 휩쓸려 유행으로부터 멀어졌지만) 따라왔다. 헌데 나의 새로운 정원 만들기는 그보다 더 이전, 구세계의 모습을 구현하려는 시도로 이어졌다.

몇 년 전 우리가 새로 지은 외양간은 자연석으로 바닥을 깔아놓은 앞쪽 공간의 절반 정도만 차지했다. 외양간 뒤로 30평방피트 정도의 빈 공간이 남아 있었는데, 우리는 그곳에 외양간의 토대와 같은 높이로 흙을 채웠다. 주위의 땅보다 지대가 높아지자, 그 아래 우거진 찔레가시나무, 쐐기풀, 미역취들의 침범과 바윗덩이들을 피할 수 있었다. 우리는 전문가를 불러 바닥의 중간 부분에 지름 18피트 정도로 둥글게 벽돌을 쌓았다. 정사각형 화단 위에 둥근 화단이 하나 더 만들어진 것이다. 벽돌 단 안팎으로는 관상용 향초 식물을 심었다. 라벤더, 개박하, 세이지와 러시안 세이지, 두 종류의 향쑥, 칼라민타, 현삼……. 그리고 거기에 잘 어울릴 만한 디기탈리스, 시베리아 붓꽃, 접시꽃, 기생초, 샐비어, 곰취 등 다년초 식물 몇 가지를 심었다.

우리는 두 차례에 걸쳐 허브를 심었는데, 첫 번째로 허브를 심었을 때는 인공적으로 보이지 않도록 대칭이나 균형 문제를 고려하지 않았다. '자연적' 심미주의의 영향에서 벗어나지 못했던 탓이다. 나는 정원 가꾸기의 가장 기초적인 원칙만 따라서 키가 작은 식물들은 앞쪽에, 키 큰 것들은 뒤쪽에 심고 큰 '무리'를 짓도록 했다. 그리고 특정 식물이 혼자 두드러지는 것을 막기 위해 한 군락에 적어도 세 가지 이상의 식물을 함께 심었다. 우리는 서로 잘 어울리는 라벤더, 기생초, 개박하, 레이디스 맨틀로 '허브 사중주'를 구성하여 여기저기에 반복해 심었다. 결과적으로는 화단을 뒤죽박죽으로 만든 셈이었다. 그나마 깔끔한 돌길들이 정원의 모습을 잡아주었지만, 정원은 느슨하고 산만한 느낌이 들었다.

지난 겨울에 나는 그래프 용지와 색연필, 그리고 제도용 컴퍼스를 사서 화단을 어떻게 꾸밀 것인지 그려보았다. 나는 자연석 위에 만든 사각 정원에 향초식물을 많이 심어서 정원의 형태가 뚜렷이 느껴지도록 했다. 정원의 역사에 대해서 여러 책들을 탐독한 뒤 내 정원이 중세 또는 초기 르네상스시대의 정원과 많이 닮아 있다는 사실을 알게 되었다. 그것은 '담이 둘러진 정원'의 일종이었다. 그 정원에서는 보통 향초식물들이 가진 신비함과 의학적인 가치를 높게 평가하여 이들을 많이 가꾸었다. 그러나 관상을 목적으로 한 정원은 17세기까지도 등장하지 않았다. 이들 정원은 담장 너머에 있는 위험하고도 혼탁한 세상으로부터 뚝 떨어진 피난처이자, 안전하고 질서 있는 공간이었다. 중세 시대에 담장 너머는 감히 생각할 수 없는 금기의 영역이었다.

그 정원은 보통 수도원에 딸려 있었으며, 쾌락적이기보다는 금욕적인 사색의 공간이었다. 그 안의 모든 식물들은 우화나 회화에서와 같이 각각의 의미를 지니고 있었다. 따라서 정원의 열쇠를 가진 식자들만이 그 속의 모든 의미를 파악할 수 있었다. 기억력을 높이는 데 효과가 있는 로즈마리는 연인의 정절을, 세이지는 나이듦을, 계관시인의 영광을 안겨주는 월계수는 영예로움을 상징하는 식이었다. 같은 방식으로 보에티우스Boethius는 단테와 초서에게 자신의 철학을 전수하지 않았던가. 그리고 마침내, '담이 쳐진 정원'은 존 제라드Jonn Gerard(16세기 말, 17세기 초 영국의 식물학자로 그의 향초 정원이 유명했으며, 정원에 관한 책 《Gerard's Herball》을 썼음. —옮긴이)로 하여금 정원에 관한 신비하고 방대한 글을 쓰게 만들었다. 또 다른 비유를 들어보자면, 그 정원은 사람들이 비좁은 거처로부터 탈출해 먼 곳에 존재하는 형이상학적 상상의 공간으로 찾아들 수 있게 해주었다. 르 노트르 시대 이후 '정원에서의 명상'이라는 말은 많이 퇴색되었지만, 명상을 통해 정원의 담장을 뛰어넘을 수 있었다. 정원에서의 명상은 방방곡곡을 정복하는 것보다 훨씬 더 마음을 사로잡았다.

우리의 허브 가든은 아내와 내 작업실에 가까워 우리가 일하는 사이사이 그곳에서 책을 읽거나 글을 쓰기에 좋았다. 마치 중세시대의 허브 가든처럼, 그곳은 바깥 세상과는 거리를 두었고, 읽고 사색할 수 있는 '명상의 정원'이 되어주었다. 나는 고전적인 정원의 매력을 살리고 싶었다. 정원이 피난처 같은 역할을 하려면 담을 만들 필요가 있었다. 그래서 정원의 경계를 따라 알바와 부르봉 등 옛 장미를 심어 담장 역할을 하도록 했다. 6피트 정도로 자라는 이들 장미는 폐쇄적인 느낌을 주지 않으면서도 울타리 역할을 충실히 할 것이었다. 벽돌로 단을 쌓아둔 화단 주위에는 라벤더, 레이디스 맨틀, 개박하, 비잔티나 석잠풀, 향쑥 따위의 고전적인 허브만 심기로 했다. 모두 은근한 매력을 지닌다. 그 어느 것도 두드러지게 현란한 꽃을 피우지는 않지만, 잎새 모양이 독특할 뿐 아니라 강하고 자극적인 향기를 지니고 있다. 정원을 오래 가꿀수록 식물의 가치를 평가할 때 꽃을 중요하게 여기지 않게 된다. 물론 나는 러셀 페이지처럼 꽃을 그저 '색깔을 지닌 풀' 정도로 취급하는 도도한 무관심의 경지에까지는 이르지 못했다. 그 허브들은 대부분 회색과 파랑색 계통의 부드러운 빛깔을 띠며, 선연한 노랑이 섞여 있기도 하고, 아주 짙은 녹색이 강한 대조를 이루기도 한다. 어느 것도 번쩍거리거나 호화롭지 않아서 독서와 명상을 위한 공간에 적합하다. 거의 모든 식물을 단순하나마 대칭적인 패턴을 유지하도록 배치하여 한쪽을 보면 다른 한쪽의 모습을 쉽게 그려낼 수 있도록 균형을 잡았다. 그렇다고 엘리자베스 시대의 허브 가든처럼 복잡한 형태는 아니다. 지나친 대칭 구도는 쉽게 지루해진다. 하지만 내 정원에는 그런 요소가 너무 부족하기 때문에 눈을 쉬게 해준다는 측면에서 어느 정도는 필요했다.

나는 봄을 맞이해 그래프용지 위에 그려둔 계획을 땅 위로 옮기기 시작했다. 허브가 무성하게 자라고 장미가 덤불 울타리를 만들기까지는 몇 년 기다려야 할 것이다. 하지만 벌써부터 내 정원이 특별하게 느껴졌다. 둥근 허브 가든의 차분한 모습과 섬세하게 배치된 식물들이 정원에 고요한 분위기를 불어넣는다. 무엇보다 정원의 대칭적인 구도가 식물들 사이에 정교한 균형감을 느끼게 해준다. 움직임을 멈추고 조용히 휴식을 취할 수 있도록. 거칠기만 한 주위 풍경 속을 걷다가 허브 가든쪽으로 되돌아오면, 예기치 못하게 아주 고요하고 질서 있는 섬에 상륙한 듯한 느낌이 든다.

아마도 포프나 켄트는 나의 정원을 인정해주지 않겠지만, 정원 주변 모습을 단정하게 가꾸려는 노력만큼은 가상히 여길 것이다. 그들은 정원의 형태가 고정되어 있지 않으며 다양한 관점에서 심미적인 시각을 가질 수 있다는 사실을 이해한 사람들이다. 케네스 버크Kenneth Burke는 '형태'라는 것을 '기대를 불러일으킨 뒤 그것을 성취하는 리듬'이라고 정의한 적이 있다. 문학적 형식에 대해 말했지만, 그의 정의는 정원에도 똑같이 적용시킬 수 있다. 정원에 난 길은 일단 우리를 어디론가 향하게 하지만, 이내 집으로 다시 되돌아오게 한다. 우리의 눈은 정원 한 모퉁이에 있는 비잔티나 석잠풀의 시원한 회색 무리를 살펴보고 나면 그것에 대응되는 무언가를 찾게 마련이다. 만약 그것을 찾지 못하면 짐짓 실망감을 느끼기도 한다. 그렇다고 해서 그 이유를 심각하게 따져보지는 않지만. 정원사가 무언가를 시작했다면, 그것을 완성해낼 방도를 찾는 것이 좋다. 대칭 구도는 정원을 가꾸는 데 가장 기본적으로 활용할 수 있는 기법이다. 식물들이 쌍을 이루어 서로 어울리듯, 우리의 시각적 기대 또한 연속적으로 일어나게 된다.

이와 같은 단순한 형식들도 나름의 매력을 가지지만, 복잡해질수록 우리의 즐거움은 커진다. 특히 시각적 기대가 충족되지 않는 경우라 하더라도, 불확실성이 가져다주는 즐거움은 각별하다. 형식을 위험에 빠뜨리는 것은 우리를 긴장시키고 흥미를 유발시킨다. 운이 잘 맞는 대구對句 대신, 슬랜트 라임(운율법의 하나로 어구의 반복을 통하여 운율을 맞추는 방식.—옮긴이)이나 뜻하지 않은 곳에서 운율이 튀어나오거나 한참 뒤에야 나오는 '운율 없는 시'를 생각해보자. 훌륭한 정원은 바로 이와 같은 속성을 지녀야 한다. 압박받는 듯한 질서, 어딘가에 담겨진 야생의 모습 같은 것들. 훌륭한 정원은 일반적인 형식에 저항하는 자연을 받아들여 그 모습을 잘 살려준다.

비록 불완전하지만, 이것이야말로 앞으로 내가 정원을 가꾸는 데 있어서 가장 기본적인 원칙이 될 것이다. 정원의 길을 걷다보면 우리의 손길이 닿는 부분은 아직 얼마 되지 않는다는 사실을 알게 된다. 곳곳으로 난 다른 길과 연결된 곳들은 우리의 통제를 벗어나 있다. 하지만 주위의 모습과 대칭을 이루는 질서정연한 허브 가든을 보게 되면, 더 손을 댈 필요가 있을까 하는 생각이 든다. 풍경을 모두 길들여 가꾸기보다는 포프의 충고를 받아들여 어느 정도는 무성한 모습을 남겨두는 것이 더 나을지도 모르겠다. "어려움이 있더라도 일을 시작해야 하고, 기회가 주어지면 이를 놓치지 말아야 한다."라는 충고를 따라야 할 것 같다. 이 정원에서 연출되는 드라마는 내 손길이 닿는 공간과 그것을 쉬지 않고 부정하면서 쳐들어오는 공간 사이에서 발생하는 긴장에 달려 있기 때문이다. 이들 두 공간의 경계지대에 내 정원이 있다. 이곳의 지신地神은 모든 땅을 우리의 손길이 미치지 않는 공간으로 만들어 내 정원을 끝장내버릴지도 모른다. 그러면 정원의 이야기는 송두리째 망쳐지고 말 것이다.

• • •

케이퍼빌리티 브라운은 이른바 '여행일정표'처럼 정원을 가꾸어야 한다고 주장했다. 베르사유처럼 한 장의 사진같이 보이기보다는 이야기를 들려주듯 조금씩 모습을 펼쳐내야 한다는 것이다. 베르사유 궁전에서는 왕의 침실 창문으로부터 정원의 풍경 전체를 한 눈에 내다볼 수 있다. 하나의 커다란 이미지를 보여주는 대신 (베르사유 정원의 주제는 왕권이다) 브라운의 정원에서는 보다 작고 다양한 이야기들이 끊이지 않고 이어져야 한다. 정원의 길목에서는 신비로운 경치를 보기도 하고 우울함, 낭만, 해학, 심지어 무시무시한 공포에 관한 이야기를 들을 수도 있다. 그림 같은 정원 풍경을 '읽기' 위해서 우리는 그 풍경 속으로 과감하게 들어가 작은 여정을 시작해야 한다. 여행일정표를 짜듯 정원을 설계하는 방식은 의외로 미국식 정원에 잘 들어맞는 것 같다. 우리는 안으로 뛰어들어 탐험을 하거나 공을 치거나 자전거를 타거나 드라이브를 즐길 수 있는 풍경을 좋아하기 때문이다. 그래서 골프 코스, 놀이 공원 같은 것들이 미국에서 가장 성공적인 정원이 된 것인지도 모른다.

드디어 내 정원에서 정원다운 느낌이 들기 시작한 것은 일정표가 만들어지면서부터였다. 나는 목초지 자체만으로는 의미가 없으며, 그 목초지를 걸어가야 할 충분한 이유가 필요하다는 원칙을 세웠다. 정원은 다년초 화단과 채소밭 너머로 그리고 한층 더 궁금하게 느껴지는 풍경 속으로 깊숙이 들어가고 싶은 충동을 느끼도록 조성해야 한다. 그림 같은 정원의 설계사들은 언제나 정원 어딘가에 사람들이 그 길을 따라 걷도록 손짓하는 동상이나 유물, 작은 인공물을 가져다두었다. 켄트는 그 물건들을 '눈길을 끄는 것'이라고 불렀다. 그래서 나는 사람들이 웬만해서는 발길을 주지 않을 것 같은 다년초 화단의 아래쪽에다 으아리꽃 넝쿨을 올린 작은 목조 정자를 지었다. 그리고 내가 만든 '눈길을 끄는 것'이 무용지물이 되지 않도록 정자 지붕 위로 6피트짜리 장대를 세워 흰색 제비집을 달았다. 새집은 마치 첨탑처럼, 농장의 어디에서나 볼 수 있다.

하지만 나에겐 아직도 또 다른 목적지가 필요하다. 정자를 지나치는 길목에서 새로이 생겨난 기대를 충족시켜줄 또 다른 길을 만들어야 한다. 당신은 거기서 목초지로 향하는 길을 선택할 수도 있다. 하지만 나는 좀더 놀랄 만한 것을 만들고 싶었다. 포프가 말한 것처럼, 보면 '즐거운 혼동에 빠질 수 있는' 무언가를. 그래서 나는 정자를 지나자마자 왼쪽으로 꺾어지는 길에 디딤돌을 깔고 나무 난간을 만들어서 허브 가든이 있는 작은 언덕으로 오르는 길을 만들었다. 이 지점까지 나의 여정은 점점 거친 풍경으로 이어졌다. 다년생 화초들이 자라는 화단을 지나면 침이 있는 쐐기풀이 나오고, 그 다음에는 키 큰 우엉이 우거진 수풀이 보였다. 널따란 잔디밭 길이 끝나는 곳부터는 습지의 가장자리를 따라 디딤돌이 이어지고, 그 어디쯤에서는 무시무시하게 보이는 표석 무더기 아래를 지나치기도 한다. 그리고 이제 녹색 세계 중간에 고요하게 떠 있는 허브의 섬에 다다른다.

이 정원 여행의 최종 목적지인 허브 가든에서는 마지막 순간에 반전의 묘미를 느끼게 된다. 앞에 펼쳐져 있던 무질서한 야생의 세계로부터 예상치 않았던 해피엔딩에 이르는 것. 모든 정원 여행은 이런 요소를 어느 만큼은 가지고 있어야 한다. 정원을 여행하는 것은 모험이기보다는 유쾌한 즐거움을 맛보는 것이어야 한다는 게 나의 생각이다. 영웅적이기보다는 재미가 느껴지는 것. 정원 여행은 모든 여행이 그러하듯이 우리가 출발했던 곳으로 다시 되돌아오게 하는 하나의 순환이라고 할 수 있다. 그 길을 따라가며 우리는 이야기를 듣는다. 우리가 걷는 정원 길은 소설의 이야기나 논쟁의 주제를 이어나가는 실마리와 같다.

그렇다면 이 정원이 들려주는 이야기는 어떤 것인가? 정원에서 그 이야기를 듣는 것은 각자의 몫이다. 내가 들려줄 수 있는 건 자연 속에 터전을 만들려는 한 낙천적인 남자 이야기이다. 무심하고 까다로운 주변 풍경에 대항하는 방법을 연구하는 미국인 남자. 그것은 바로 나의 이야기이며, 어느 늙은 농부의 이야기이기도 하다. 무엇보다 이곳에선 정원이 스스로 성취해나가는 이야기를 들을 수 있다. 왜냐하면, 정원은 자신의 노력을 감추지 않을 뿐더러 그 어느 부분에서도 완성된 모습을 보이지 않기 때문이다. 이것이 바로 정원 여행이 가장 '정원다운' 곳에서 끝나야 하는 이유일지도 모르겠다. 습지나 숲이 있는 곳에서 정원 여행을 마치게 된다면, 기분이 무척 우울할 것이다. 적어도 정원사인 나에게는 그렇다. 이곳에선 자연과 정원이 서로 '화해하고 조화할 수 있다는 기대'가 일어난다.

해피엔딩을 만드는 사람이나 땅에 관한 이야기 속에는 재미를 위한 겉치레도 있지만, 그 진심을 지나치게 의심해서는 안 된다. 내 정원에도 그런 요소가 꽤 있다. 이곳의 '야생적인' 공간은 아마도 포프나 그의 추종자들에게는 불편한 모습일 것이다(이들에게 '자연적'이라든지 '야생적'이라는 말을 사용할 때는 신중을 기해야 한다. 그들은 그 말을 곧이곧대로 받아들이는 경향이 있으니까). 거기엔 장식에 불과한 모래 함정뿐 아니라 벌레와 파충류가 우글거리는 진짜 늪지도 있기 때문이다.

할아버지가 내 정원을 돌아본다면, 과연 어떤 생각을 하게 될지 간혹 궁금해진다. 그 역시 이 정원의 많은 것들에 대해 못마땅해하겠지. 사실 그의 검열을 통과할 수 있는 부분은 채소밭 하나뿐일 것이다. 롱아일랜드에 살던 시절, 상자처럼 반듯한 밭두럭과 잡초 없이 말끔하고 단정하게 가꾼 내 채소밭을 보고 할아버지는 무척이나 기뻐하셨다. 하지만 이 정원에서 그의 시선이 가지런한 채소밭에만 머무르지는 않을 것이다. 할아버지는 담장 바로 너머에 있는 습지를 바라보며, 그곳에 대한 나의 계획이 어떤 것인지 물어보실 것이다. 배수로를 만들고 거기에 목초용 블루그래스를 심을 것인지, 아니면 연못을 팔 것인지. 그것을 있는 그대로 내버려둘 계획이라는 걸 그에게 제대로 설명할 수 있을지 모르겠다. 내가 좋아하는 것은 습지와 정원이 만들어 내는 조화이기 때문이다. 마치 수학여행 온 학생들처럼 두 포기씩 두 줄로 질서정연하게 자라고 있는 양배추 그리고 폭도 무리와도 같은 등골나물과 부들의 풀숲이 대비되어 만들어내는 어울림을 나는 좋아한다. 이런 설명을 듣게 되면, 할아버지는 아마도 자신의 돈을 들여서라도 그곳에 연못을 파거나 잔디밭을 만들어주겠다고 제안할 것이다. 할아버지는 늪지 대신 무어라도 다른 것을 만들고 싶으실 테니까.

그의 호의에는 감사드리겠지만 나는 다른 방법을 찾을 것이다. 습지대를 훼손하지 않고 그대로 남겨두는 것은 중요하다. 이곳 생태의 복잡성과 허약함 때문이다. 나는 할아버지에게, 다행스럽게도 지금까지 남겨져 있는 야생의 자연에 대해 좀더 관대해져야 한다고 말씀드리고 싶다. 그렇게 함으로써 우리는 보다 독창적인 정원을 만들 수 있을 것이며, 미국적인 동시에 현대적인 감각도 살려나갈 수 있을 것이다. 그곳이 나무숲에 점령당하거나 독특한 형태를 잃도록 내버려두자는 것이 아니라, 그 풍경이 지녀온 과거의 모습을 간직한 채 그 속에 남아 있는 야생성을 유지하자는 것이다.

정원사는 자연을 통제할 수 있는 자신의 힘이 얼마나 미약한지 알고 있다. 땅을 관리하기가 쉽지 않은 이곳 북아메리카 지역에서는 특히 그렇다. 그렇다면 정원사들은 왜 그토록 오랫동안 이러한 사실을 숨기고, 다루기 어려운 땅에다 수많은 잔디밭을 만든 것일까? 이제 우리 정원의 '빈약함'을 수긍해야 할 (이에 대한 새로운 인식을 불러일으킬) 시점에 도달한 것 같다. 야생의 공간과 기하학적인 인공 정원을 병치시키는 방법도 시도해볼 만하다. 물론 이건 야생에 대한 낭만적 인식을 퍼뜨리자는 의미가 아니다. 그보다는 이 모습을 통해 자연을 통제할 수 있다는 우리의 확신이 얼마나 우스꽝스러운지를 깨닫게 하자는 말이다. 자연 속에서 우리가 만들고 있는 정원이 가진 역설적인 의미를 새롭게 하고자 하는 것이다. 이런 맥락에서 그림 같은 정원을 설계한 사람들은 그들의 정원에다 '인간의 한계성'을 인식하게끔 해주는 무언가를 반드시 포함시켰다. 무너진 유적이나 죽은 나무 따위를 그대로 남겨둠으로써, 손길이 가지 않은 공간이 남아 있다는 사실을 보여주고자 했다. 정원의 경계 부분에 각별한 관심을 쏟는 것 역시 정원사의 절대적인 힘과 지혜에 한계가 있다는 사실을 드러낸다. 경계 지역은 역설적 의미를 담은 공간으로, 우리는 그곳에서 심미적 윤리적 관점에서 의미 있는 조화를 이루어낼 참신한 방법을 찾을 수 있을지 모른다.

● ● ●

방임적인 정원 가꾸기에 대한 나의 구구절절한 변명은 할아버지에게는 분명 터무니없는 과장으로 들리리라. 그렇더라도 내가 만들어놓은 정원을 그에게 보여드리고 싶다. 이 특별한 공간에서 내가 사랑하게 된 팽팽한 긴장, 나의 통제력이 미치지 못하는 경계 지역의 풍경이 어떤 것인지. 내가 이곳에 만들어놓은 모든 형태를 (곧은 직선, 정자, 대칭과 반복 그리고 정원의 안길을) 자랑하고 싶다. 그들은 정원 주위를 둘러싸고 있는 험한 땅의 모습과 좋은 대조를 이루어, 독특한 정취를 느끼게 해준다. 그것은 구세계의 정원들이 통상적으로 가지고 있던 형태와는 다르다. 이런 역설적인 모습이야말로 우리 시대 미국 정원이 추구해야 할 풍경이다. 이제 우리가 새로운 이야기를 보태야 할 시기가 되었다.

정원과 거친 땅이 부딪히는 과정에서 득을 보는 건 정원뿐이 아니다. 야생이 얻어내는 소득은 훨씬 더 놀랍다. 반듯한 모습의 허브 가든은 바로 아래쪽에 위치한 돌무더기와 폭포처럼 무성한 관목 숲의 동무가 되어 독특한 풍취를 느끼게 해준다. 마치 정원이라는 안전한 항구 바깥에 넘실거리는 무서운 파도처럼. 별다른 특징이 없는 늪지도 단정한 채소밭과 어울려 신선한 풍경을 만들어낸다. 야생의 자연조차 인공적인 틀 속에서 새로운 모습으로 다시 태어나는 것이다.

● ● ●

잔디 깎는 기계와 잔디밭의 웃자란 풀로부터 내가 얻어낸, 무척 단순하지만 아주 훌륭한 생각은 '야생적일수록 좋다'는 것이다. 잔디를 갓 깎은 목초지의 통로는 부드러운 물결을 이루는 무성한 풀밭으로 사람의 체취를 산뜻하게 퍼뜨린다. 그 모습을 바라보며 정원이 야생의 세계에 선사하는 선물이 어떤 것인지 그리고 그 둘이 얼마나 멋지게 어울리는지 실감하게 된다.

이것은 아주 최근의 생각이다. 길을 따라 덤불나무를 심고 나서 우리는 남쪽으로 널찍하게 뻗어 있는 잔디밭을 목초지가 되도록 그냥 내버려두기로 했다. 그곳을 좀더 야심차게 꾸며볼 생각도 했지만 우선적으로 해야 할 일은 언덕으로 이어지는 집 뒤쪽의 정원을 가꾸는 것이었다. 남들에게 보이는 곳보다는 나만의 공간을 가꾸는 것이 더 재미있었다. 농원에서 가장 낮은 지대에 자리하고 있으며 물기도 많은 그 특별한 공간은 목초지를 만들기에 아주 적합했다.

하지만 처음의 목초지는 실망스러웠다. 풀이 자랄수록 구석구석이 더욱 추레해졌다. 롱아일랜드 집 앞마당에 내팽개쳐진 아버지의 잔디밭처럼 황량한 모습이었다. 내가 마음속에 그리던 목초지가 아니었다. 보통의 잡초들을 키워 목초지를 만들 수는 없었던 것이다. 그래도 나는 그 풀들을 깎아낼 생각은 추호도 없었다. 너무 확실하게 잔디밭을 포기해버렸기 때문에, 나는 용서를 구하고 싶은 마음조차 생기지 않았다. 적어도 내가 다시 과거로 되돌아가는 일은 없으리라고 생각했다. 그래서 내가 잔디 깎는 기계의 날을 가장 높이 올리고 시동을 걸었던 것은 행운이 아닐 수 없었다. 키 큰 풀과 잡초들이 깎여나가면서 길이 생기자 그곳은 다른 모습으로 변모되었다.

내 눈에 그 길은 어느 것과도 비교할 수 없을 만큼 아름다웠다. 풀을 갓 깎았을 때는 더욱 아름다워 보였다. 깔끔하고 깨끗한 가장자리가 모든 것을 변화시켰다. 전혀 존재하지 않았던 새로운 모습이 거기 있었다. 눈길을 멈출 수 있는 무엇인가를 찾기 위해 웃자란 풀 무리를 가로질러 계속 시선을 보내야 했던 풀밭에는, 이제 그것을 따라가지 않으면 안 될 만큼 매혹적인 길이 나타났다. 갑자기 풀밭 전체가 우리를 그곳으로 초대하는 손짓을 보내왔다. 고양이마저도 그 길을 따라나섰다. 새로운 가능성이 그곳에 열렸다. 하나의 짧은 여행을 시작할 수 있는 공간이 거기에 생긴 것이었다.

길에서는 이야기가 시작된다. 길은 사람의 출현을 반갑게 기다린 다는 신호다. 그러나 그 신호는 적어도 여기에서만큼은 그다지 근사하거나 독선적이지 않다. 그저 나의 앞뜰에 풀을 깎아 만든 산책길일 뿐이기 때문이다. 그 길은 숲을 가로질러 나아가는 고속도로나 아버지가 화가 나서 새겨 넣은 글씨도 아니다. 이 길이 들려주는 이야기는 자연과의 투쟁에 관한 것이 아니다. 정복이나 항복에 관한 것도 아니다. 풀밭 사이로 나 있는 잔디밭 길은 이전의 잔디밭과는 전혀 다르다. 물론, 나는 매주 이 길을 깎아야 한다. 그렇다. 풀들은 끈질기게 내가 소중하게 지키는 경계선을 지워버리려고 하기 때문이다. 하지만 매주 전개되는 잔디 깎는 기계와 풀의 싸움은 투쟁적이지 않다. 그것은 오랜 친구 사이의 다툼 같기도, 부부 간의 사랑싸움 같기도 한 것이다. 한 주쯤 시간이 지나고 나면 또다시 시작되는, 언제 끝날지 알 수 없는 싸움.

내가 목초지에 길을 너무 많이 내는 것일까? 그런 것도 같다. 하지만 길을 더 길게 깎을수록, 그 단순한 길에서 내 정원을 더 많이 바라볼 수 있다. 잔디를 깎는 날이면 그 길은 기하학적인 표준과도 같이 분명하고 확실하게 드러난다. 그 길은 세상의 불완전하고도 다종다양한 모든 것들에 대응해서 균형을 잡아주는 정교한 선과도 같다. 그것은 팽창하는 엔트로피를 제어하고, 무심하기만 한 풀들의 면전에서 자랑스러운 자신의 정체성을 선언한다. 부릉대는 잔디깎이 기계를 밀어 만들어내는 이 길은 녹색의 종이 위에 휘갈겨 쓴 나의 자필 서명이라고 할 수 있다. 언제고 다시 고쳐 쓸 수 있는 유언장의 서명처럼! 그렇다. 비가 흠뻑 내린 뒤면 풀들에게도 그들의 날이 찾아온다. 무성하게 자라나는 풀들은 잉크로 쓴 서명이 빗물에 번지듯 길의 모습을 희미하게 만들고, 그 길을 따라 예리하게 세워놓았던 길섶의 날을 무뎌지게 한다. 자연 이상도 이하도 아닌 풀 역시 인간의 형식이나 정체성 따위는 안중에 없다. 우리의 애틋한 마음도 아랑곳하지 않는다. 그렇다면 무엇을 어떻게 해야 할까? 이 모든 무관심에 대항해서 나는 매주 잔디를 깎을 수 있다. 인간이 부여하는 형식을 회복할 수 있도록, 내가 화단의 잡초를 뽑고 또 뽑아내는 것처럼 그 일을 반복하는 것이다. 자연은 풀을 뽑고 잔디를 깎는 일을 중단한 뒤에도 오래도록 새로운 싹들을 솟구쳐 올리겠다고 최후통첩을 해왔다. 그 통첩 때문에 지금 대화를 접을 이유는 없다. 자연은 에너지를 결집하고, 또 이를 소멸시키는 경향을 가졌다. 물론 그렇다. 하지만 그 반대의 성향, 그러니까 보다 복잡한 형태를 지향하는 속성 역시 가지고 있다는 생각을 지울 수가 없다. 자연이 인간과 인간의 창조물을 향해 손을 뻗는 것이다. 자연은 나와 잔디깎이 기계 그리고 정원에 말끔히 깎아둔 길이 만들어내는 설명하기 어려운 아름다움을 향해 다가온다.

| 역자후기 |

자연의 뜰, 정원에서의 초록빛 사색

장마의 축제를 치르고 난 풀과 나무들이 한여름 폭염의 열기를 만끽하고 있다. 연둣빛 새순으로 곱고 부드러웠던 숲은 그새 짙푸른 녹음으로 두터워졌고, 작고 여린 풀포기들로 가지런했던 뜰은 무성한 풀숲으로 헝클어졌다. 이른 봄까지 텅 비었던 정원은 다투어 자라나는 푸르른 생명체들로 치열한 삶의 도가니가 되었다. 자연의 작은 한 조각, 나의 정원에서는 무서운 열기가 뿜어져 나온다. 하늘색 벌개미취 꽃을 비롯해서 풍접초, 꽃범의꼬리, 노랑코스모스와 저자 마이클 폴란의 정원에서도 자라고 있을 참취, 백일홍, 달맞이꽃, 여뀌, 가든 플록스Garden Phlox 따위도 한창이다. 루드베키아는 이제 제철이 지났지만 늦여름 꽃인 마타리, 개미취와 물봉선이 꽃을 피우기 시작한다. 하루에 햇볕이 두 시간도 채 들지 않는 맨해튼의 아파트에 살던 저자가 코네티컷의 후사토닉이라는 외진 산촌 계곡에 바위투성이 땅뙈기를 일궈 손수 가꾸기를 7년. 그는 유쾌한 낭만과 심미적인 감성으로 시작한 정원일이 호락호락하지 않음을 곧 실감하게 된다. 뽑아낼수록 맹렬한 기세로 공격해오는 잡초, 담을 넘어 빠른 속도로 자신의 영역을 넓히는 수풀……. 길이 어딘지도 모르는 채 온전한 불확실성의 세계로 돌진해나가는 자연의 속성은 진실될지는 몰라도 유용한 것만은 아니었다. 그는 이와 동시에 순수 자연의 삶을 동경하는 자연주의자, 원시보존의 환경윤리를 추구하는 생태보호론자들의 대안 없는 주장이 자연을 진정으로 품어보지 않은 이들의 감상적인 허구임을 깨달았다.

소로가 《월든》을 쓴 이후, 미국의 글쓰기에서 '정원'의 존재는 사라져버렸다. 《월든》은 분명 위대한 작품이었지만, 이후의 현상은 비극적이었다. 우리는 자연을 숭배하는 방법은 배웠지만, 자연과 함께 살아가는 방법은 전혀 배우지 못했다고 폴란은 단언한다.

현기증이 느껴질 만큼 빠른 변화와 고도화된 산업 문명의 소용돌이 속에서 살아가는 현대인으로서 아름다운 자연과 함께하는 여유로운 삶을 꿈꾸지 않은 이가 있을까? 하루가 다르게 줄어드는 원시림과 급속도로 망가져버리는 생태환경에 속수무책인 우리는 고해성사를 하는 심정으로 자연보호를 주창하며, 생태보존지역이나 국립공원처럼 작은 울타리를 치는 일에만 집착하고 있는 것은 아닐까?

심한 폭풍우로 크게 훼손된 숲의 미래에 대해 논의하는 과정에서 저자는, 인간의 손을 대지 않고 회복하길 기다려야 한다는 근본 환경

생태론자들의 주장을 반박한다. 자연의 생태가 불가침의 법칙에 의해 고정된 방향으로만 나아가는 것이 아니기 때문이다. 자연이 변화하는 과정에는 무수한 우연과 불확실성이 끼어든다. 인간은 그중 한 가지 변수일 따름이다. 우리가 흔히 '본래의 상태'라고 여기는 자연의 모습 역시 끊임없이 지속되어온 변화의 결과로서, 사실상 그 본래의 상태가 어땠는지 예단하는 것은 불가능할 뿐더러 섣부르다. 오래 전 숲이 있던 그곳은 공룡이 서성이는 광활한 초원지역이었을 수도, 빙하에 의해 지표가 쓸려나간 황무지였을 수도 있다. 정해진 격식 없이 진행되는 자연의 가치·문화 중립적 속성을 감안할 때, 자연 속에 존재하는 가장 인위적인 창조물인 문명화된 인간(욕구를 자제할 수 있고, 자연을 갈망하면서도 자의식과 책임감을 가지고 있으며, 미래에 대해 성찰할 줄 아는) 즉 우리 자신이 새로운 윤리관으로 자연을 가꿔나가야 한다. 우리는 무자비한 개발의 늪에서 벗어나야 하지만, 동시에 무조건적인 자연 숭배자의 역할도 그만두어야 하는 것이다.

이렇게 저자가 전해주는 메시지는 이제껏 우리가 자연에 대하여 뿌리 깊게 지니고 있는 고정관념을 깡그리 매몰시킨다. 소로가 자연을 멀리서 바라보고 경외하며 예찬했다면, 마이클 폴란은 정원 속으로 들어가 자연과 교감하며 대화를 나눈다. 과거를 그리워하고 지금의 상황을 안타까워하기보다는, 미래의 우리를 생각하며 대지를 가꾸고 자연과 함께 할 수 있는 새로운 정원사의 윤리관을 이끌어낸다.

그러나 그가 들려주는 이야기의 내용은 전혀 학술적이거나 현학적이지 않다. 이 책 속에는 손수 정원을 가꾸며 벌어지는 온갖 애환이

고스란히 담겨 있다. 흙을 만지고 풀꽃과 나무를 심고 오솔길을 산책하는 동안 할아버지의 농원에서 뛰놀았던 유년의 기억을 떠올리고, 자연과 정원의 세계로 시공을 넘나드는 지적 여행을 떠난다. 그런가 하면 두엄더미의 의미에 대해 골몰하고, 장미 정원을 가꾸며 우리의 삶과 성의 사회학을 탁월하게 읽어내기도 한다.

  나는 공교롭게도 저자의 정원과 아주 흡사한 입지의 정원을 가꾸고 있다. 그런 공통점이 내가 이 책을 번역하는 계기가 되기도 했지만, 그의 느낌과 생각이 내것과 너무도 많이 닮아 있다는 사실이 내내 나를 전율시켰다. 날카로운 예지와 깊은 통찰, 절묘한 재치로 담아내는 정원 이야기에 매료된 것은 말할 것도 없다. 더욱이 나의 삶과 자연의 관계를 보다 의미 있게 해주는 경쾌한 사색의 유희를 즐길 수 있었다.

  정원은 완성되지 않는다. 저자의 말대로 그곳은 너무나 많은 것들이 우리의 통제 권역을 벗어나 있고, 성공은 한 순간 지나가는 것에 불과하다. 완벽주의를 추구하는 이들에게 정원은 결코 만족스럽지 못한 공간이다. 그러나 정원에서는 이제 새로운 윤리관으로 우리 미래의 자연을 보다 지혜롭게 가꿔나갈 방법을 찾을 수 있다. 정원은 우리가 꿈꾸는 자연과 함께하는 삶, 땅을 경작하는 유쾌함을 선사한다. 이제 마이클 폴란의 정원 여행에 동행해보자. 나는 한동안 이 책에 빠져들어 소홀했던 정원 일을 다시금 시작해야겠다.

2009년 한여름 오후,
나의 정원 나래실아침농원에서

|찾아보기|

|ㄱ|
거니스 300, 310, 311, 316, 318, 319, 320
과소경작 184, 185, 186, 198
과잉경작 184, 186, 198, 284
관상식물 328, 338
교배종 장미 100, 122, 124, 125, 131
국제자연보호협회 262, 265, 268, 275, 296
기포드 핀쇼 246, 264

|ㄴ|
낭만적 나무 244, 246, 247, 248
노르웨이산 단풍나무 218, 228, 256, 258, 269, 273
뉴 밀포드 344
뉴잉글랜드 8, 166, 181, 217, 218, 222, 224, 226, 232, 234, 236, 256, 260, 276, 288, 295, 306, 345

|ㄷ|
다년초 64, 92, 100, 111, 158, 174, 196, 198, 202, 217, 226, 301, 328, 338, 356, 362
다마스크 118, 124, 126, 330
더들리타운 68, 70, 72, 74, 79

데이비드 오스틴 119, 124, 128, 130, 131
돌리 파튼 123, 129, 144
DDT 104, 286

|ㄹ|
랠프 스노드스미스 230, 248, 250
랠프 왈도 에머슨 10, 142, 147, 156, 158, 160, 161, 162, 168, 218, 244, 246, 248, 264
러셀 페이지 108, 176, 182, 226, 364
로데일 102, 103, 104
로제트 117, 131, 136
루드베키아 65, 217, 349, 377
르 노트르 31, 91, 340, 352, 353, 363
르네상스시대 126, 214, 352, 362

|ㅁ|
마담 하디 117, 118, 136, 137, 140, 143, 144, 307, 331
말메종 117, 129, 133, 140, 331
맨해튼 8, 168, 330, 331, 377
메리골드 313, 314
메이든스 블러시 138, 140, 145
무당벌레 77, 78, 79, 332, 333
미생물 72, 100, 101, 104, 112, 208, 286
밀키 스포어 78, 79

찾아보기 **381**

|ㅂ|
바빌론 22, 26, 54, 56, 352, 353
박테리아 70, 78, 79, 100, 208, 209
버피 104, 310, 312, 318
부르봉 124, 127, 128, 138, 150, 364
부의 능력 196
비타 새크빌 웨스트 62, 124, 125, 139, 141, 306, 341, 342

|ㅅ|
사바나 증후군 86
살충제 58, 77, 95, 104, 105, 185, 190, 192, 319
생태중심주의 162, 255, 256
성장의 한계 214
센트럴파크 87, 109, 110, 360
센티폴리아 117, 124, 126, 127
셰익스피어 75, 135, 137, 144, 150, 196, 199, 211, 214
셰퍼즈 315, 321, 322, 330
수양버들 44, 159, 160, 161, 222
숲의 천이 267, 268, 270, 293
시블리 호박 212, 213, 216, 325, 330, 333
시즈 블럼 300, 302, 322, 323, 325
실용적 나무 246

|ㅇ|
알렉산더 포프 160, 282, 283, 342, 346, 348, 352, 360, 364, 366, 368, 370
앤드류 잭슨 다우닝 86, 88, 359
앨런 레이시 64, 99, 338

야생의 윤리관 262, 264, 274, 276, 278, 280
에이모스 페팅일 302, 304, 306, 307, 308, 314, 330, 334
엘리너 페레니 15, 99, 102, 124, 182, 306, 314, 315, 338, 342, 346, 358
옐로스톤 공원 170, 171, 172, 173, 266, 274, 278
우드척 8, 10, 58, 59, 60, 61, 65, 67, 68, 70, 76, 162, 184, 198, 206, 208
월계화 장미 121, 131, 141
월든 11, 106, 142, 160, 166, 219, 378
월트 휘트먼 152, 210, 246, 333
웨이사이드 116, 118, 134, 302, 306, 308, 309, 310, 330
웬델 베리 14, 171, 185, 232, 264, 284, 290
윌리엄 크로넌 15, 240, 264
유기농 191, 290
인동덩굴 270, 275, 349
인디언 166, 167, 168, 212, 236, 238, 239, 276, 296, 328, 332
일년초 111, 148, 199, 202, 206, 357, 361

|ㅈ|
자연주의자 10, 66, 73, 74, 110, 152, 162, 164, 172, 281, 286, 288, 360, 378
재래 장미 118, 121~132, 136, 139
절대적인 잡초성 163

정치적 나무 247
젠 블럼 323, 324, 325, 326, 332
조 매티어스 223, 224, 225, 228, 232, 234, 236, 237, 240, 248, 259
조니스 셀렉티드 시즈 302, 319, 320, 322
존 뮤어 244, 264, 280
존 스틸고 240, 339
지구호 우주선 214
지미 브랑카토 48~54, 354

|ㅊ|
참나무 41, 69, 156, 169, 207, 217, 222, 233, 238, 244, 266, 268, 269, 271, 273
청교도 63, 90, 110, 166, 174, 238, 246, 306, 307, 336, 338
초록 엄지 187, 188, 190, 192, 194, 195, 196, 198, 199, 200, 293

|ㅋ|
카나리아 나무 256
캐시드럴 잣나무숲 261, 262, 264, 268, 273, 274, 276, 277, 283, 285, 292~297
케이퍼빌리티 브라운 92, 340, 342, 346, 347, 351, 353, 367
코네티컷 7, 69, 119, 134, 161, 276, 277, 303, 307, 331, 378
콘월 6, 8, 233, 23, 240, 260, 262, 265, 267, 275, 294, 330, 344

쿡스 315, 321, 322, 330
퀴스 드 님프 138, 139
퀸 엘리자베스 119, 194

|ㅌ|
토네이도 233, 260, 265, 267
퇴비 59, 99~103, 105~106, 108, 111~113, 116, 119, 133, 179, 191~192, 198, 210, 214, 250, 285, 344, 349

|ㅍ|
파밍데일 19, 39, 40~45, 83, 86, 90~91
파인트리 319~320
프랭크 스콧 62, 87~88, 359
프레더릭 로 옴스테드 87, 359
프레더릭 터너 15, 75, 264
프린세스 드 모나코 310

|ㅎ|
해리스 302, 311~312
허드슨 81, 302, 322, 325~330, 333, 334
헨리 데이비드 소로 10~13, 25, 84, 106, 110, 142~145, 153, 161~166, 169, 171, 212, 218~220, 245, 246, 248, 255, 258~259, 266, 267, 379
화이트플라워 팜 301~309, 311
황금 가지 238
흑반병 120

옮긴이 **이순우(李順愚)**

본명은 이경구(李敬九). 1953년 강원도에서 태어나 육군사관학교에서 영어를 전공했다. 일찍 복무를 마치고 경제기획원 공무원, 한국국제협력단 직원으로 일했다. 지금은 프리랜서로서 국제개발 분야에 관한 컨설팅을 하고 있다. 자연을 가까이하고 싶은 욕심으로 틈틈이 강원도의 산촌 마을에서 정원일을 하면서 자연과 정원에 책을 읽고 글을 쓴다. 수필집《산책의 숲: 봄·여름·가을·겨울》《나래실: 주말에는 산촌으로 간다》을 냈다.

세컨 네이처

첫판 1쇄 펴낸날 2009년 9월 15일
첫판 2쇄 펴낸날 2023년 2월 25일

지은이 | 마이클 폴란
옮긴이 | 이순우
펴낸이 | 지평님
본문 조판 | 성인기획 (010)2569-9616
종이 공급 | 화인페이퍼 (02)338-2074
인쇄 | 중앙P&L (031)904-3600
제본 | 서정바인텍 (031)942-6006
후가공 | 이지앤비 (031)932-8755

펴낸곳 | 황소자리 출판사
출판등록 | 2003년 7월 4일 제2003-123호
대표전화 | (02)720-7542 팩시밀리 | (02)723-5467
E-mail | candide1968@hanmail.net

ⓒ 황소자리, 2009

ISBN 978-89-91508-60-6 03480

* 잘못된 책은 구입처에서 바꾸어드립니다.